今すぐ使える かんたん

WordPress

【WordPress 5.x 対応版】

Imasugu Tsukaeru Kantan Series : WordPress

技術評論社

本書の使い方

How to use

- 画面の手順解説だけを読めば、操作できるようになる！
- もっと詳しく知りたい人は、両端の「側注」を読んで納得！
- これだけは覚えておきたい機能を厳選して紹介！

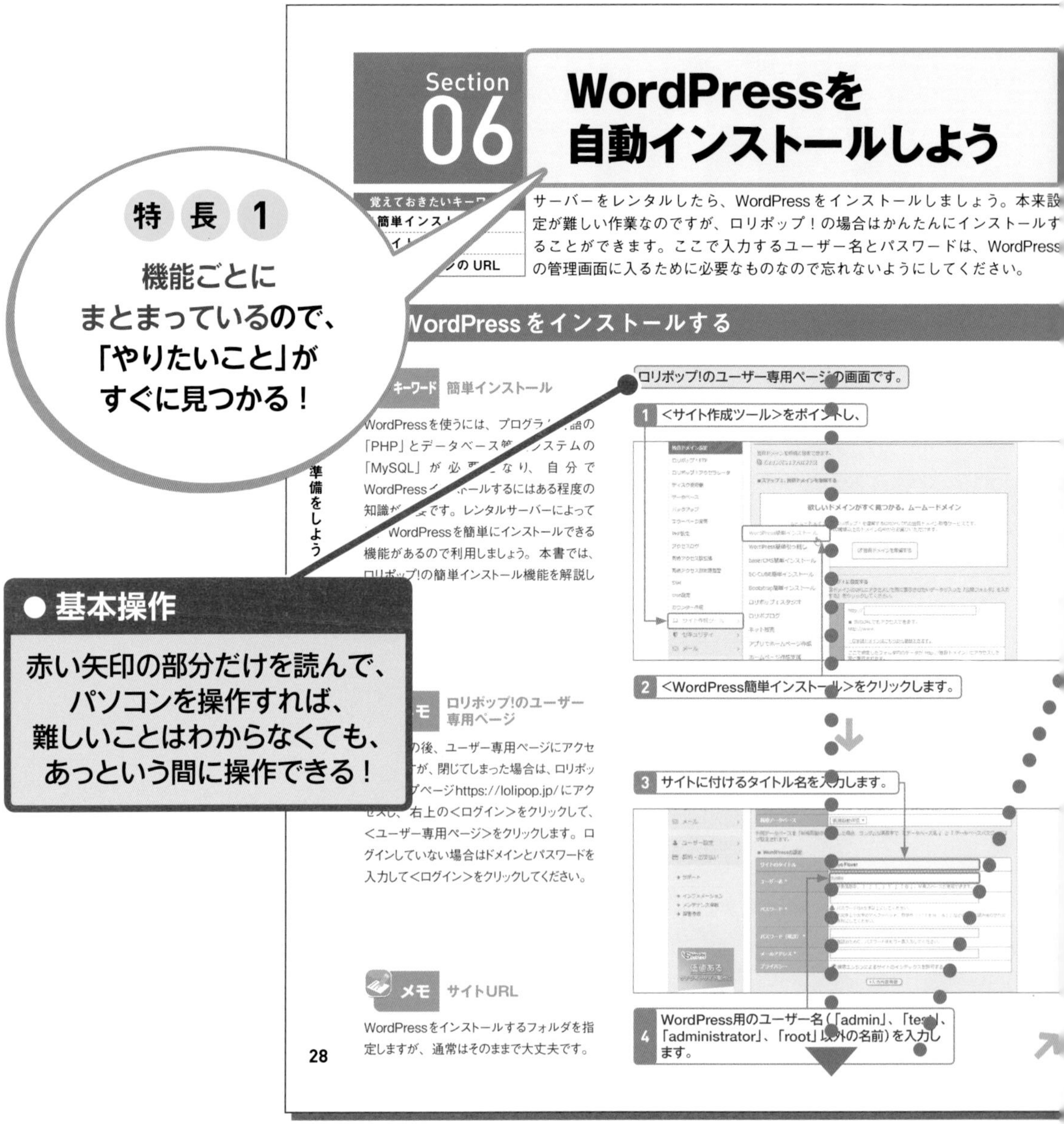

特 長 1
機能ごとに
まとまっているので、
「やりたいこと」が
すぐに見つかる！
● 基本操作
赤い矢印の部分だけを読んで、
パソコンを操作すれば、
難しいことはわからなくても、
あっという間に操作できる！
Section 06
WordPressを
自動インストールしよう
覚えておきたいキーワ
簡単インスト
のURL
サーバーをレンタルしたら、WordPressをインストールしましょう。本来設定が難しい作業なのですが、ロリポップ！の場合はかんたんにインストールすることができます。ここで入力するユーザー名とパスワードは、WordPressの管理画面に入るために必要なものなので忘れないようにしてください。
WordPressをインストールする
キーワード 簡単インストール
ロリポップ!のユーザー専用ページの画面です。
1 <サイト作成ツール>をポイントし、
2 <WordPress簡単インストール>をクリックします。
3 サイトに付けるタイトル名を入力します。
4 WordPress用のユーザー名（「admin」、「test」、「administrator」、「root」以外の名前）を入力します。
メモ ロリポップ!のユーザー専用ページ
入力して<ログイン>をクリックしてください。
メモ サイトURL
WordPressをインストールするフォルダを指定しますが、通常はそのままで大丈夫です。
準備をしよう
28

特長2

やわらかい上質な紙を使っているので、開いたら閉じにくい！

● 補足説明

操作の補足的な内容を「側注」にまとめているので、よくわからないときに活用すると、疑問が解決！

メモ 補足説明	ヒント 便利な機能	キーワード 用語の解説	ステップアップ 応用操作解説
タッチ タッチ操作	新機能 新しい機能	注意 注意事項	

5 WordPress用のパスワードを2か所に入力します。

6 メールアドレスを入力します。

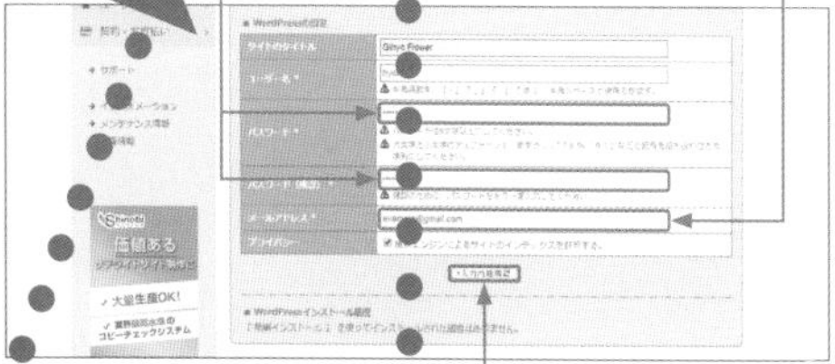

7 <入力内容確認>をクリックします。

8 内容を確認し、

9 <承諾する>にチェックを付けます。

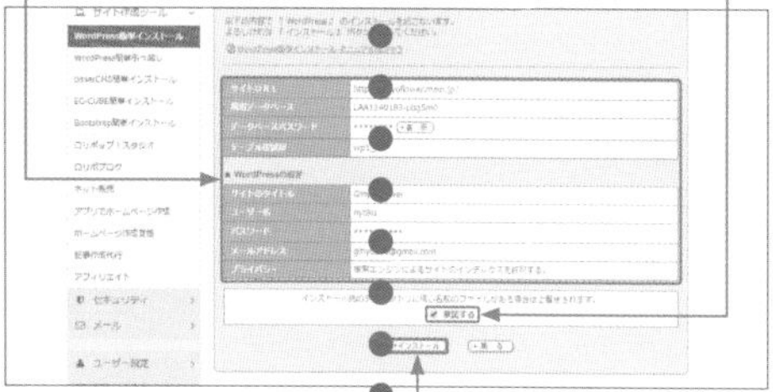

10 <インストール>をクリックします。

11 「正常にインストールが完了しました。」と表示されます。

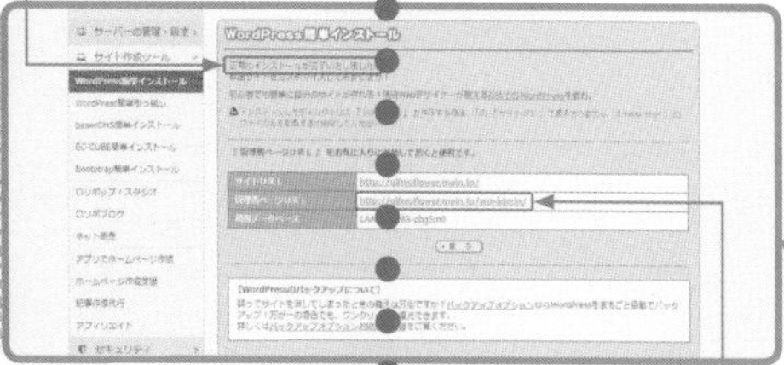

12 サイトURLと管理者ページURLを控えておきます。

13 <管理者ページURL>をクリックするとWordPressの管理画面に移動します。

注意 パスワードとメールアドレス

ここで設定したパスワードとメールアドレスは、ロリポップにログインするのとは別で、WordPressにログインする時に使うものです。

メモ サイトURLと管理者ページURL

サイトURLは、WordPressで作成したサイトのURLです。管理者ページURLは、WordPressの管理画面のURLです。WordPressにログインしていない状態で、管理者ページURLをクリックするとログイン画面が表示されます。

Section 06 WordPressを自動インストールしよう

第1章 WordPressを始める準備をしよう

29

特長3

大きな操作画面で該当箇所を囲んでいるのでよくわかる！

目次

Contents

第1章 WordPressを始める準備をしよう

Section 01 WordPressについて知ろう 14
WordPressとは
WordPressのメリット

Section 02 WordPressを使うために必要なもの 16
必要なもの

Section 03 WordPress導入の手順を確認しよう 18
WordPressを始めるには

Section 04 ドメインを取得しよう 20
独自ドメインを取得する

Section 05 サーバーをレンタルしよう 24
ロリポップ!に申し込む
ロリポップ!に独自ドメインを設定する

Section 06 WordPressを自動インストールしよう 28
WordPressをインストールする

Section 07 安全なサイトにするためにSSL化しよう 30
独自SSLを申し込む

Section 08 WordPressにログイン・ログアウトしよう 32
WordPressにログインする
WordPressを更新する
WordPressをログアウトする

第2章 ホームページの基本を作ろう

Section 09 本書で作るホームページ 36
トップページ
サブページ

Section 10 「投稿」と「固定ページ」の違い 38
「投稿」と「固定ページ」
投稿
固定ページ

Section 11 管理画面の見方を知ろう 40
画面構成

Section 12 サイトタイトルやキャッチフレーズなどを登録しよう 42
サイトタイトルを設定する
ニックネームを設定する

Section 13 パーマリンクを設定しよう 44
パーマリンクとは
パーマリンクを設定する

Section 14 サイトの基本デザイン「テーマ」を理解しよう 46
テーマとは
本書で使用するテーマ

Section 15 テーマを設定しよう 48
テーマを更新する
テーマを設定する

Section 16 ロゴとサイトアイコンを登録しよう 50
ロゴを設定する
サイトアイコンを設定する

Section 17 トップページの上部に写真を入れよう 54
ヘッダー画像を設定する

Section 18 フォントなどの色を設定しよう 56
文字の色を設定する

Section 19 背景を設定しよう 58
背景画像を設定する

Section 20 サイトを表示してみよう 60
サイトを表示する

第3章 基本のページの作り方を知ろう

Section 21 WordPressの「ブロック機能」を理解しよう 62
ブロックとは
主なブロックの種類

Section 22 不要なページを削除しよう 64
ページを削除する
記事を完全に削除する

目次

Contents

Section 23 新しい固定ページを作成しよう 66

タイトルと内容を入力する
ブロックエディターの画面構成

Section 24 タイトルと内容を入力しよう 68

タイトルと本文を入力する
固定ページを編集する

Section 25 ページに画像を挿入しよう 72

画像の設定をする
固定ページに画像を挿入する

Section 26 ページを公開しよう 76

スラッグを設定する
ページを公開する

ection 27 新しい投稿を作成しよう 78

記事を作成する

Section 28 見出しを入れよう 80

見出しを追加する

Section 29 文字を太字にしたり色を付けたりしよう 82

文字を太字に設定する
ブロック内の文字に色を設定する

Section 30 記事の先頭にアイキャッチ画像を入れよう 84

アイキャッチ画像を設定する

Section 31 投稿のカテゴリーを設定しよう 86

カテゴリーを新規作成する
「未分類」カテゴリーを削除する
投稿にカテゴリーを設定する
カテゴリーを階層化する

Section 32 コメントの受付について設定しよう 90

各投稿のコメントを許可する
コメントに返信する
コメントを承認制にする
コメントを承認する

Section 33 公開した投稿を編集・削除しよう 94

投稿を編集する
公開した投稿を削除する

第4章 便利なブロックを使おう

Section 34 「見出し」ブロックでメリハリを付けよう 98
見出しブロックを追加する

Section 35 「リスト」ブロックで箇条書きを追加しよう 100
リストブロックを追加する

Section 36 「段落」ブロックで本文を入力しよう 102
段落ブロックに本文を入力する

Section 37 「ギャラリー」ブロックで画像を一覧表示しよう 104
ギャラリーブロックを追加する
ギャラリーのリンクやキャプションを設定する
ギャラリーに画像を追加する

Section 38 「ページ区切り」ブロックでページを区切ろう 110
ページ区切りブロックを追加する

Section 39 「表」ブロックで表を追加しよう 112
表ブロックを追加する
行を追加する
表にスタイルを設定する

Section 40 「カスタムHTML」ブロックでGoogleマップの地図を入れよう 116
Googleマップを挿入する

Section 41 「メディアと文章」ブロックで画像と文章を配置しよう 118
メディアと文章ブロックを追加する

Section 42 「カバー」ブロックで画像の上に文字を載せよう 120
カバーブロックを追加する
カバーを設定する

Section 43 「カラム」ブロックでブロック内を分割しよう 124
カラムブロックを追加する
カラムを追加する

Section 44 「動画」ブロックで動画を追加しよう 128
動画ブロックを追加する

Section 45 「ボタン」ブロックでクリックボタンを作ろう 132
ボタンブロックを追加する

目次

Section 46 「埋め込み」グループのブロックでSNSの投稿を載せよう 134
Twitterのツイートを埋め込む
Facebookの投稿を埋め込む
Instagramの投稿を埋め込む

Section 47 「続きを読む」ブロックでページを折りたたもう 138
続きを読むブロックを追加する

Section 48 その他の便利なブロックを使ってみよう 140
「区切り」ブロック
「スペーサー」ブロック
「ファイル」ブロック
「引用」ブロック

Section 49 ブロックを複写、移動、削除しよう 142
ブロックを移動する
ブロックを複写する
ブロックを削除する

Section 50 よく使う内容は「再利用」ブロックで使いまわそう 144
ブロックを再利用ブロックに追加する
再利用ブロックを追加する
再利用ブロックを編集する

第5章 プラグインを使ってホームページを充実させよう

Section 51 プラグインって何? 148
プラグインとは
プラグインを使うメリット
本書で紹介するプラグイン

Section 52 プラグインをインストールしよう 150
プラグインを追加する

Section 53 お問い合わせフォームを作ろう 152
お問い合わせフォームを作成する
固定ページにフォームを設定する
フォームから送信する
フォームを編集する

Section 54 SNSのボタンをホームページに載せよう 160
「AddToAny Share Buttons」を設定する

Section 55 手軽にSEO対策をしよう 164
All in One SEOを設定する
ページごとにSEOを設定する

Section 56 スパムコメントの対策をしよう 168
Akismet Anti-Spamを有効化する

Section 57 メンテナンスのお知らせを表示しよう 172
WP Maintenance Modeを設定する
メンテナンスモードを解除する

Section 58 ログイン画面のセキュリティを強化しよう 176
SiteGuard WP Pluginを設定する

Section 59 FacebookやTwitterに自動投稿しよう 178
Jetpackプラグインを設定する
Facebookページに自動投稿できるようにする

Section 60 プラグインを無効化・削除しよう 182
プラグインを停止する
プラグインを削除する

Section 61 プラグインを更新しよう 184
プラグインを更新する

第6章 ホームページの見た目をカスタマイズしよう

Section 62 WordPressのメニューの仕組みを知ろう 186
メニューの仕組み
本書で作成するサイトのメニュー
ウィジェットでメニューを表示する

Section 63 メニューを作成して表示しよう 188
メニューにページを表示する
カスタムリンクを追加する

Section 64 メニューに階層を作ってまとめよう 192
子メニューを作成する

Section 65 サイドバーの表示を変更しよう 194
カレンダーウィジェットをサイドバーに追加する

Section 66 サイドバーに画像を表示しよう 196
画像ウィジェットをサイドバーに追加する

目次

Contents

Section 67 各ページの下部にメニューを表示しよう 198
「コンテンツ下1」にメニューを追加する

Section 68 フッターにコピーライトを入れよう 200
追加CSSでコピーライトを追加する

Section 69 固定ページをトップページに表示しよう 202
作成した固定ページをトップに表示する

Section 70 Facebookページをホームページに載せよう 204
Facebookページを埋め込む

第7章 ホームページを運用・管理しよう

Section 71 アクセス解析ツールを設置しよう 208
Googleアナリティクスを始める
WordPressサイトにコードを貼り付ける
アクセス解析をする

Section 72 検索エンジンに検索してもらえるようにしよう 214
HTMLファイルで所有権を確認する
ダウンロードしたファイルをサーバーに転送する
Google Search Consoleで所有権を確認する
サイトマップを作成する
Google Search Consoleにサイトマップを送信する

Section 73 リンク切れがないか確認しよう 220
Broken Link Checkerを設定する

Section 74 サイト管理者を追加しよう 222
ユーザーを追加する
別のユーザー名でログインする

Section 75 スマートフォンやタブレットからも投稿しよう 224
アプリでログインする
記事を投稿する
コメントを管理する

Section 76 メディアライブラリで写真や動画を確認しよう 228
メディアライブラリを確認する
画像を追加する

Section 77 ホームページのバックアップと復元について知ろう 230
バックアップを取る
バックアップデータを復元する

第8章 WordPress　困ったときのFAQ

Section 78 WordPressのパスワードとユーザー名を忘れた! 234
新しいパスワードを作成する

Section 79 WordPressの管理画面のURLがわからなくなった! 236
ログイン画面を表示する

Section 80 画像がアップロードできない! 237
WordPressの更新とプラグインを停止する

Section 81 以前のバージョンの投稿画面に戻すことはできる? 238
従来の編集画面を表示する
ブロックエディターに戻す

Section 82 以前のバージョンで作ったページは編集できる? 240
旧バージョンのサイトを編集する場合

Section 83 プラグインの不具合が起きた! 241
プラグインを更新する

Section 84 テーマの一部だけカスタマイズすることは可能? 242
追加CSSでフォントサイズを変更する
編集前の状態に戻す
テーマエディターから編集する

Section 85 検索しても自分のホームページが出てこない! 244
Google Search Consoleを使用する

Section 86 突然ページにアクセスできなくなった! 245
レンタルサーバーのお知らせを確認する

Section 87 ホームページをはじめから作り直したい 246
「Advanced WordPress Reset」を使用する

付録 247

索引 252

Contents

『ご注意』ご購入・ご利用の前に必ずお読みください

- 本書に記載された内容は、情報の提供のみを目的としています。したがって、本書を参考にした運用は、必ずご自身の責任と判断において行ってください。本書の情報に基づいた運用の結果、想定した通りの成果が得られなかったり、損害が発生しても技術評論社および著者はいかなる責任も負いません。

- 本書に記載されている情報は、特に断りがない限り、2020年6月18日時点での情報に基づいています。これらの情報は更新される場合があり、本書の説明とは機能内容や画面図などが異なってしまうことがあり得ます。あらかじめご了承ください。

- 本書の内容については、以下のWordPressのバージョンにて動作確認を行っております。そのほかのバージョンについては、一部本書の解説と異なるところがあります。あらかじめご了承ください。
  WordPress　5.4.1

以上の注意事項をご承諾頂いた上で、本書をご利用願います。これらの注意事項をお読みいただかずに、お問い合わせいただいても、技術評論社および著者は対処いたしかねます。あらかじめご承知おきください。

Chapter 01

第1章

WordPressを始める準備をしよう

Section 01 WordPressについて知ろう
02 WordPressを使うために必要なもの
03 WordPress導入の手順を確認しよう
04 ドメインを取得しよう
05 サーバーをレンタルしよう
06 WordPressを自動インストールしよう
07 安全なサイトにするためにSSL化しよう
08 WordPressにログイン・ログアウトしよう

Section 01 WordPressについて知ろう

覚えておきたいキーワード
- WordPress
- CMS
- URL

これからWordPressを使ってサイトを作成していきますが、そもそもWordPressがどのようなものかを最初に確認しておきましょう。WordPressが多くのWebサイト制作で使われている理由や、利用するメリットを知っておくと、安心してサイト作りができるはずです。

1 WordPressとは

WordPressは、ブログから高機能なサイトまで作ることができるオープンソースのソフトウェアです。昔は、ウェブサイト（以降サイト）を作成するときには、専用ソフトをパソコンにインストールしていちからページを作成し、サーバーにファイル一式を転送することでインターネット上に公開していました。リンクの変更があった場合は、ひとつひとつ手作業で修正するので、手間がかかってミスが出ることもあり、決して効率がよいものではありませんでした。

一方、WordPressは専用ソフトを使わなくても、ブラウザ上で作成と更新ができ、時間と手間を大幅に省くことができるCMSです。CMSとは「Contents Management System」の略で、専門知識がなくてもサイトの更新や管理ができるシステムのことです。足りない機能がある場合は、「プラグイン」を使って追加することも可能です。オープンソース（ソースコードを公開して誰でも自由に改変や再配布が可能）のソフトなので、自由に使える点も人気の理由です。

「使いやすい」「効率がよい」「自由度が高い」「無料で使える」などたくさんのメリットあることから、個人から企業まで多くのサイトで使われています。

WordPressで作成されたサイト

大阪城天守閣
（https://www.osakacastle.net/）

さいたまスーパーアリーナ
（https://www.saitama-arena.co.jp/arena/）

2 WordPressのメリット

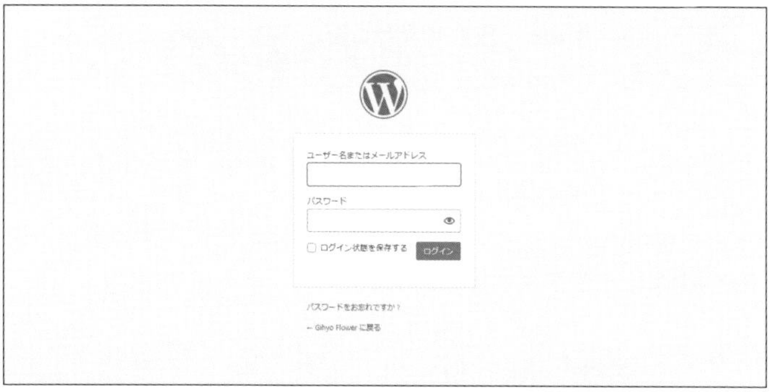

専用ソフトを購入する必要がなく、普段使用しているブラウザで、サイトの作成、投稿、管理ができます。

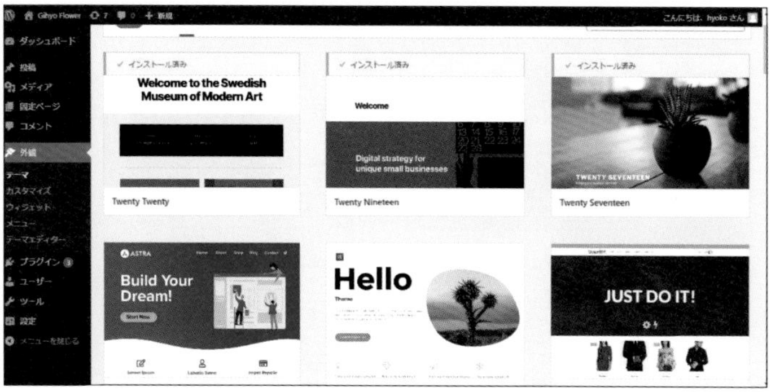

WordPressには豊富なデザインのテンプレートが用意されているので、センスがなくても見栄えのよいデザインのサイトを作れます。

WordPress本体に足りない機能があったら、プラグイン(Sec.51参照)を使って追加することができます。

メモ その他のメリット

ネットの検索結果で上位に表示させるSEO対策がしやすいので、集客アップを期待できます。また、凝ったデザインにしたい場合や高度な機能を追加したい場合は有料のテーマやプラグインの購入が必要になりますが、基本的には無料で使用できます。

キーワード サイト、ホームページ、ウェブサイト

ウェブサイト(サイト)は、インターネット上に公開している家のようなものです。「ホームページとも言います。本書では「サイト」で統一して説明します。

キーワード URL

URLは、インターネット上の住所に当たるもので、「https://」(またはhttp://)で始まるアドレスで構成されています。httpsは、Webサーバーとwebクライアント間のデータ送受信に使うプロトコル(決め事)です。httpもありますが、暗号化して通信する方式がhttpsで、最近ではhttpsが主流となっています。

メモ WordPressにかかる費用

WordPressは無料でインストールして使えます。必要なのは、レンタルサーバー(Sec.05)やドメイン(Sec.04)の費用です。
また、特別なデザインにしたい場合は有料のテーマもあります。個人で使う程度であれば、レンタルサーバー代月額250円(ロリポップ!ライトプラン)でも使えます。

Section 02 WordPressを使うために必要なもの

覚えておきたいキーワード
- ☑ パソコン
- ☑ インターネット環境
- ☑ WWW サーバー

WordPressは、特別なソフトを購入する必要はありません。普段サイトを閲覧するときに使っているブラウザ上で自分のサイトを作成することができます。インターネットを使うのでインターネット環境は必要です。このセクションで、必要なものを確認しておきましょう。

1 必要なもの

ヒント スマホの「WordPress」アプリ

iPhone用とAndroid用の「WordPress」アプリも用意されていて、ページの作成、編集、投稿はできますが、プラグインの追加や一部の設定はアプリではできません。「WordPress」アプリの使い方は、Sec.75で説明します。

パソコン

WordPressを操作するためにパソコンが必要です。

インターネット環境

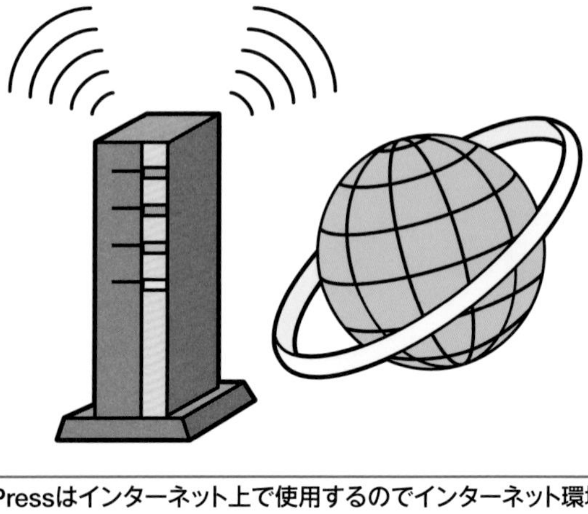

WordPressはインターネット上で使用するのでインターネット環境が必要です。

WWWサーバー

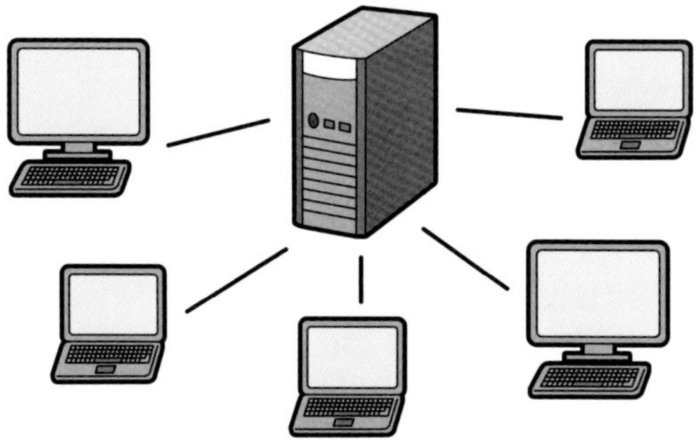

インターネット上にファイルを置くためのコンピュータが必要です。通常はレンタルサーバーを使用します。

キーワード　WWWサーバー

サイトのファイルをインターネット上に置くサーバー（コンピュータ）をWWWサーバーと言います。個人がWWWサーバーを設置するには高度な知識と費用が必要になるので、ほとんどの人がレンタルサーバーサービスを契約して利用しています。

ブラウザ

WordPressは、専用アプリをインストールする必要はなく、サイトを見るときと同じブラウザ上で操作できます。

キーワード　ブラウザ

サイトを見るときに使うソフトがブラウザですが、WordPressはブラウザ上で操作します。WordPressでサポートされているのは、「Chrome」「Firefox」「Opera」「Edge」「Safari」となっています。

画像などの素材

文字だけのサイトでは物足りないので、写真やイラストを用意したほうがはなやかなサイトになるでしょう。

ヒント　あると便利なもの

写真を切り抜いたり、明るさを調整したり、色みを付けたりするときには、画像編集ソフトがあると便利です。PhotoShopなどの高価なソフトもありますが、簡単な編集ならWindowsに付属している「フォト」アプリでも対応できます。また、Sec.04で説明しますが、ビジネスで使う場合はドメインを取得しておいた方が後々便利です。

Section 03 WordPress導入の手順を確認しよう

覚えておきたいキーワード
- ドメイン
- レンタルサーバー
- インストール

WordPressのサイトを作成する際、何から始めればよいか、どのようにしたらよいかを、順を追って説明します。サイト作成がはじめての人にとっては、知らない用語も多いでしょうが、難しく考えずに手順に従って操作していきましょう。徐々に慣れて自分で作れるようになるので安心してください。

1 WordPressを始めるには

メモ サイトの目的

まずは何のためにサイトを開設するのかを考えてください。お店や会社の場合は集客・販促目的だったり、プライベートの場合はペットや趣味の情報交換のためであったりするはずです。目的があればサイトの内容を決めやすくなります。

サイトの目的を決める

サイトの目的や構成を決めます。

キーワード 独自ドメイン

URLはサイトの住所のようなものですが、その一部となる「〇〇.com」や「〇〇.jp」などの部分がドメインです。たとえば、技術評論社のサイトhttps://gihyo.jp/は、「gihyo.jp」がドメインにあたります。商用サイトの場合は、覚えてもらいやすいドメインにすることをおすすめします。独自ドメインを取得しなくてもWordPressを使えますが、商用サイトの場合はメリットがあるので取得しておくことをおすすめします。

独自ドメインを取得する

サイトの住所ともなる、独自ドメインを取得します。詳しくは、Sec.04で解説します。

レンタルサーバーに申し込む

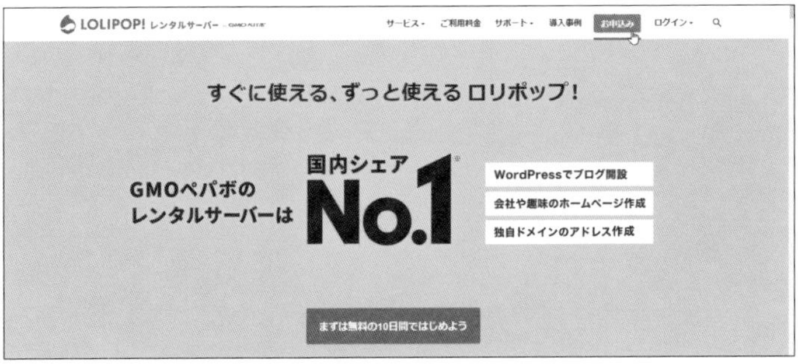

サイトのデータをアップするためのサーバーをレンタルします。詳しくはSec.05で解説します。

レンタルサーバーに WordPress をインストールする

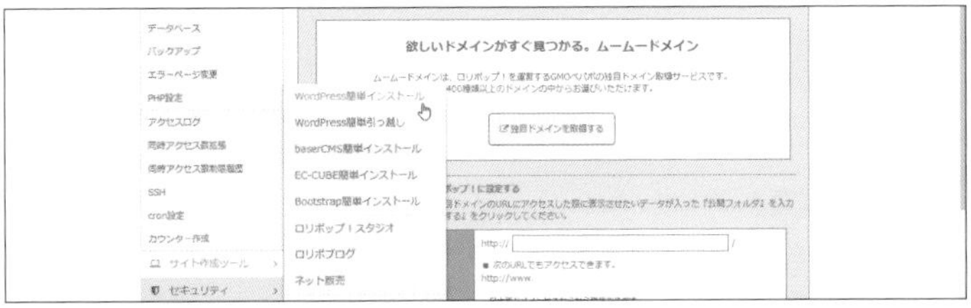

レンタルしたサーバーに、WordPressをインストールしましょう。かんたんにインストールできる機能を使います。詳しくはSec.06で解説します。

サイトを SSL 化する

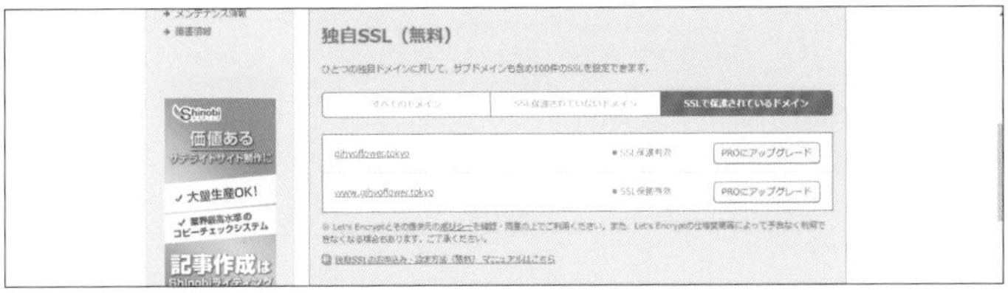

セキュリティの強化のために、サイトをSSL化しておきましょう。詳しくはSec.07で解説します。

WordPress にログインする

最後に、WordPressにログインしてダッシュボードを表示してみましょう。これでWordPressを使う準備ができました。

キーワード レンタルサーバー

サイトをインターネットで見られるようにするには、作成したファイルをインターネット上のサーバー(コンピュータ)に転送します。自分でサーバーを用意するにはセキュリティ面の不安やメンテナンスが大変なので、通常はサーバーを貸してくれるレンタルサーバーサービスを利用します。無料で借りられるレンタルサーバーもありますが、WordPressが使えなかったり、広告が表示されたりするので、有料のレンタルサーバーをおすすめします。

ヒント サイトのSSL化

サイトをSSL化すると盗聴や改ざんなどを防ぐことができます。SSL化しなくてもWordPressを使えますが、訪問者のブラウザーに注意メッセージが表示されるので、不安にさせないためにもSSL化しておくことをおすすめします。

ヒント WordPress.com

本書では、レンタルサーバーサービス「ロリポップ!」に申し込んでWordPressをインストールしますが、「WordPress.com」というWordPressがインストールされているサービスもあります。間違いやすいので違いを覚えておきましょう。

Section 04

ドメインを取得しよう

覚えておきたいキーワード
☑ 独自ドメイン
☑ WHOIS 公開情報
☑ ネームサーバー

サイトのURLに店名や会社名が入っていた方が覚えやすく、ネット検索でも有利です。そのためにはドメインを取得しなければなりません。さまざまなドメイン取得サービス会社がありますが、本書では「ムームードメイン」で取得する方法を解説します。

1 独自ドメインを取得する

キーワード 独自ドメイン

ビジネスで使用するサイトのURLには、会社やお店の名前が入っていた方が覚えてもらいやすく、ネット検索でもヒットしやすくなります。しかし、レンタルサーバーのドメインは自由に付けることができません。そこで、独自ドメインを取得すれば、好きな名前が入ったURLにできます。

ムームードメイン（https://muumuu-domain.com/）にアクセスします。

1 希望するドメインを入力し、

2 <検索する>をクリックします。

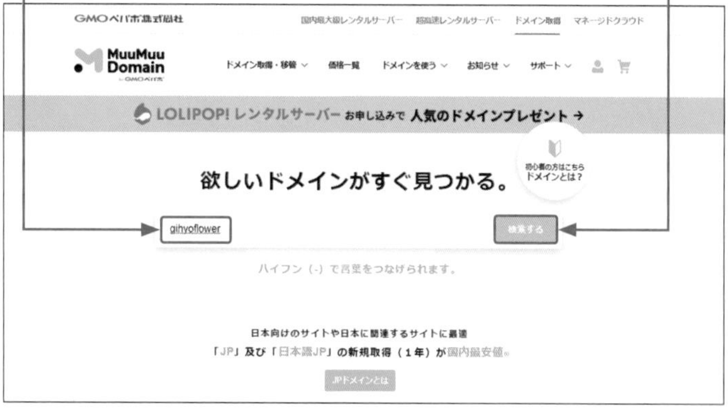

3 希望のドメインの<カートに追加>をクリックします。

メモ 独自ドメインを取得するメリット

ドメインを取得していない場合、別のレンタルサーバーに変えるとURLが変更され、他サイトからのリンクがはずれてしまいます。また、お客様にURL変更のお知らせが必要となります。ドメインを取得していれば、レンタルサーバーを変更しても同じURLを使えるので、リンクの変更作業やURL変更通知が不要になります。

4 <お申込みへ>をクリックします。

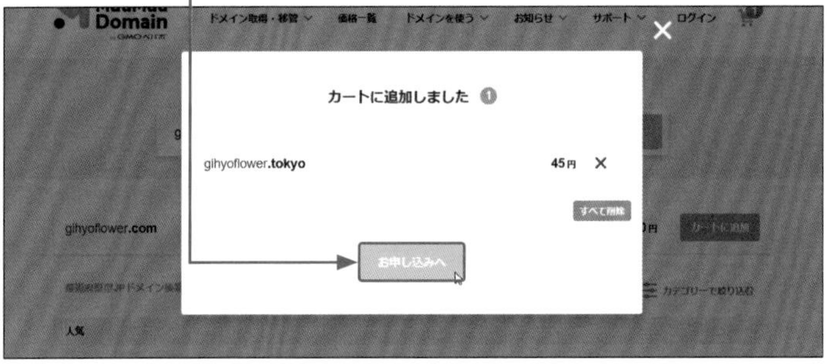

5 <新規登録する>をクリックします。

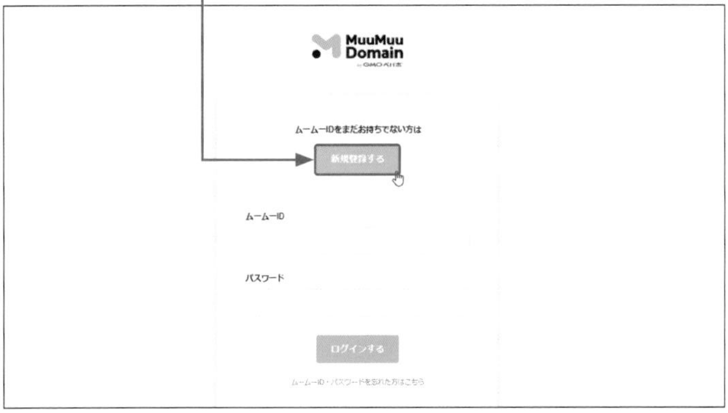

6 メールアドレスと任意のパスワードを入力し、

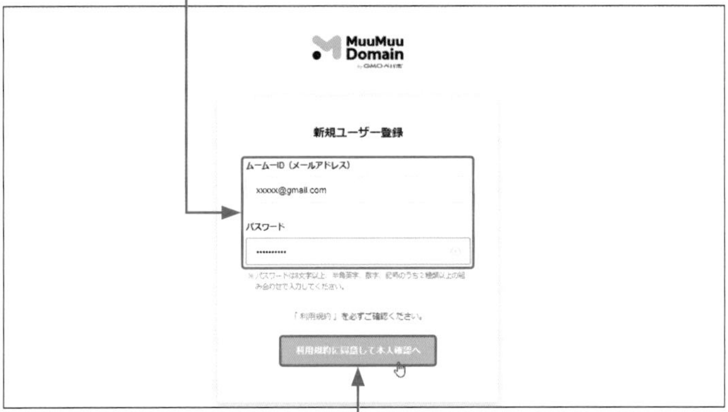

7 <利用規約に同意して本人確認へ>をクリックします。

ヒント ドメインの価格

すでに取得されたドメインは「取得できません」と表示されます。また、ドメインによって料金が異なり、「com」「jp」「co.jp」などの人気のドメインは高めの料金になっているので、予算を考慮して選択してください。

ヒント ムームードメインを利用したことがある場合

すでにムームードメインのアカウントを取得している場合は、手順5の画面でムームーIDとパスワードを入力して<ログインする>をクリックします。

注意 パスワードの設定

パスワードは半角の英数字または記号を使って8文字以上を入力してください。推測されにくいパスワードにするとパスワード入力ボックスの下の「パスワードの安全度」が良好と表示されます。

8 確認コードの受け取り方法を選択し、 **9** 電話番号を入力します。

10 <認証コードを送信する>をクリックします。

11 送られてきた番号を入力し、

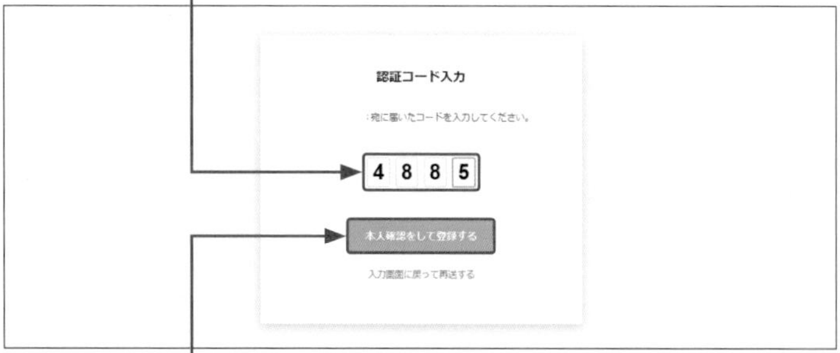

12 <本人確認をして登録する>をクリックします。

13 WHOIS公開情報を「弊社の情報を代理公開する」にし、

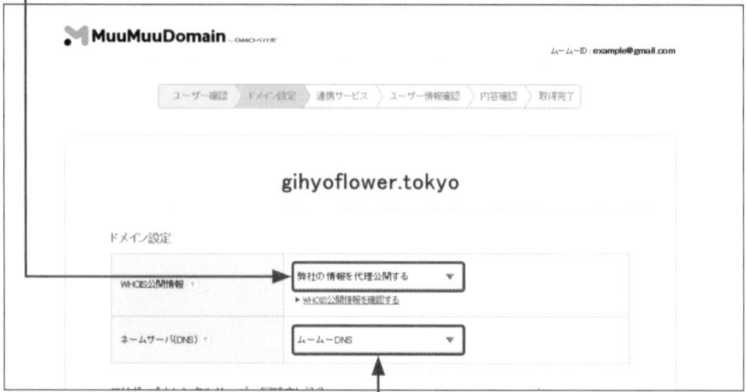

14 ネームサーバーを「ムームーDNS」にします。

メモ　確認コードの受け取り方法

本人確認は、携帯電話のSMS（ショートメッセージ）で受け取るか電話の音声で受け取るかのどちらかです。「自動音声確認」を選択すれば、固定電話でも音声で受け取れます。ただし、電話を非通知設定にしている場合は解除してから操作してください。また、IP電話の番号は使えません。

キーワード　WHOIS公開情報

WHOIS公開情報欄は、登録者の情報を公開するか否かです。<公開>すると、登録した住所がネット上に公開されます。個人事業主の場合は自宅の住所が公開されてしまうので気を付けてください。「弊社の情報を代理公開する」にしておくと、ムームードメイン運営会社の住所になります。

キーワード　ネームサーバー

ネームサーバーは、サーバーに割り当てられているIPアドレス（ネットワーク上の機器を識別する番号）とドメインを結びつけるサーバーのことで、通常は<ムームーDNS>を選択します。

15 契約年数を選択し、

16 支払い方法を入力し、

17 スクロールして下部の＜次のステップへ＞をクリックします。

次の画面で連携サービスの案内が表示されます。

18 ＜次のステップへ＞をクリックします。

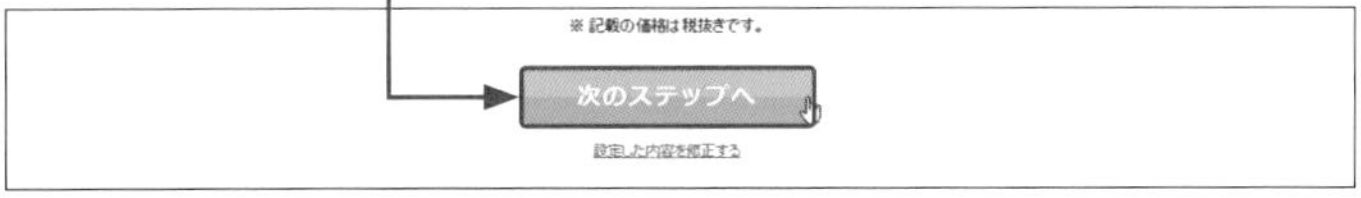

19 名前や住所などを入力し、

20 下部の＜次のステップへ＞をクリックします。

21 ＜下記の規約に同意します。＞にチェックを付けて、

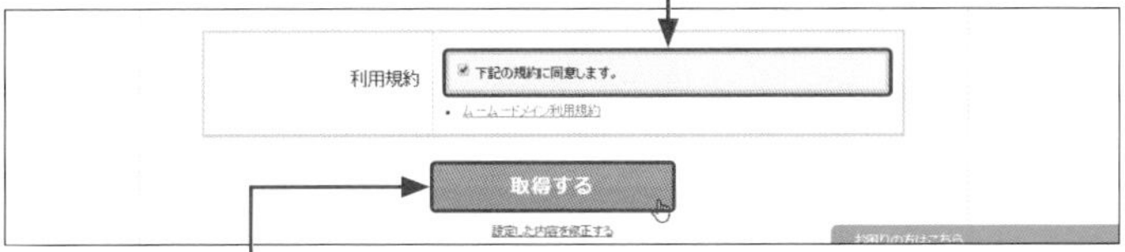

22 ＜取得する＞をクリックすると申し込みが完了します。

メモ　前の画面に戻る

前の画面を確認したいときには、画面上部の「ドメイン設定」や「連携サービス」などのリンクをクリックすると戻れます。

メモ　登録完了のメール

登録が完了すると入力したメールアドレス宛にメールが届きます。ムームードメインのログイン画面へのアドレスが記載されているのでクリックしてアクセスしてください。万が一、パスワードを忘れた場合は、ログイン画面の下にある＜ムームーID・パスワードを忘れた方はこちら＞をクリックし、次の画面で＜パスワードを忘れた＞をクリックして再設定しましょう。

Section 05 サーバーをレンタルしよう

覚えておきたいキーワード
- ☑ ロリポップ！
- ☑ ドメインの選択
- ☑ 無料体験

インターネットでいろいろなページを見ることができるのは、インターネット上のサーバーにファイルが置かれているからです。このサーバーを自分で用意するのは難しいので、通常はレンタルサービスを利用します。本書では、ロリポップ！というレンタルサーバーを使用します。

1 ロリポップ！に申し込む

ロリポップ!<https://lolipop.jp/>にアクセスします。

1 <お申込み>をクリックします。

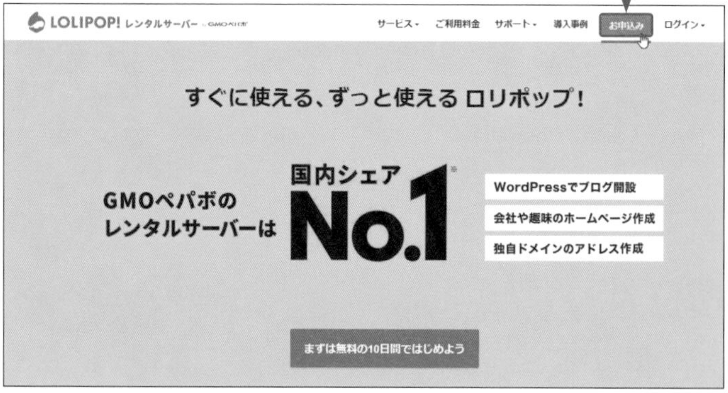

2 プランを選択します。ここでは、ビジネス向けの<スタンダード>プランを選択します。

3 <10日間無料お試し>をクリックします。

キーワード ロリポップ!

ロリポップ!は、GMOペパボ株式会社のレンタルサーバーサービスです。5つの契約プランがあり、容量や使える機能によって料金が異なります。「エコノミー」プランは安いですがWordPressが使えないので、その他のプランを選んでください。

ヒント その他のレンタルサーバー

他にも「さくらインターネット」や「エックスサーバー」「お名前.comサーバー」などがあります。WordPressが使えるか否かはレンタルサーバー会社の説明のページやQ&Aに書かれているので、確認してから契約してください。その際、「WordPress簡単インストール」機能が付いているレンタルサーバーを選んだ方が楽に始められます。

メモ ロリポップ!の推奨ブラウザ

ロリポップ!の公式サイトやユーザー専用ページの閲覧には「Chrome」「Firefox」「Internet Explorer11」を推奨しています。途中で操作に困らないためにも推奨されているブラウザで利用しましょう。本書では「Chrome」を使って解説します。

4 ロリポップ!でのドメイン名(アカウント名)を入力します。

5 末尾を変更することも可能です。

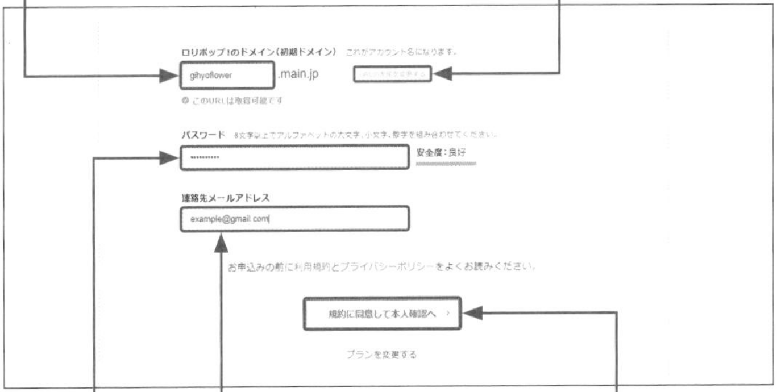
ロリポップ!のドメイン(初期ドメイン) これがアカウント名になります。
gihyoflower
.main.jp
このURLは取得可能です
パスワード 8文字以上でアルファベットの大文字、小文字、数字を組み合わせてください。
安全度:良好
連絡先メールアドレス
example@gmail.com
お申込みの前に利用規約とプライバシーポリシーをよくお読みください。
規約に同意して本人確認へ
プランを変更する

6 パスワードを入力し、

7 メールアドレスを入力します。

8 <規約に同意して本人確認へ>をクリックします。

9 認証番号を受け取れる電話番号を入力し、

10 <認証コードを送信する>をクリックします。

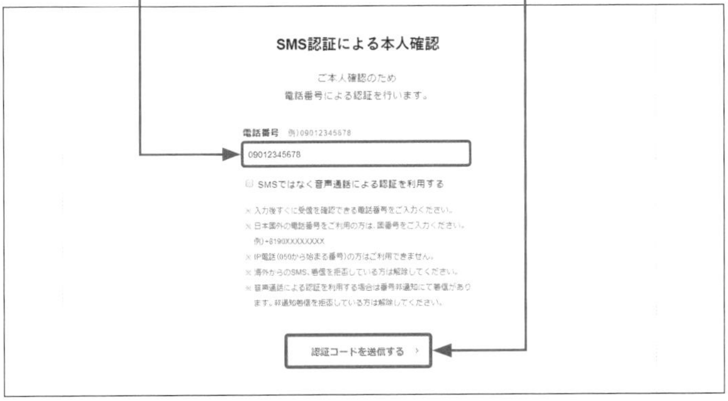
SMS認証による本人確認
ご本人確認のため
電話番号による認証を行います。
電話番号 例)09012345678
09012345678
SMSではなく音声通話による認証を利用する
※ 入力後すぐに受信を確認できる電話番号をご入力ください。
※ 日本国外の電話番号をご利用の方は、国番号をご入力ください。
例)+8190XXXXXXXX
※ IP電話(050から始まる番号)の方はご利用できません。
※ 海外からのSMS、着信を拒否している方は解除してください。
※ 音声通話による認証を利用する場合は番号非通知にて着信があります。非通知着信を拒否している方は解除してください。
認証コードを送信する

11 認証コードを入力し、

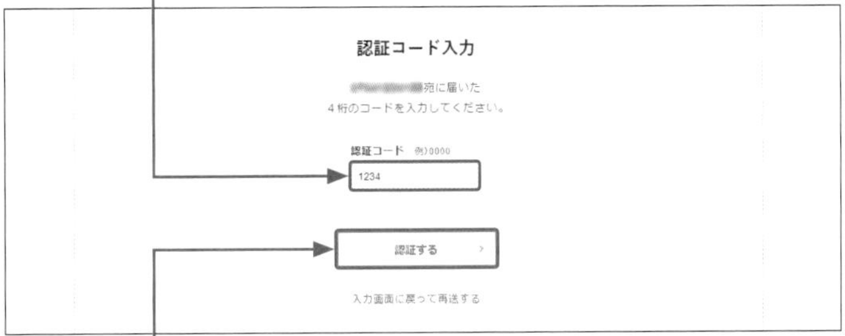
認証コード入力
宛に届いた
4 桁のコードを入力してください。
認証コード 例)0000
1234
認証する
入力画面に戻って再送する

12 <認証する>をクリックします。

メモ ドメインの選択

ロリポップでは、1つのアカウントにドメインが提供され、Sec.04の独自ドメインを取得している場合でも選択する必要があります。

メモ 利用規約を読む

手順**8**の画面にある「利用規約」をクリックして、禁止事項や解約する場合など規約を一読してから次へ進んでください。

メモ 認証コードの受け取り

認証コードは、4桁の数字がSMSで送られてきます。SMSで受け取れない場合は、手順**10**の画面で<SMSではなく音声通話による認証を利用する>にチェックを付けて音声で受け取ることもできます。

メモ レンタルサーバーの試用期間がある

ロリポップでは、10日間のお試しができます。もし気に入らなかった場合は、試用期間中に解約手続きをしてください。継続して使用する場合は、試用期間終了日までに支払いを済ませてください。

13 認証が完了します。

14 名前とフリガナ、住所を入力します。

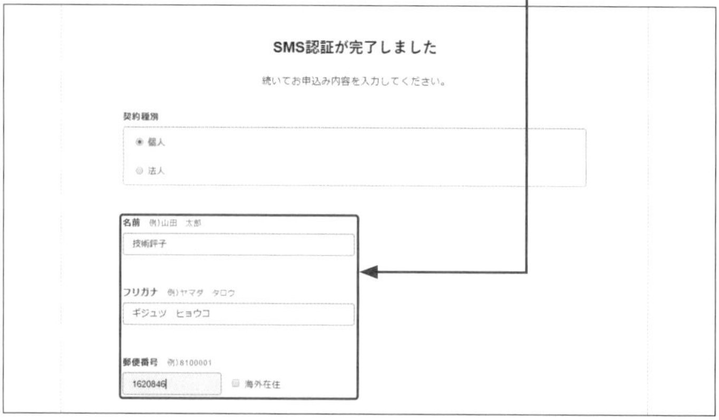

15 スクロールして下部にある＜お申込み内容確認＞をクリックします。

16 ＜無料お試し開始＞をクリックします。

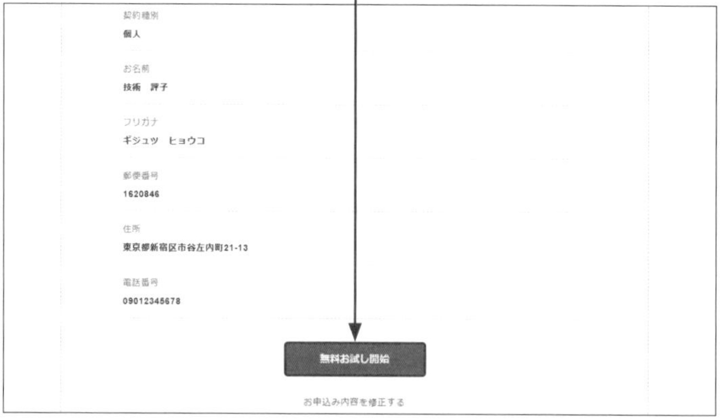

17 ＜ユーザー専用ページにログインする＞をクリックします。

18 メールが届き、ユーザー専用ページのURLなどを確認できます。

メモ ロリポップ!の利用料

10日間の試用期間があるので、引き続き使用する場合は支払い手続きをする必要があります。ロリポップユーザー専用ページの＜契約・お支払い＞→＜サーバー契約・お支払い＞をクリックし、「ご契約内容一覧」の＜お支払い＞をクリックして手続きします。

2 ロリポップ！に独自ドメインを設定する

ロリポップ!のユーザー専用ページを表示しています。

1 ＜サーバーの管理・設定＞をクリックし、

2 ＜独自ドメイン設定＞をクリックします。

3 独自ドメインを入力し、

4 ＜独自ドメインをチェックする＞をクリックします。

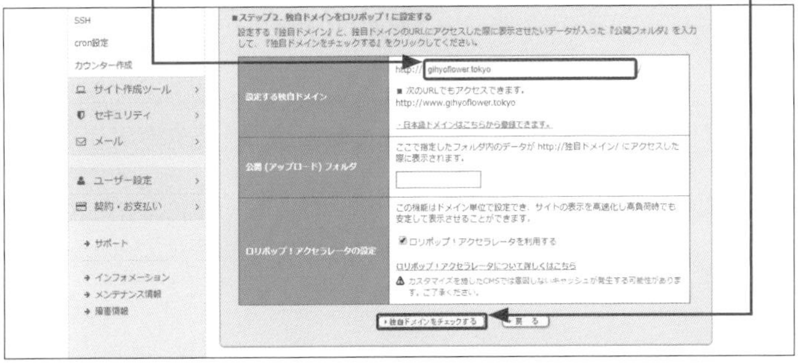

5 ムームードメインのIDとパスワードを入力し、

6 ＜ネームサーバー認証＞をクリックします。

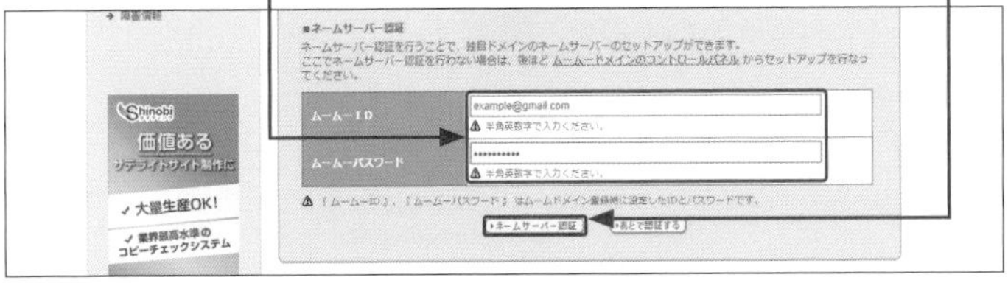

7 ＜設定＞をクリックします。

メモ 独自ドメインの設定

Sec.04で取得した独自ドメインをロリポップ!のドメインに設定します。そうすることで、独自ドメインのURLでサイトにアクセスできるようになります。ただし、反映されるまでに時間がかかる場合もあります。

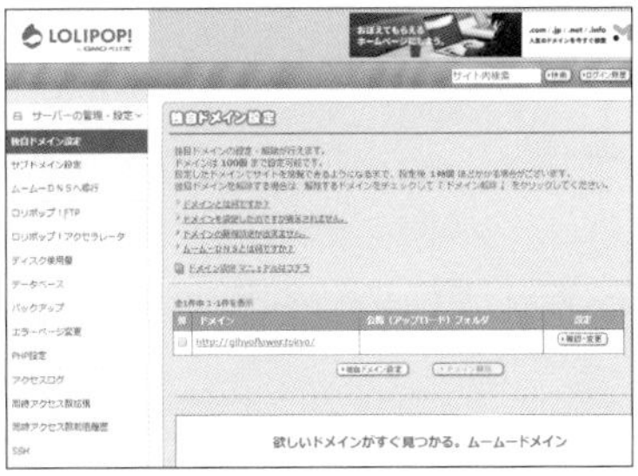

ヒント ロリポップのユーザー専用ページにアクセスする

ブラウザを閉じてしまった場合、ロリポップhttps://lolipop.jp/にアクセスし、右上にある＜ログイン＞をクリックし、＜ユーザー専用ページ＞をクリックして表示させます。またはロリポップの契約時に送られてきたメールに記載されているURLをブラウザのお気に入りとして登録しておくと便利です。

Section 06 WordPressを自動インストールしよう

覚えておきたいキーワード
- 簡単インストール
- サイトURL
- 管理者ページのURL

サーバーをレンタルしたら、WordPressをインストールしましょう。本来設定が難しい作業なのですが、ロリポップ！の場合はかんたんにインストールすることができます。ここで入力するユーザー名とパスワードは、WordPressの管理画面に入るために必要なものなので忘れないようにしてください。

1 WordPressをインストールする

キーワード 簡単インストール

WordPressを使うには、プログラム言語の「PHP」とデータベース管理システムの「MySQL」が必要となり、自分でWordPressをインストールするにはある程度の知識が必要です。レンタルサーバーによっては、WordPressを簡単にインストールできる機能があるので利用しましょう。本書では、ロリポップ!の簡単インストール機能を解説します。

メモ ロリポップ!のユーザー専用ページ

Sec.05の後、ユーザー専用ページにアクセスできますが、閉じてしまった場合は、ロリポップ!のトップページhttps://lolipop.jp/にアクセスし、右上の＜ログイン＞をクリックして、＜ユーザー専用ページ＞をクリックします。ログインしていない場合はドメインとパスワードを入力して＜ログイン＞をクリックしてください。

メモ サイトURL

WordPressをインストールするフォルダを指定しますが、通常はそのままで大丈夫です。

ロリポップ!のユーザー専用ページの画面です。

1 ＜サイト作成ツール＞をポイントし、

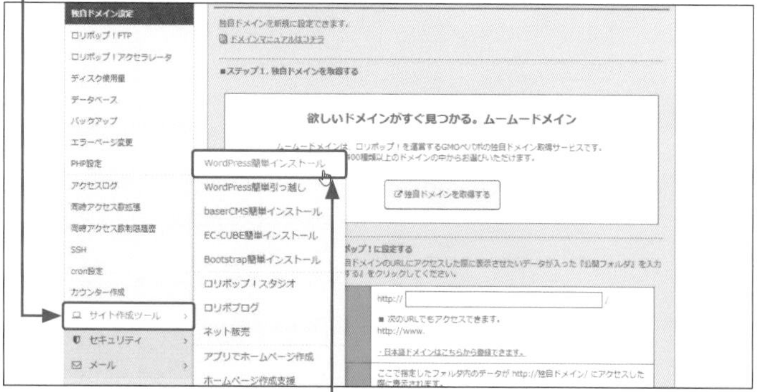

2 ＜WordPress簡単インストール＞をクリックします。

3 サイトに付けるタイトル名を入力します。

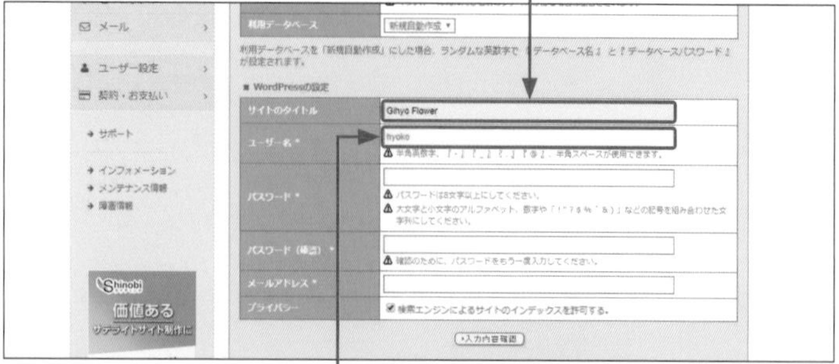

4 WordPress用のユーザー名（「admin」、「test」、「administrator」、「root」以外の名前）を入力します。

5 WordPress用のパスワードを2か所に入力します。

6 メールアドレスを入力します。

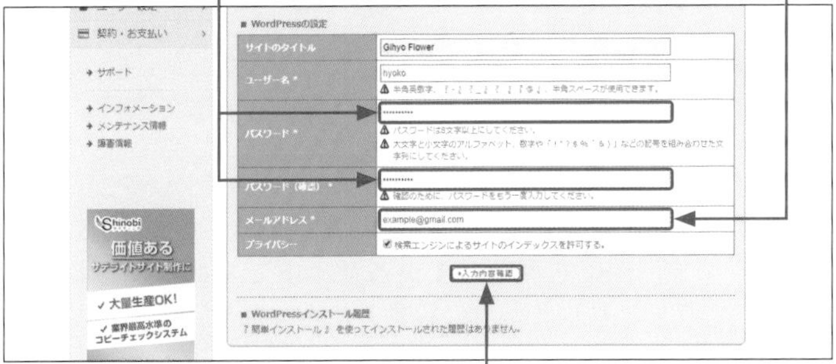

7 ＜入力内容確認＞をクリックします。

8 内容を確認し、

9 ＜承諾する＞にチェックを付けます。

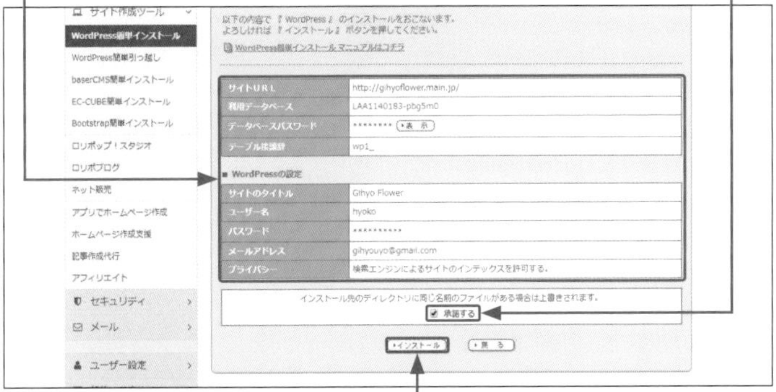

10 ＜インストール＞をクリックします。

11 「正常にインストールが完了しました。」と表示されます。

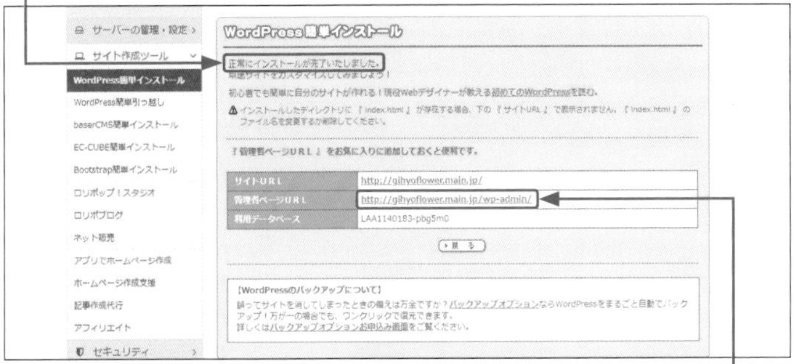

12 サイトURLと管理者ページURLを控えておきます。

13 ＜管理者ページURL＞をクリックするとWordPressの管理画面に移動します。

注意 パスワードとメールアドレス

ここで設定したパスワードとメールアドレスは、ロリポップにログインするのとは別で、WordPressにログインするときに使うものです。

メモ サイトURLと管理者ページURL

サイトURLは、WordPressで作成したサイトのURLです。管理者ページURLは、WordPressの管理画面のURLです。WordPressにログインしていない状態で、管理者ページURLをクリックするとログイン画面が表示されます。

Section 07 安全なサイトにするためにSSL化しよう

覚えておきたいキーワード
- https:
- SSL
- 暗号化

インターネット上で、氏名や住所などの個人情報、パスワード、クレジットカード情報などを入力する機会がありますが、それらの情報は悪意のある第三者に盗まれる危険性があります。SSLを利用しているサイトであれば防ぐことができるので、安心して閲覧してもらうために設定しておきましょう。

1 独自SSLを申し込む

メモ SSLとは

SSL（Secure Sockets Layer）は、インターネットにおいてデータを暗号化して送受信する仕組みのことです。独自ドメイン(Sec.04)を使用しているサイトにSSLを利用することで、データの盗聴や改ざんなどを防ぐことができるので最初に設定しておきましょう。ロリポップ!では、無料かつ簡単にSSL化することができます。

Sec.06手順1のロリポップ!のユーザー専用ページの画面です。

1 <セキュリティ>をクリックし、

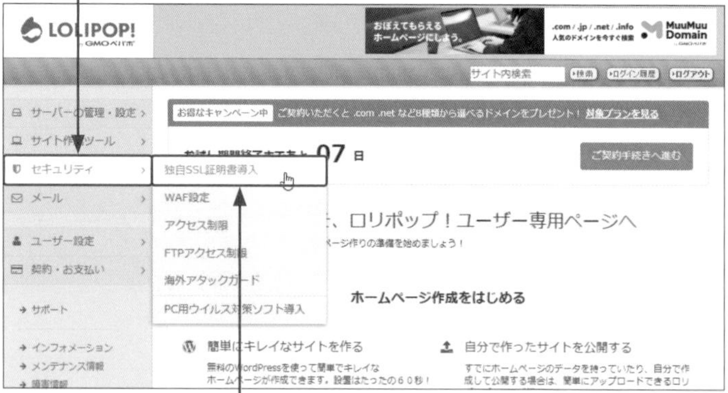

2 <独自SSL証明書導入>をクリックします。

3 サイトにチェックを付け、

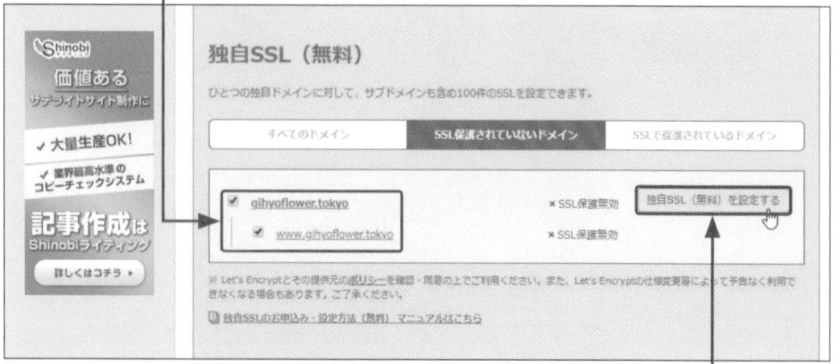

4 <独自SSL（無料）を設定する>をクリックします。

メモ SSL化しているサイト

SSL化しているサイトの場合は、URLが「https」で始まります。また、アドレスバーに鍵のマークが表示されます。

5 <SSL設定作業中>に変わります。

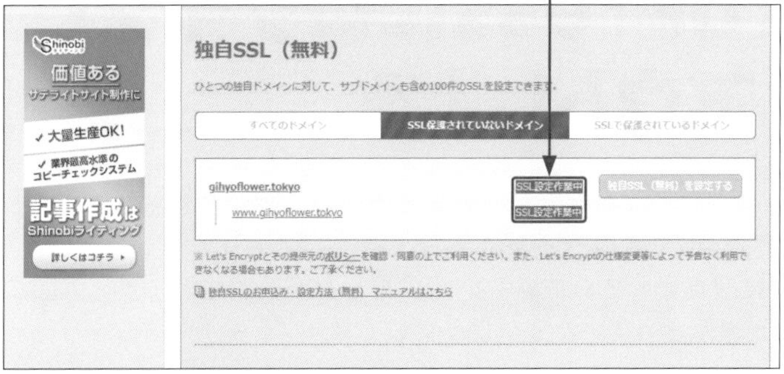

6 しばらく時間を置きます。

7 <SSLで保護されているドメイン>をクリックし、

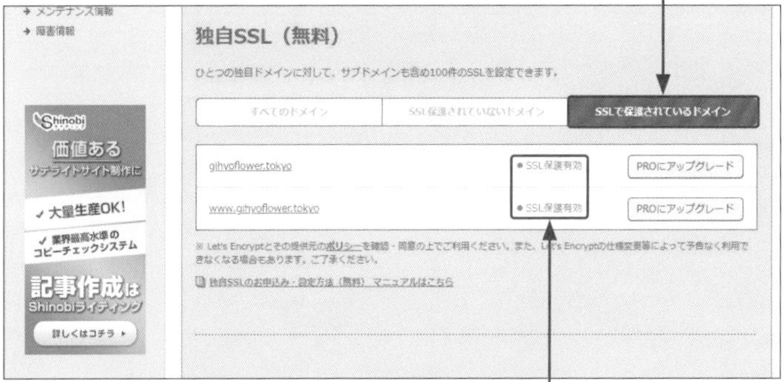

8 <SSL保護有効>になっていることを確認します。

9 <ログアウト>をクリックします。

メモ SSL化していないサイト

SSLを利用していないサイトの場合は、Chromeの場合はアドレスバーに「保護されていない通信」と表示され、Edgeの場合は「i」をクリックすると「注意してください」と表示されます。

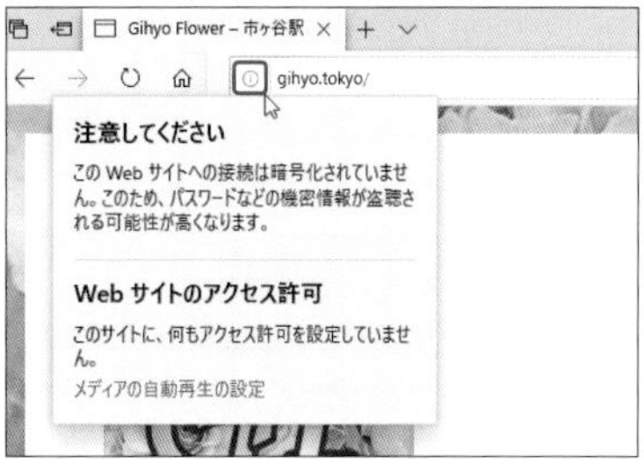

メモ SSL化の確認

SSLを使えるようになりましたが、WordPressの設定を変更する必要があります。Sec.12で、サイトのURLの「http」を「https」に変えてから表示を確認してください。

Section 08

WordPressにログイン・ログアウトしよう

覚えておきたいキーワード
- ☑ ログイン
- ☑ ログアウト
- ☑ ログイン状態の保持

記事を投稿したり、ページを作成したりする際には、WordPressの管理画面で操作するので、いつでもログインできるようにしておきましょう。また、WordPressは常に改良されていて新しいバージョンが公開されます。画面に更新のお知らせが表示されていたらクリックしてアップデートしましょう。

1 WordPressにログインする

Sec.06の手順13の後、WordPressの管理者ページにアクセスします。

1 Se.06で設定したユーザー名（またはメールアドレス）とパスワードを入力し、

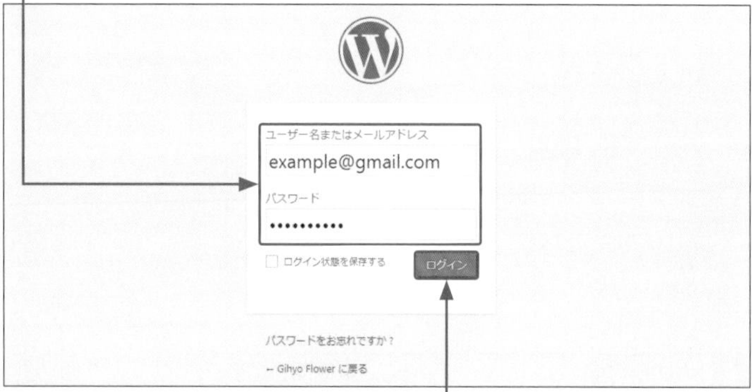

2 ＜ログイン＞をクリックします。

3 ログインできてダッシュボードが表示されます。

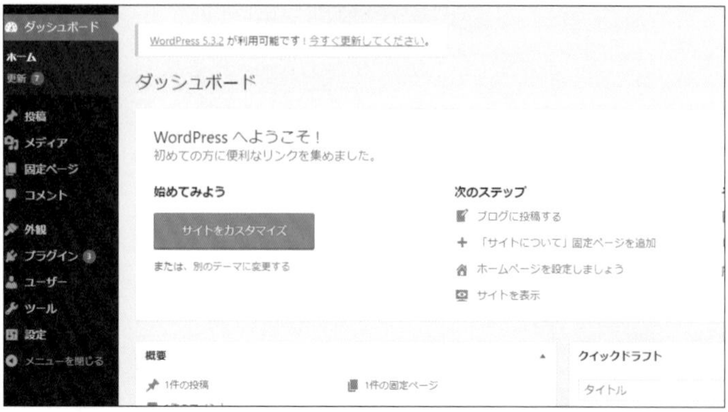

ヒント パスワードを忘れた場合

パスワードを忘れてしまった場合は、手順1の画面で＜パスワードをお忘れですか?＞をクリックして再設定することができます。なお、ここではWordPressのパスワードなので間違えてロリポップのパスワードを入力しないように気を付けましょう。

ヒント 管理画面へのアクセス

管理画面のURLは、サイトのURLの末尾に＜wp-admin＞を付けたもので、Sec.06の手順13の画面にある「管理者ページURL」に表示されています。あるいは、サイトのURLの末尾に＜/wp-login.php＞を入れるとログイン画面を表示できます。頻繁に使用するのでどちらかをブラウザのお気に入りとして登録しておくとよいでしょう。

2 WordPressを更新する

1 <今すぐ更新してください>をクリックします。

2 <今すぐ更新>をクリックします。

3 最新の状態になります。

メモ WordPressの更新

WordPressに不具合やセキュリティ上の欠陥などがあったときに、修正するための更新が必要になります。更新せずに使っていると、サイトを乗っ取られたり、改竄されたりすることがあるので、更新の案内が表示されていたら必ずアップデートしましょう。更新の案内が表示されていない場合はここでの操作は飛ばしてください。

メモ 2種類のアップデート

WordPressのアップデートには、メジャーアップデートとマイナーアップデートがあります。メジャーアップデートは機能の追加などがあるので、ここでの方法でアップデートします。マイナーアップデートは、特に操作をする必要がなく、自動的にアップデートされます。

ヒント バージョンの確認方法

現在使用しているWordPressのバージョンを知りたいときには、ダッシュボードの画面の「概要」欄でバージョンを確認できます。

3 WordPressをログアウトする

ヒント ログイン状態の保持

手順4の画面で、＜ログイン状態を保存する＞にチェックを付けておくと、次回以降ドメイン名やパスワードを入力せずにログインできます。ただし、複数人で使用しているパソコンの場合、ログインしたままにしておくと、他人がサイトを書き換えたり、削除したりしてしまうこともあるので、ログアウトする習慣を付けましょう。

1 ＜こんにちは、○○さん＞をポイントし、

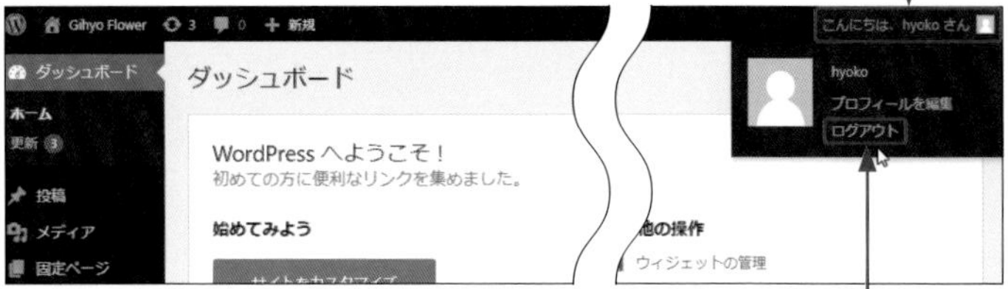

2 ＜ログアウト＞をクリックします。

3 ログアウトできました。

4 再ログインするには、ユーザー名とパスワードを入力して、

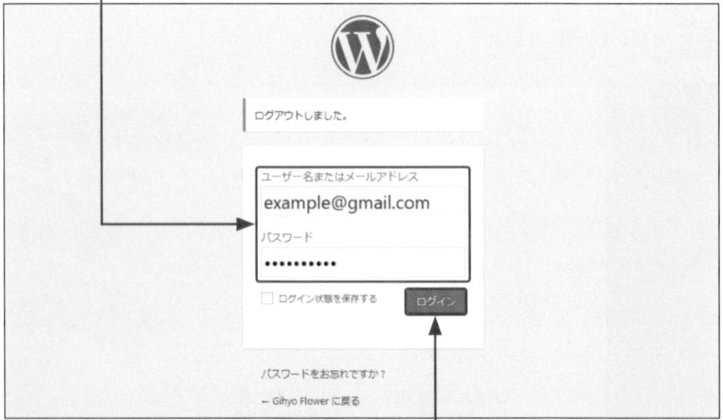

5 ＜ログイン＞をクリックします。

Chapter 02

第2章

ホームページの基本を作ろう

Section 09 本書で作るホームページ
10 「投稿」と「固定ページ」の違い
11 管理画面の見方を知ろう
12 サイトタイトルやキャッチフレーズなどを登録しよう
13 パーマリンクを設定しよう
14 サイトの基本デザイン「テーマ」を理解しよう
15 テーマを設定しよう
16 ロゴとサイトアイコンを登録しよう
17 トップページの上部に写真を入れよう
18 フォントなどの色を設定しよう
19 背景を設定しよう
20 サイトを表示してみよう

Section 09 本書で作るホームページ

覚えておきたいキーワード
☑ トップページ
☑ サブページ
☑ メニュー

本書は、フラワーショップのサイトを作りながら、WordPressの操作方法を解説します。トップページの他に、商品一覧や店舗案内のページ、お知らせの投稿など、複数のページから成り立つサイトを完成させていきます。このセクションでどのようなページを作成するのかを確認しておきましょう。

1 トップページ

サイト名の上にお店のイメージ画像を入れます（Sec.16参照）。

各ページに行きやすいようにメニューを表示しています（Sec.63、64参照）。

フラワーショップであることが一目でわかるようにページの上部に花の写真を大きく表示します（Sec.17参照）。

右サイドに最近の投稿やコメント、カテゴリーを入れてアクセスしやすいようにします（Sec.65、66参照）。

ページの下部にもメニューを表示します（Sec.67参照）。

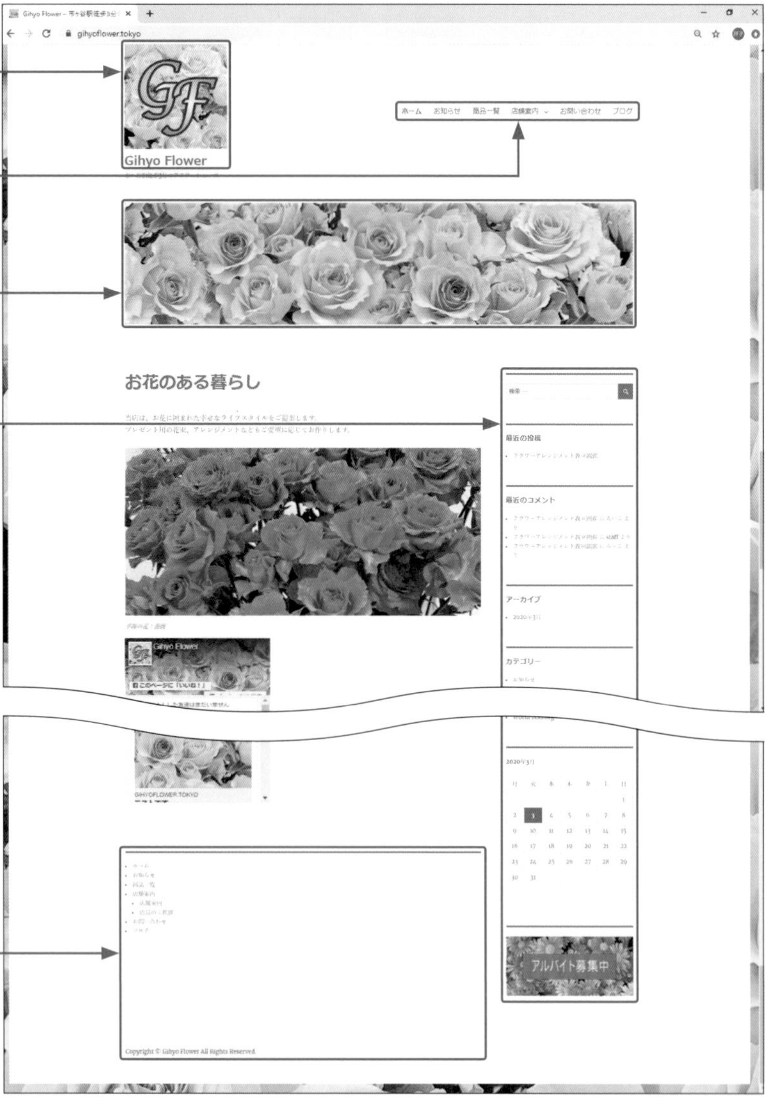

2 サブページ

「お知らせ」(Sec.27～33参照)

ブログのように毎回投稿し、時系列で表示されます。何も設定しないとトップページに表示されますが、メニューから表示するように後で変更します。

「商品一覧」(Sec.34～38参照)

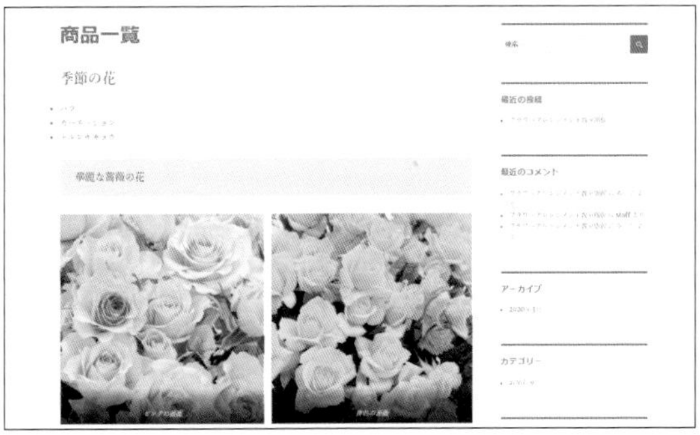

商品リストを載せたページです。画像をクリックして各商品を大きく表示できるようになっています。

「店舗案内」(Sec.39～41参照)

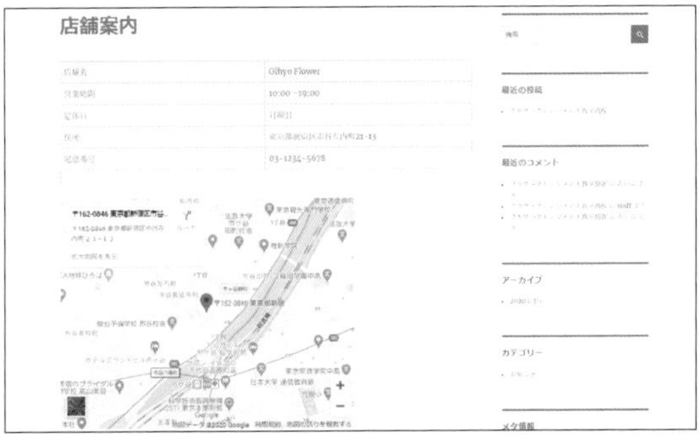

お客様が来店するときにわかるように、店舗の住所や電話番号を入れます。また、地図を入れて所在地がわかるようにします。

「店長のご挨拶」(Sec.42～45参照)

写真の上に文字を入れたレイアウトにしましょう。動画の貼り付け方やリンクボタンの設置方法も説明します。

「お問い合わせ」(Sec.53参照)

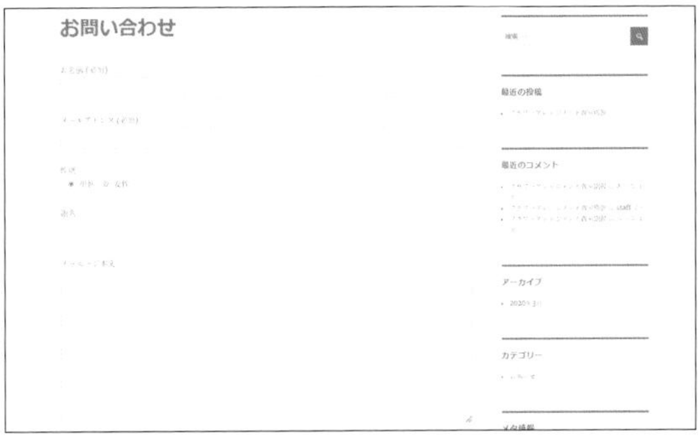

サイトを訪れた人が質問などをこのページに入力すると、その入力内容がメールで届く仕組みになっています。

Section 10 「投稿」と「固定ページ」の違い

覚えておきたいキーワード
- ☑ 固定ページ
- ☑ 投稿
- ☑ 固定ページと投稿の違い

WordPressには、ページを作成する方法に「投稿」と「固定ページ」の2種類があります。はじめてWordPressを使う人は、どちらで書けばよいか迷うでしょうが、ブログのように日記形式で書きたい場合は「投稿」を選んでください。2つの違いを理解して迷わないようにしておきましょう。

1 「投稿」と「固定ページ」

メモ 本書で作成する投稿と固定ページ

本書での投稿は、「フラワーアレンジメント教室開催」の記事を作成します。その他のページは固定ページです。

WordPressの記事には、「投稿」と「固定ページ」の2種類あり、ブログのように時系列で記事を載せるのが「投稿」です。「店舗案内」や「お問い合わせ」のように頻繁に更新しないページが「固定ページ」です。WordPressをはじめて使う人にはわかりにくい部分なのでここで整理しておきましょう。

投稿	固定ページ
日記感覚で投稿するのでページが随時変更される	頻繁に更新されない
カテゴリや日付で整理されている	カテゴリや日付で整理しない
新しい記事が先頭に表示される	記事の表示位置が変わることがない

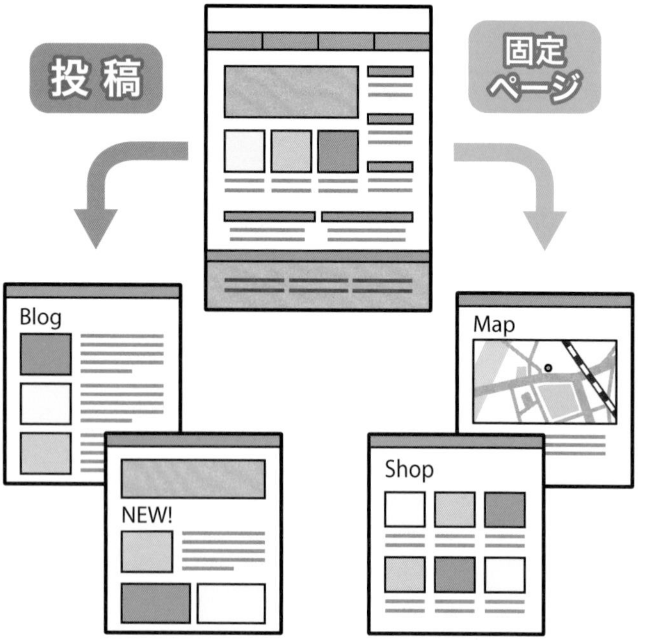

2 投稿

「日記」や「ニュース」など時系列で記事を載せるのが「投稿」です。新しい記事を投稿すると古い記事が後ろに移動します。また、記事が日付やカテゴリーで整理されています。

メモ 投稿の管理

メニューの「投稿」で管理します。

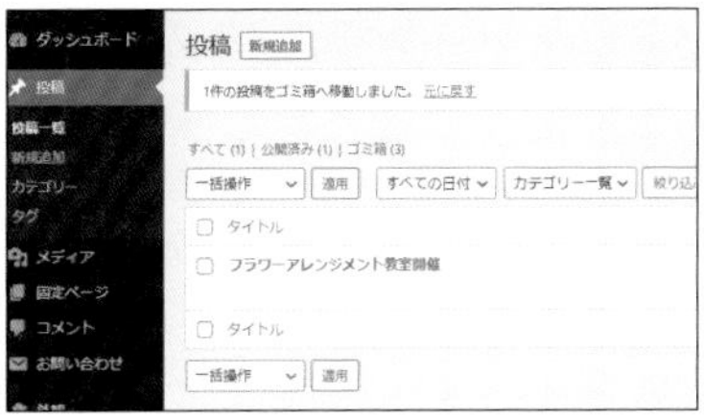

3 固定ページ

「商品一覧」「店舗案内」「お問い合わせ」などのページは、ほとんど更新する必要がないページで、日付も関係なく、決まった位置に固定されています。

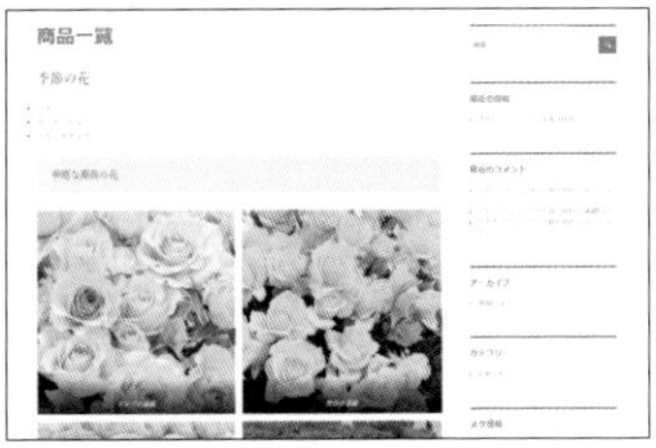

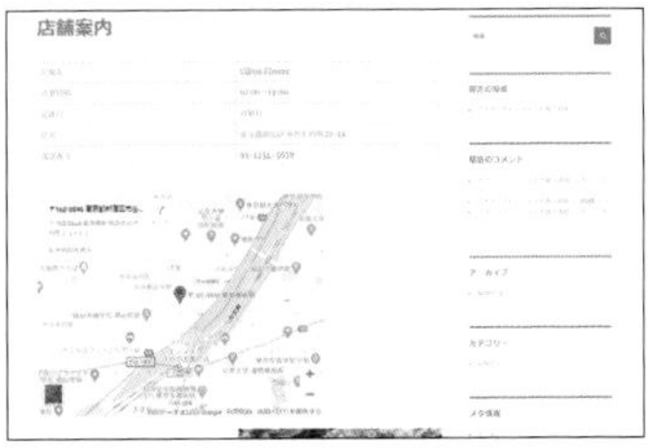

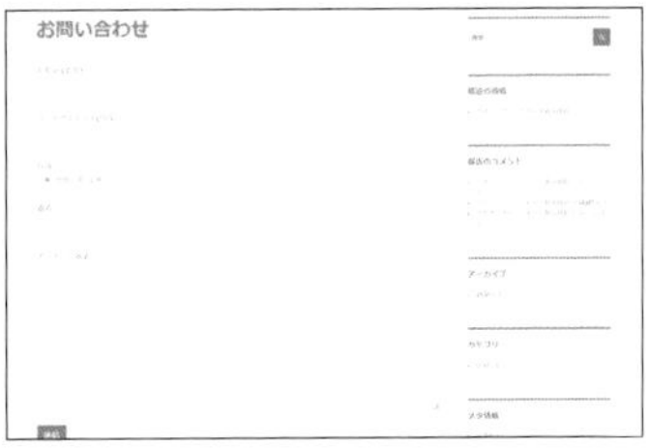

メモ 固定ページの管理

メニューの「固定ページ」で管理します。

Section 11 管理画面の見方を知ろう

覚えておきたいキーワード
- WordPressの画面構成
- ダッシュボード
- サイドメニュー

WordPressにログインすると、「ダッシュボード」という画面が表示されます。まずはその状態での画面構成を確認しておきましょう。そうすることで、この後の操作が行いやすくなります。左に並んでいるメニューはその都度説明するので、ここに載っている個所をチェックしておきましょう。

1 画面構成

ツールバー

1	WordPressのサイトやサポートページを表示できます。
2	クリックすると実際のサイトが表示されます。
3	プラグインやテーマの更新があるときに表示されます。
4	コメントが付いたときに数字が表示されます。クリックするとコメントの画面を表示します。
5	クリックして新しい投稿ができます。
6	プロフィール編集やログアウトができます。

サイドメニュー

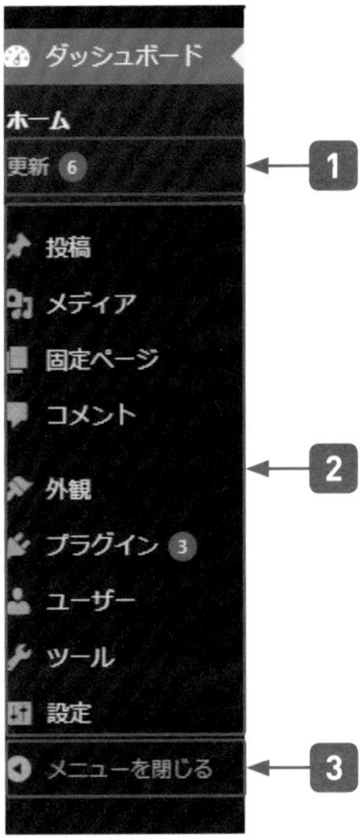

1	WordPressの更新などはここから行います。
2	各メニューをクリックすると、記事の投稿や、デザインの変更などを行えます。
3	メニューを折りたたむことができます。

メモ　表示画面が異なる

5章で紹介するプラグインを使用すると、追加された機能がサイドメニューに表示されたり、ツールバーにプラグイン用のボタンが追加されたりすることがあります。

ヒント　クイックドラフトを利用する

クイックドラフトとは、投稿のアイデアや下書きをダッシュボードから書き留めておける機能です。タイトルと内容を入力して、<下書きとして保存>をクリックすると、投稿の下書きとして保存されます。保存した内容は、最新の3件まではクイックドラフトの投稿画面の下部から見ることができます。その他の下書きは、<すべて表示>をクリックして表示します。

ダッシュボード

1	WordPressを利用し始めてすぐはこの案内が表示されます。<非表示にする>をクリックして非表示にできます。
2	あなたのサイトの記事の数やコメントの数を確認できます。
3	投稿のアイデアや下書きを手軽に書き留めておくことができます。

Section 12 サイトタイトルやキャッチフレーズなどを登録しよう

覚えておきたいキーワード
- サイトタイトル
- キャッチフレーズ
- WordPress アドレス

サイト名やキャッチフレーズは、インターネットで検索したときに表示される重要な設定です。たくさんの人に見てもらえるように設定しましょう。また、Sec.07でSSLの設定をした場合は、サイトのURLをhttpからhttpsに変更する必要があります。ここで忘れずに設定しておきましょう。

1 サイトタイトルを設定する

メモ サイトのタイトル

サイトに付けるタイトルのことで、ブラウザのタイトルバーにも表示されます。また、ネット検索結果にも大きめの文字で表示されます。Sec.06のWordPressをインストールする際にも入力しましたが、内容に適したタイトルになっているか確認してください。

メモ キャッチフレーズ

キャッチフレーズには、何のサイトであるかがわかるように短文で入力します。検索サイトの結果にも影響するので、工夫しながら入力してください。

注意 WordPressアドレスとサイトアドレスを確認する

Sec.04で設定した独自ドメインのURLになっているかを確認してください。また、Sec.07でSSLの設定をした場合、ここで「https」に修正する必要があります。

1 <設定>をクリックします。

2 <一般設定>画面が表示されます。

3 <サイトのタイトル>ボックスにサイト名を入力し、

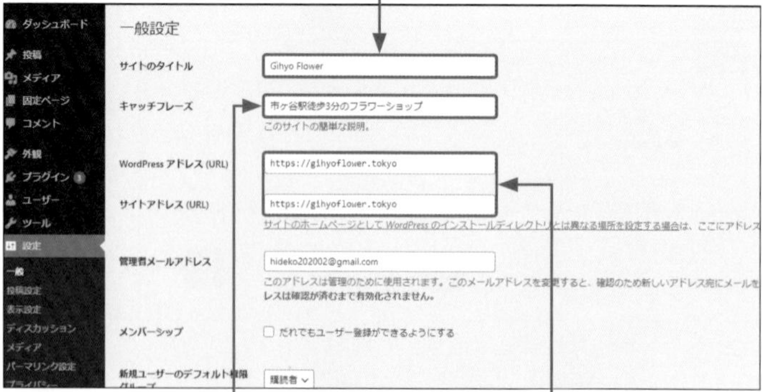

4 <キャッチフレーズ>ボックスにサイトの説明を入力します。

5 WordPressアドレスとサイトアドレスの「http」を「https」に変更します（Sec.07でSSLを設定した場合）。

6 画面をスクロールし、

7 <変更を保存>をクリックします。

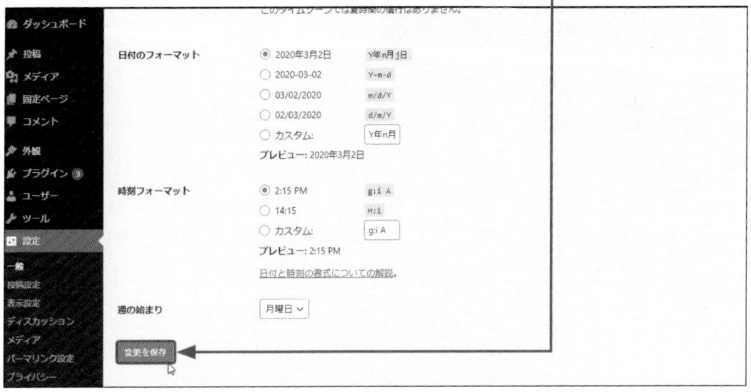

8 アドレスを変更した場合は自動でログアウトされます。

メモ メールアドレスの変更

<一般設定>では、WordPressに登録しているメールアドレスを変更できます。その際、新しいメールアドレス宛に確認のメールが届くので、メールに記載されているリンクをクリックしてください。クリックしないと変更されないので気を付けましょう。

2 ニックネームを設定する

WordPressにログインした状態です。

1 サイドメニューの<ユーザー>をクリックし、

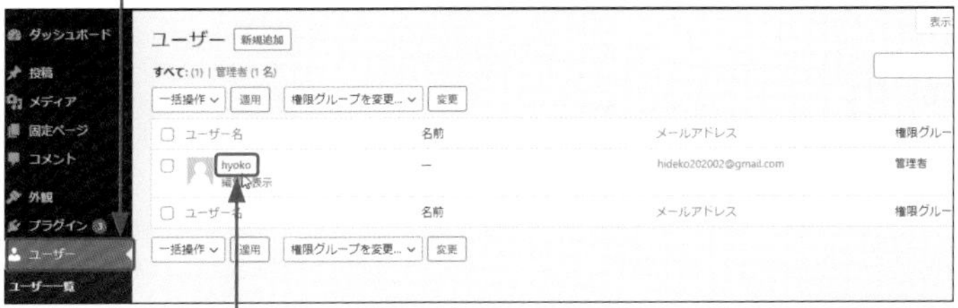

2 ユーザー名をクリックします。

3 画面をスクロールして、

4 記事を書くときのニックネームを入力し、

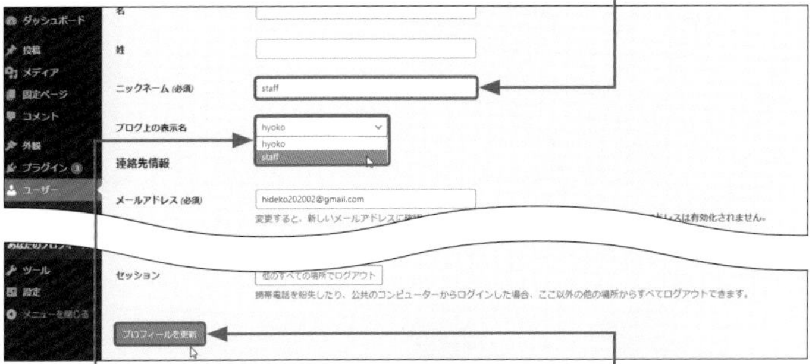

5 「ブログ上の表示名」の▼をクリックし、入力したニックネームを選択します。

6 <プロフィールを更新>をクリックします。

メモ ニックネーム

WordPressをインストールしたときに設定したユーザー名が表示されていますが、ログイン時に使用する名前です。そのままでは記事を投稿する際に表示され、セキュリティ上望ましくないので別の名前を設定しましょう。

ヒント ユーザーの追加

手順**2**の画面で、<新規追加>をクリックすると、他の人を追加して、複数人でサイトを管理することができます。詳しくはSec.74で説明します。

Section 13

パーマリンクを設定しよう

覚えておきたいキーワード
- ☑ パーマリンク
- ☑ URL に投稿名
- ☑ カテゴリベース

WordPressをインストールした直後に設定しておきたいこととして、パーマリンクの設定があります。パーマリンクは各ページのURLのことで、後から変更しようとすると不都合なので、最初の段階で慎重に設定してください。まずはパーマリンクがどのようなものかを理解した上で設定しましょう。

1 パーマリンクとは

メモ パーマリンク

パーマリンクは、各ページのURLのことです。新しい記事を投稿すると古い記事は次のページへ移動していくので、新しい記事が投稿されてもURLが変わらないようにするために設定します。パーマリンクには、日付や投稿名などを入れることができ、設定画面で選択することができます。

1 パーマリンクに「投稿名」を設定すると、

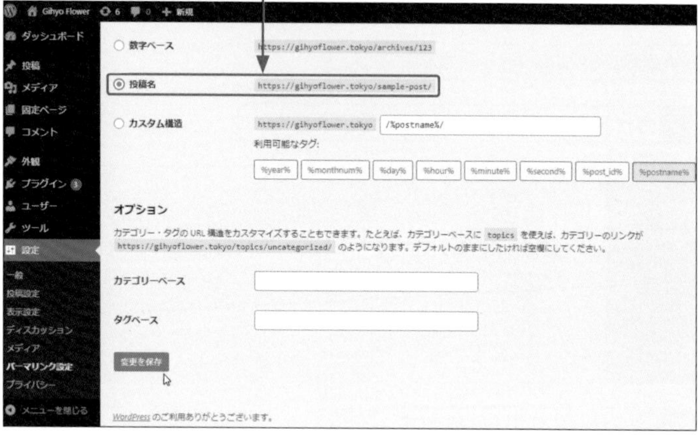

2 URLにページのタイトル「投稿名」が入ります。

注意 パーマリンクは最初に設定する

パーマリンクを後から変更するとURLが変更され、SNSや他のサイトに貼ってもらったリンクが途切れてしまうので、必ず最初に設定しておきましょう。なお、ここでは日本語の投稿名になっていますが記事を投稿するする際に英字に修正します（Sec.26参照）。

2 パーマリンクを設定する

1 <設定>をクリックして、

2 <パーマリンク設定>をクリックします。

3 <投稿名>をクリックし、

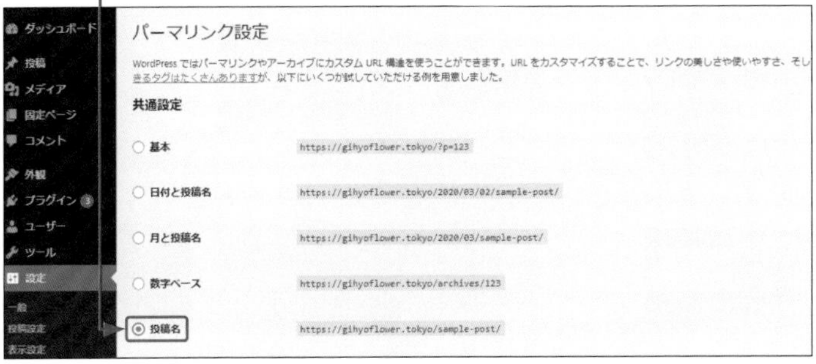

4 下部の<変更を保存>をクリックします。

メモ パーマリンク設定

パーマリンクは、「日付と投稿名」や「数字ベース」など自由に選ぶことができます。また、「カスタム構造」を選択して自由にカスタマイズすることもできます。ただし、URLが長いとメールなどでリンクが途切れてしまうことがあり、SEO対策としても短めの方が適しているので、本書では「投稿名」（記事のタイトルのこと）を選択します。

ステップアップ カテゴリベースとタグベース

「パーマリンク設定」画面の下部にある「カテゴリベース」と「タグベース」は、記事にカテゴリーやタグを設定したときのURLに任意の文字を入れることができます。たとえば、「カテゴリベース」に「blog」と入力すると、「https:// gihyoflower.tokyo / category/ oshirase」が「https:// gihyoflower.tokyo / blog/oshirase」になります。

Section 14

サイトの基本デザイン「テーマ」を理解しよう

覚えておきたいキーワード
- ☑ デザイン変更
- ☑ テーマ
- ☑ 本書で使用するテーマ

インターネット上には、素敵なデザインのサイトがたくさんありますが、そのようなサイトをプロに頼んで作ってもらうには費用がかかります。WordPressには、豊富なデザインが用意されていて、費用をかけなくても、高度な知識がなくても、おしゃれなデザインのサイトを作れるようになっています。

1 テーマとは

テーマとはサイト全体に統一されたデザインのことです。デザインを変えたいときは、ページごとに手を加えなくても一括してデザイン変更をすることができます。WordPressにはじめから用意されているテーマの他にもWordPress公式のテーマ（https://ja.wordpress.org/themes/）からダウンロードして使用することも可能です。
公式サイト以外でも無料または有料で提供しているサイトもありますが、不具合やセキュリティ面が心配な場合もあるので信頼できるサイトから使用するようにしてください。また、スマホやタブレットにも対応しているテーマを選択するようにしましょう。本書では、WordPress公式の「Twenty Sixteen」のテーマを使用します。

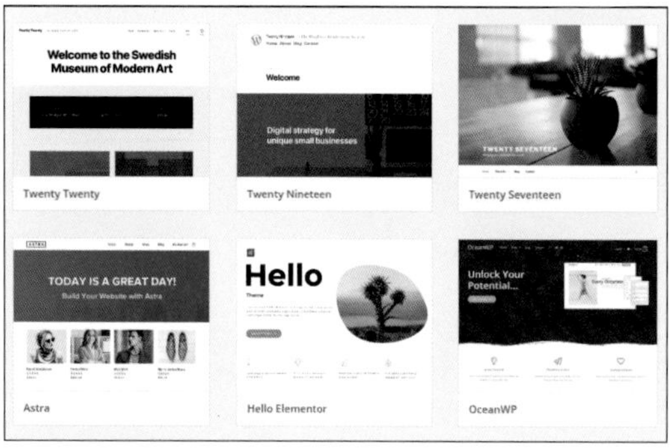

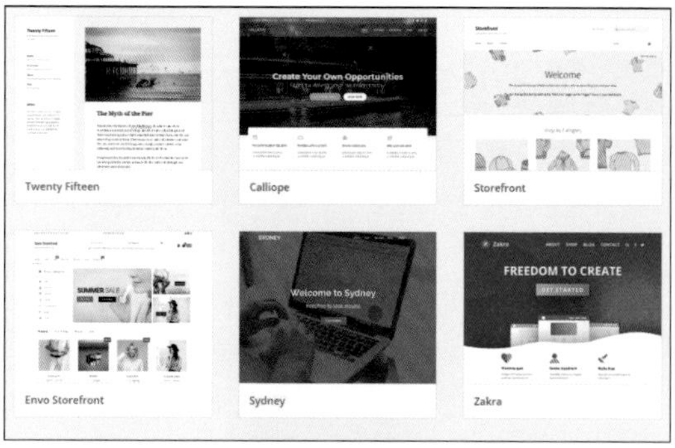

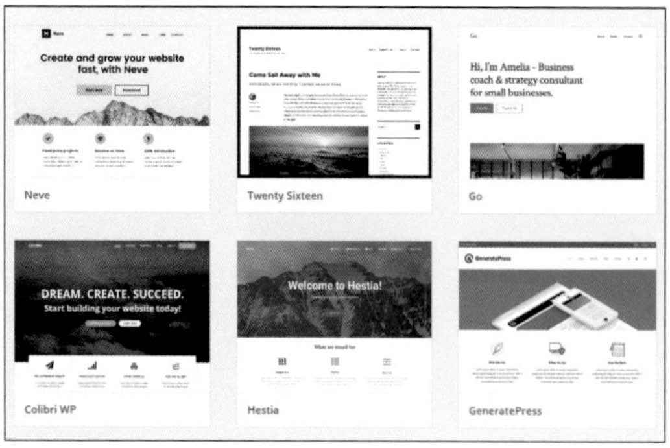

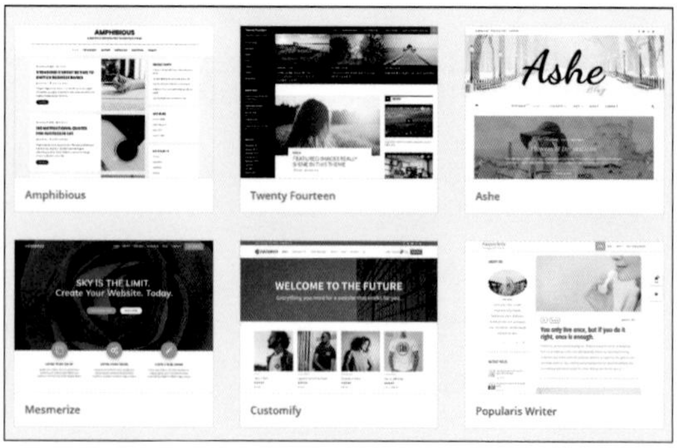

2 本書で使用するテーマ

Twenty Sixteen
Home Style Guide About Contact
Come Sail Away with Me
Individually, we are one drop. Together, we are an ocean.
現在のテーマ
Twenty Sixteen バージョン: 2.1
作成者: WordPress チーム
Twenty Sixteen は ずっと人気の WordPress レイアウト ー ブログとウェブサイト用に完全に動作する、オプションの右サイドバーのある水平の題字 — に対するモダンな試みです。美しいデフォルトカラースキームのカラーオプション、モバイルファーストのアプローチによる調和した柔軟なグリッド、細部にまで非の打ち所がない上品さを備えています。Twenty Sixteen は WordPress の外観をどこであろうとも美しく見せるでしょう。
タグ: 1列、2列、右サイドバー、アクセシビリティ対応、カスタム背景、カスタムカラー、カスタムヘッダー、custom-menu、エディタースタイル、アイキャッチ画像、flexible-header、microformats、投稿フォーマット、rtl-language-support、固定投稿、threaded-comments、translation-ready、ブログ

WordPress公式のテーマ「Twetnty Sixteen」を使用します。

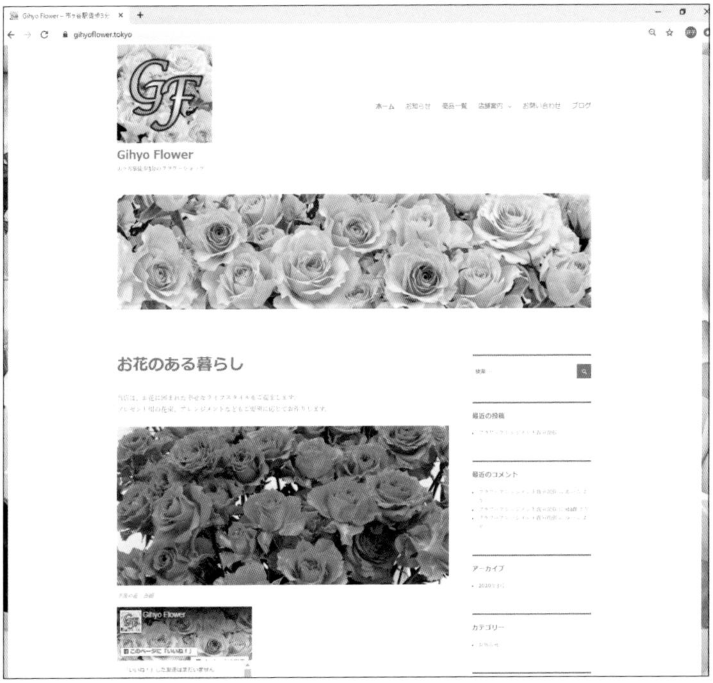
gihyoflower.tokyo
ホーム お知らせ 商品一覧 店舗案内 お問い合わせ ブログ
Gihyo Flower
お花のある暮らし
最近の投稿
最近のコメント
アーカイブ
カテゴリー

テーマを編集してオリジナルのサイトを作成します。

Section 15 テーマを設定しよう

覚えておきたいキーワード
- 外観
- Twenty Sixteen
- テーマを有効化する

本書では、WordPress公式のテーマ「Twenty Sixteen」を使用して解説を進めます。他にもさまざまなテーマがありますが、「Twenty Sixteen」なら、ロゴやヘッダー画像の入れ方、メニューやサイドバーの表示方法など、サイト作成に必要な基本操作を習得できるので、はじめての人にもおすすめです。

1 テーマを更新する

メモ テーマの更新

さまざまなテーマが用意されていますが、追加や修正などで随時更新されます。使おうとしているテーマあるいは使用しているテーマに新しいバージョンがあれば更新するようにしてください。

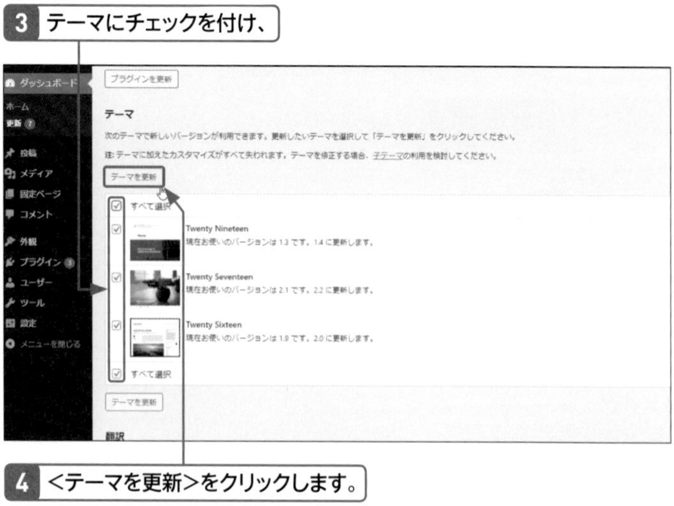

メモ テーマによっては管理画面が変更される

テーマを有効にすると、メニューに機能が追加されたり、入力箇所やボタンが増えたりなど管理画面が変更されることがあります。

2 テーマを設定する

1 ＜外観＞をクリックします。

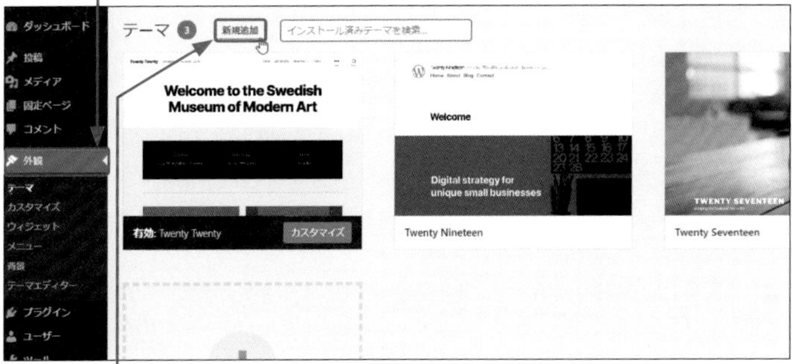

2 ＜新規追加＞をクリックします。

3 「twenty sixteen」と入力し、

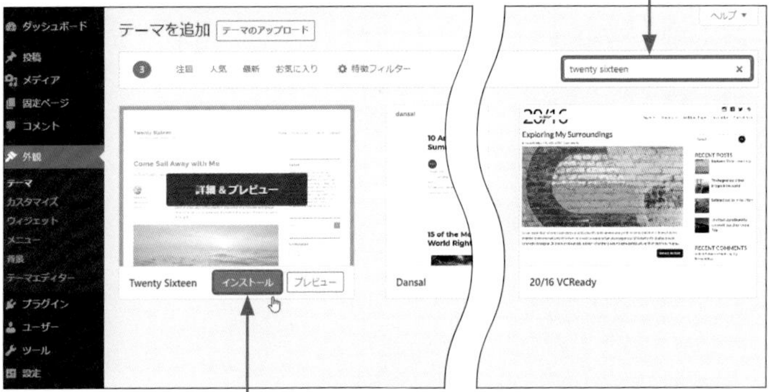

4 「Twenty Sixteen」をポイントして＜インストール＞をクリックします。

5 ＜有効化＞をクリックします。

ヒント テーマを探す

手順**1**の画面上部の＜新規追加＞をクリックし、上部にある＜注目＞や＜人気＞をクリックしてテーマを探すことができます。また、＜検索＞ボックスにキーワードを入力して探したり、＜特徴フィルター＞をクリックして目的に合うテーマを探したりもできます。

ステップアップ 公式サイト以外のテーマを使う場合

WordPressのテーマを提供しているサイトからダウンロードした場合は、手順**3**の画面上部の＜テーマのアップロード＞をクリックしてファイルを選択します。

ヒント デザインの事前確認

手順**5**の画面で＜ライブプレビュー＞をクリックすると、どのようなデザインになるかを事前に確認することができます。

Section 16 ロゴとサイトアイコンを登録しよう

覚えておきたいキーワード
- ロゴ
- サイトアイコン
- サイト基本情報

お店をイメージするロゴを作成して、サイトの左上に配置してみましょう。ロゴのサイズはテーマによって異なるので、推奨サイズを確認して作成しておくことをおすすめします。また、ブラウザのタブやブックマークに表示させるファビコンという小さな画像もWordPressでは簡単に設定できます。

1 ロゴを設定する

メモ ロゴとは

ロゴは会社名や店舗名などをイメージした画像のことです。各ページに表示されるので何のサイトであるかがわかる画像を作成して設定しましょう。本書のサンプル画像は、画像編集ソフトを使って、花の写真に「Gihyo」の「G」、Flowerの「F」を入れています。

1 <外観>をクリックし、

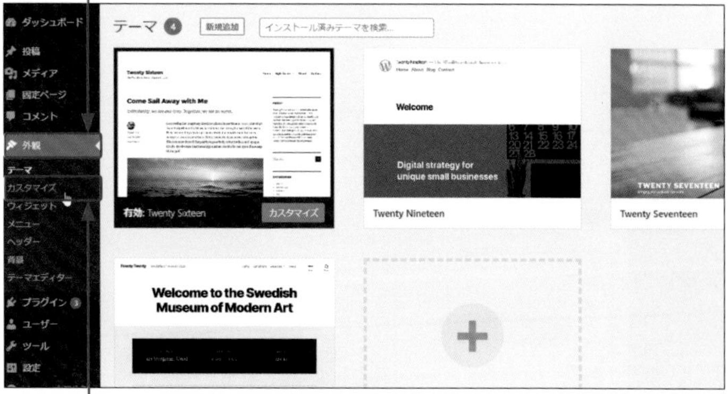

2 <カスタマイズ>をクリックします。

3 <サイト基本情報>をクリックします。

メモ ロゴが選択できない

テーマによってはロゴがないデザインもあります。本書では「Twenty Sixteen」のテーマを使用しているのでロゴの設定があります。

4 <ロゴを選択>をクリックします。

5 <ファイルをアップロード>タブをクリックし、

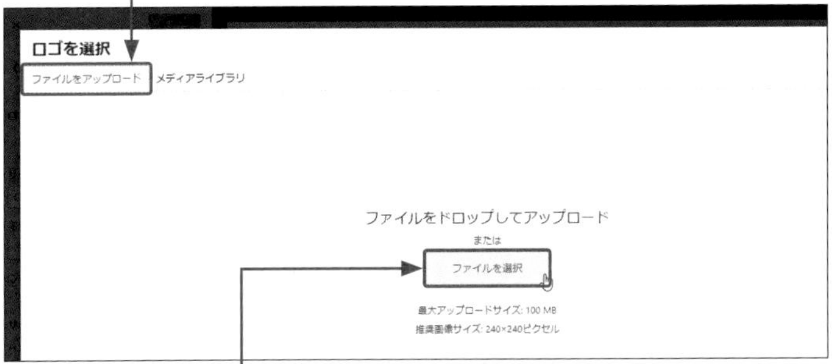

6 <ファイルを選択>をクリックします。

7 使用する画像をクリックし、

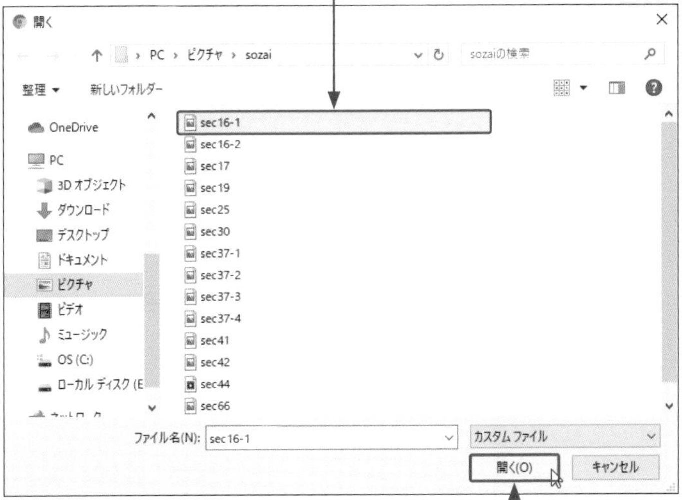

8 <開く>をクリックします。

メモ　解説で使用する画像

解説に使用しているサンプル画像は、技術評論社のサイトからダウンロードして使うことができます。詳しくはP.248を参照してください。

メモ　ロゴのサイズ

テーマによってロゴのサイズが異なり、手順5の画面に推奨サイズが表示されています。本書で使用するテーマ「Twenty Sixteen」の推奨サイズは、「240×240ピクセル」です。画像を挿入する際に切り抜くことはできますが、すでに会社やお店のロゴがある場合は、240×240ピクセルの画像をあらかじめ用意しておいた方が綺麗に入ります。

メモ　アップロード済みの画像を使用する

すでにアップロードした画像は、手順5の<メディアライブラリ>タブに表示され、クリックして指定することができます。

メモ 画像の切り抜き

手順12の画面で、周囲にあるハンドルをドラッグして必要な部分のみを使用することができます。本書のサンプル画像は、推奨サイズにしているため切り抜く必要がありません。次のSectionのヘッダー画像も同様です。

9 メディアライブラリにアップロードした画像が表示されます。

10 <代替テキスト>ボックスに会社やお店の名前のロゴであることを入力します。

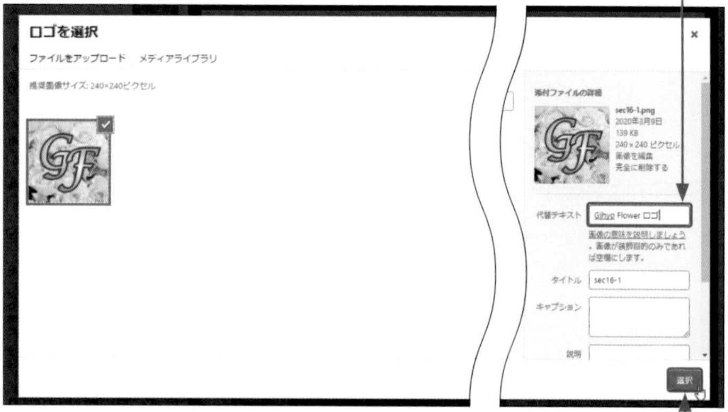

11 <選択>をクリックします。

メモ ロゴの削除

ロゴを削除するには、手順13の画面左部にある<削除>をクリックします。

12 <切り抜かない>をクリックします。

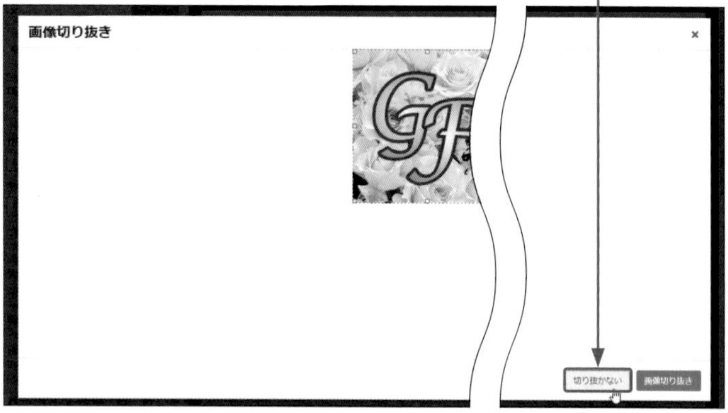

メモ 公開する場合

この後サイトアイコンとヘッダー画像を設定しますが、すぐに公開したい場合は<公開>をクリックしてください。

13 ロゴを追加できました。

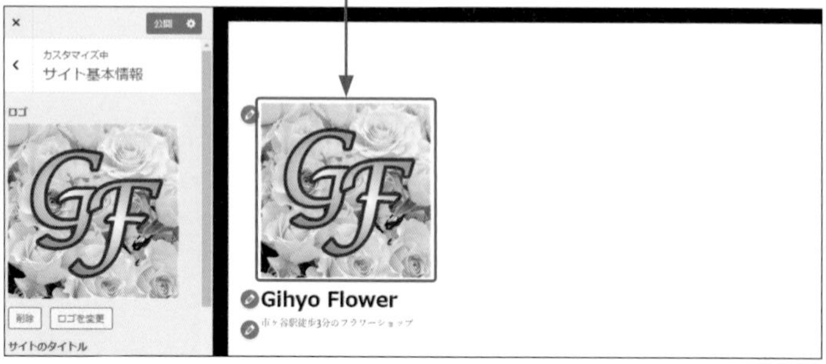

2 サイトアイコンを設定する

1 <サイトアイコンを選択>をクリックします。

2 <ファイルをアップロード>タブをクリックし、

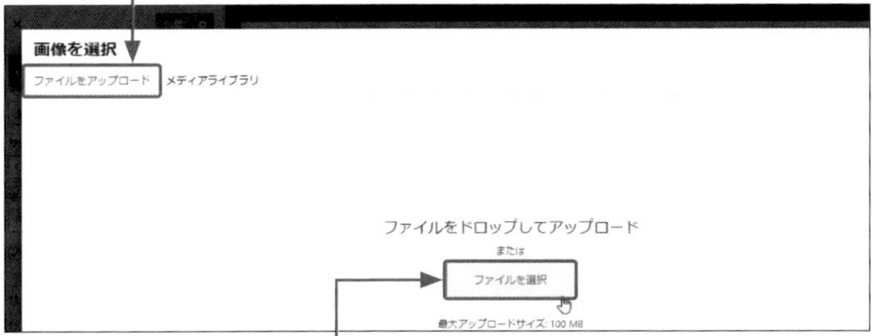

3 <ファイルを選択>をクリックして画像を選択します。

4 画像を選択し、

5 <選択>をクリックします。

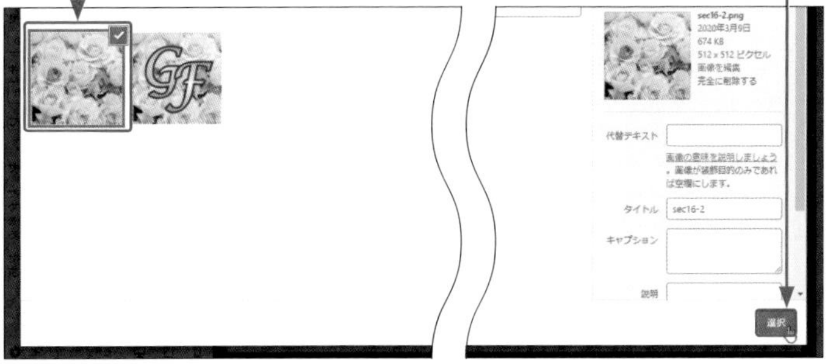

6 サイトアイコンを設定しました。

7 <<>をクリックします。

8 次のSectionに続きます。

キーワード サイトアイコン

「サイトアイコン」は、ブラウザのタブやブックマークに表示される小さなアイコンのことで、一般的にfavicon（ファビコン）と呼ばれています。通常はfavicon形式（.ico）のファイルを用意する必要がありますが、WordPressではjpegやpng形式の画像ファイルを簡単にfavicon形式に変換して設定できます。

メモ 操作を中断する場合

ここでは次のSectionに続きますが、中断したい場合は、手順7で<歯車>のボタンをクリックして<下書き保存>を選択すると、<公開>ボタンが<下書き保存>に変わるのでクリックして保存してください。

注意 サイトアイコンが表示されない

サイトアイコンを設定すると、通常はブラウザのタブに表示されますが、ブラウザの環境によっては表示されない場合もあります。履歴やCookieなどを削除して、ブラウザを再起動すると表示されることもあるので、編集作業が終わった後に試してみてください。

Section 17 トップページの上部に写真を入れよう

覚えておきたいキーワード
- ヘッダー画像
- スマホやタブレットでの表示
- 公開

はじめてサイトを訪れた人は、最初に画面の左上や中央を見る人が多いです。本書で作成するサイトでは、画面左上に店舗のロゴを、上部には店舗を印象付けるためにヘッダー画像として写真を配置します。Sec.16のロゴと同様に、ヘッダー画像もサイトのイメージに合う画像を用意して設定しましょう。

1 ヘッダー画像を設定する

Sec.16の手順3の画面を表示しています。

1 <ヘッダー画像>をクリックします。

2 <新規画像を追加>をクリックします。

メモ ヘッダー画像とは

ヘッダー画像とは、トップページの上部に表示する画像のことです。訪れた人が最初に目にしやすい部分なので、会社や店舗を象徴する写真にすることをおすすめします。

メモ ヘッダー画像のサイズ

ヘッダー画像は、テーマによってサイズが異なります。ロゴの画像と同様に、画像を追加するときに切り抜くこともできますが、あらかじめ用意しておいた方がイメージ通りに仕上がります。手順2の画面に書かれている推奨画像サイズ（本書のテーマでは1200×280ピクセル）で作成しておくことをおすすめします。

ヒント スマホやタブレットでの画面表示を確認する

手順9の下部にある「タブレット」や「スマホ」のボタンをクリックすると、スマホやタブレットでの表示を確認できます。

3 <ファイルをアップロード>タブをクリックし、

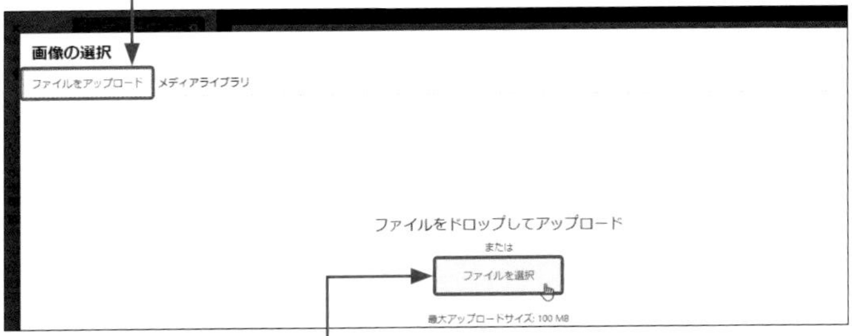

4 <ファイルを選択>をクリックして画像を追加します。

5 画像を選択し、

6 <代替テキスト>ボックスに会社やお店の名前を入力します。

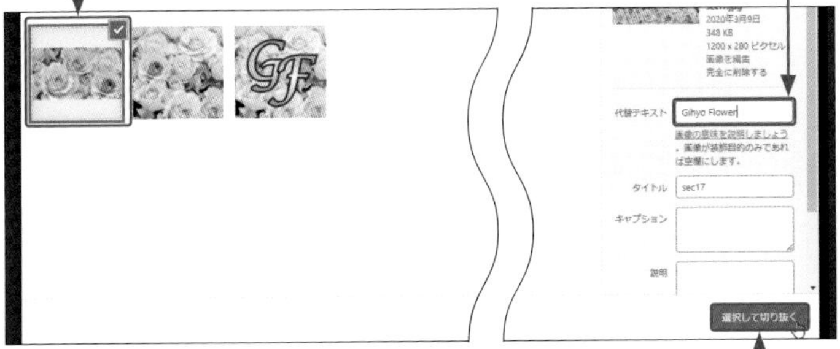

7 <選択して切り抜く>をクリックします。

8 <切り抜かない>をクリックします。

9 ヘッダー画像を設定しました。

10 <公開>をクリックします。

11 <×>をクリックします。

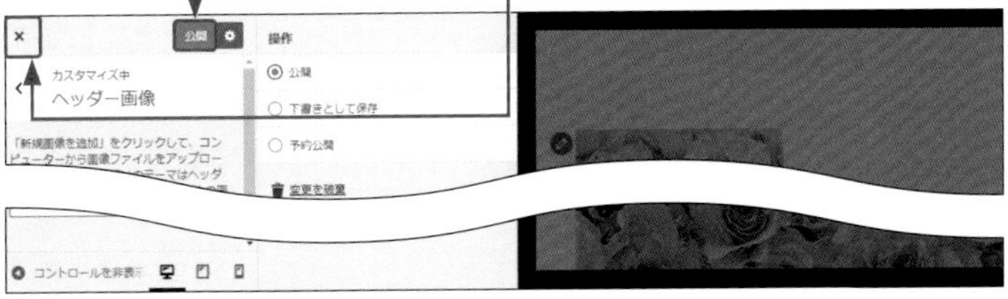

メモ 画像をアップロードする方法

<ファイルを選択>をクリックする以外にも、ドラッグアンドドロップして追加することも可能です。

メモ ヘッダーを変更する

ヘッダーの画像を別の画像に変更したい場合は、手順**9**で<新規画像を追加>をクリックして新しい画像を選択します。

メモ <公開>を忘れずに

設定した後、<公開>をクリックするのを忘れないでください。クリックしないと実際のサイトに反映されません。なお、公開したサイトを確認する方法は、Sec.20で説明します。

Section 18 フォントなどの色を設定しよう

覚えておきたいキーワード
- テキストカラー
- 背景色
- リンクの色

文字の色もサイトのイメージ合わせて設定することができます。好きな色を設定できますが、薄い色にすると読みづらくなることもあるので注意してください。ここでは、サイト全体の文字色を「青」に設定します。また、リンクの色を変えることで、クリックする場所をわかりやすくします。

1 文字の色を設定する

メモ 文章の一部の色を変更する

ここではサイト全体で使用する基本の文字色を設定します。部分的に色を変更する方法はSec.28で説明します。

Sec.16の手順3の画面を表示しています。

1 ＜色＞をクリックします。

2 「メインのテキストカラー」の＜色を選択＞をクリックし、

メモ 背景色やページ色の設定

手順2の画面の「背景色」では、背景の色を設定できます。また、「ページ背景色」では、ページ内の色を設定できます。本書では背景に画像を設定します（Sec.19）。

3 カラーパレットから色（ここでは青）を選択します。

4 「リンク色」の＜色を選択＞をクリックして、

5 色（ここでは赤）を設定します。

6 ＜公開＞をクリックし、

7 ＜×＞をクリックします。

メモ　色の選択

手順**3**では、カラーパレットを使って自由に色を選択できます。いずれかの色をクリックし、右のバーをドラッグして色の調整ができます。

注意　保存する

手順**5**で＜公開＞をクリックしないと、設定が破棄されます。注意のメッセージが表示されますが、忘れずに公開または下書き保存するようにしてください。下書き保存する場合は＜歯車＞のボタンをクリックして＜下書き保存＞を選択し、＜公開＞を＜下書き保存＞に切り替えてクリックしてください。

Section 19

背景を設定しよう

覚えておきたいキーワード
☑ 背景画像
☑ 画像の位置
☑ 背景スクロール

本書で使用しているテーマ「Twenty Sixteen」では、サイトの背景が黒に設定されています。Sec.18の設定画面で他の色に変えることもできますが、ここではフラワーショップのサイトを作成するので、花の写真を設定します。見える部分は少ないですが、設定するとサイトのイメージが華やかになります。

1 背景画像を設定する

メモ 背景画像

サイトの背景には色だけでなく画像を設定することが可能です。本書で使用するテーマの場合は、ページの外側にわずかに見えるようになっています。

Sec.16の手順3の画面を表示します。

1 <背景画像>をクリックします。

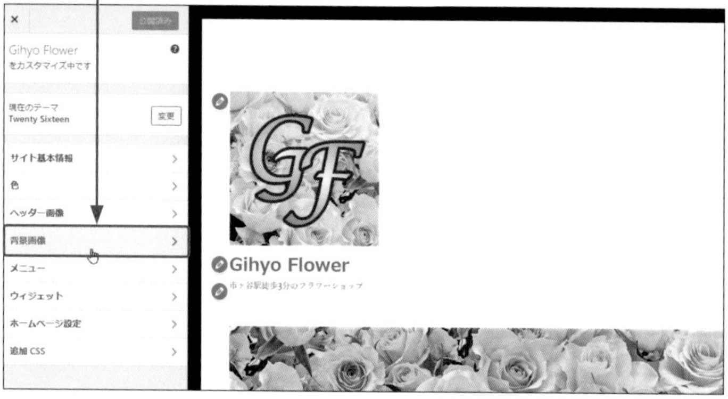

2 <画像を選択>をクリックします。

ヒント 背景画像の設定画面

Sec.16の手順2で<背景>をクリックして、<背景画像>の設定画面を表示することもできます。

3 <ファイルをアップロード>タブをクリックします。

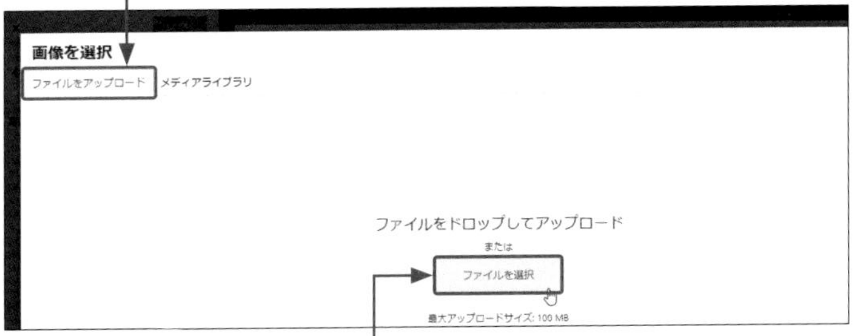

4 <ファイルを選択>をクリックして画像をアップロードします。

5 背景にする画像をクリックし、

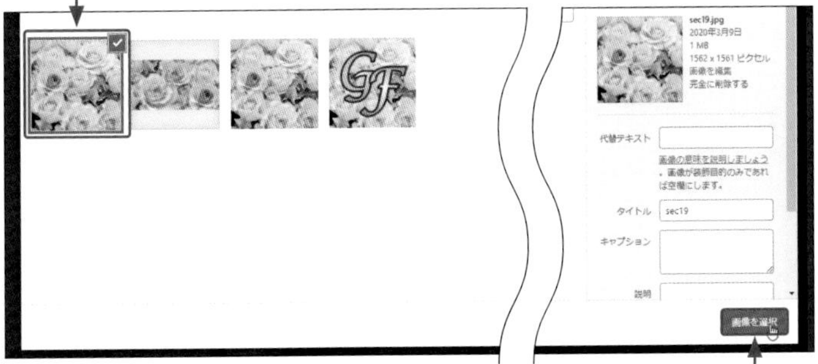

6 <画像を選択>をクリックします。

7 背景画像を設定しました。

8 ↑や→をクリックして画像が見える位置を調整します。

9 <公開>をクリックし、

10 <×>をクリックします。

メモ　画像の位置

手順**8**で、背景に選択した画像の位置を設定できます。たとえば、画像を少し上に配置したい場合は「↑」、少し下にしたい場合は「↓」をクリックします。

メモ　ページと一緒にスクロールとは

手順**7**の画面下部にある<ページと一緒にスクロール>は、スクロールしたときに背景画像も一緒にスクロールするか否かです。スクロールさせたくない場合はチェックをはずします。

メモ　背景画像を削除するには

設定した背景画像を削除したい場合は、手順**7**の画面で<削除>をクリックします。

Section 20 サイトを表示してみよう

覚えておきたいキーワード
- ☑ サイトを表示
- ☑ プレビュー
- ☑ ダッシュボードに戻る

イメージ通りにサイトを作成しているつもりでも、実際は少し違って見えることもあります。そのため、編集の途中でサイトを表示して確認することをおすすめします。いつでも確認できるように表示方法を覚えておきましょう。そして、再び管理画面に戻る方法も確認します。

1 サイトを表示する

ダッシュボードを表示しています（Sec.11の画面）。

1 左上の＜サイト名＞をクリックします。

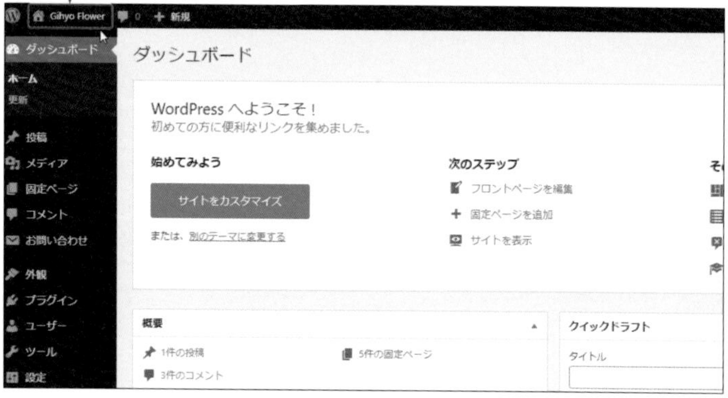

2 サイトが表示されました。

3 編集画面に戻るには再度＜サイト名＞をクリックします。

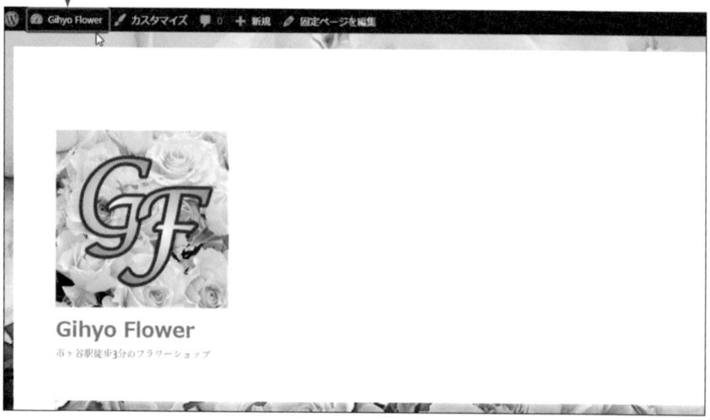

ヒント サイトを別のタブに表示させる

手順**1**で、Ctrl キーを押しながら＜サイト名＞をクリックすると、新しいタブにサイトが表示されます。編集画面と実際のサイトをタブで切り替えながら見比べることができます。

ヒント ダッシュボード以外の画面に戻る

手順**3**で、＜サイト名＞をポイントして表示されるメニューから、テーマやウィジェットなどの編集画面を表示することも可能です。

Chapter 03

第3章

基本のページの作り方を知ろう

Section 21 WordPressの「ブロック機能」を理解しよう
22 不要なページを削除しよう
23 新しい固定ページを作成しよう
24 タイトルと内容を入力しよう
25 ページに画像を挿入しよう
26 ページを公開しよう
27 新しい投稿を作成しよう
28 見出しを入れよう
29 文字を太字にしたり色を付けたりしよう
30 記事の先頭にアイキャッチ画像を入れよう
31 投稿のカテゴリーを設定しよう
32 コメントの受付について設定しよう
33 公開した投稿を編集・削除しよう

Section 21

WordPressの「ブロック機能」を理解しよう

覚えておきたいキーワード
☑ ブロック
☑ ブロックエディター
☑ よく使うブロック

WordPress 5.0から「ブロックエディター」という機能が追加されました。どのようなものなのかをここで説明します。また、よく使うブロックも紹介します。各ブロックの使い方については、次の章で実際にブロックを追加しながら解説するので、ここでは確認だけしておきましょう。

1 ブロックとは

メモ　WordPressのブロックエディター

WordPressでは、バージョン5.0へのアップデートに伴い、ページの作成画面にブロックエディターが採用されました。このブロックエディターは、開発中のコードネームから「Gutenberg」と呼ばれることもあります。なお、5.0より以前のエディターのことは、「クラシックエディター」と呼んで区別しています。本書では、ブロックエディターでのページの作成方法を解説していきます。

WordPress5.0以降では、「ブロックエディター」という機能が導入されました。ページ内の「見出し」「段落」「表」などを、ブロックを組み立てるような感覚で作成できます。1つの塊になっているので、たとえば画像と表の位置を入れ替えたいといった場合に、ドラッグ操作で簡単に移動させることが可能です。また、削除するときもブロックごと削除すればよいのでレイアウトがくずれることがありません。

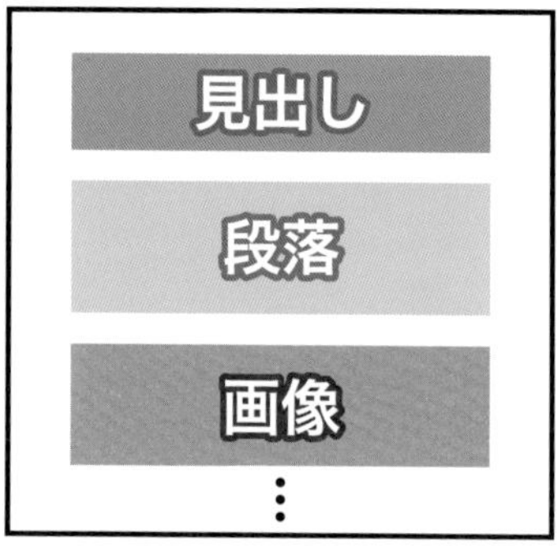

ブロックで構成されています。

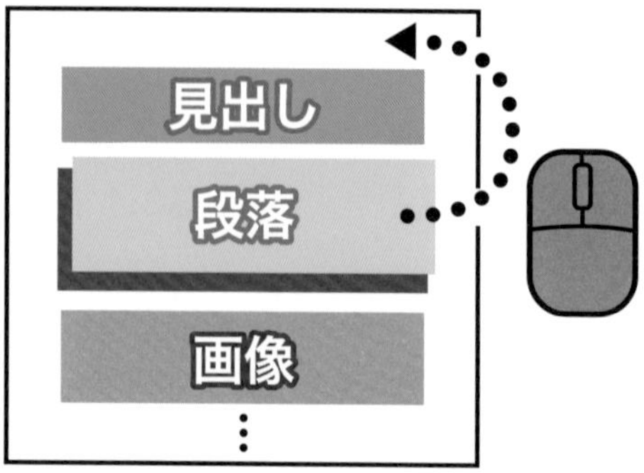

ドラッグでブロックを移動できます。

2 主なブロックの種類

<画像>ブロック(Sec.25参照)

<見出し>ブロック(Sec.34参照)

<リスト>ブロック(Sec.35参照)

<段落>ブロック(Sec.36参照)

<ページ区切り>ブロック(Sec.38参照)

<表>ブロック(Sec.39参照)

<カラム>ブロック(Sec.43参照)

<ボタン>ブロック(Sec.45参照)

Section 22 不要なページを削除しよう

覚えておきたいキーワード
- ページの削除
- ゴミ箱へ移動
- 完全に削除する

サイトを作成していると、不要なページや同じ内容のページを作成してしまうこともあります。そのような場合は削除しましょう。もし、間違えて削除しても、ゴミ箱から復元することができるので安心してください。ここでは、はじめから用意されているサンプルのページを削除します。

1 ページを削除する

ヒント 一度に複数の記事を削除するには

一度に複数の記事を削除したい場合は、手順2の画面で、記事のタイトルの左のチェックボックスにチェックを付け、上の「一括操作」の▼をクリックして<ゴミ箱へ移動>にし、<適用>をクリックします。

メモ サンプルページの削除

ここでは、はじめから用意されている「サンプルページ」を削除します。サンプルなので削除しても大丈夫です。「プライバシーポリシー」は、Google アナリティクス(Sec.71 参照)を使用する際に使うので残しておきましょう。

1 <固定ページ>をクリックします。

2 ページ一覧が表示されます。

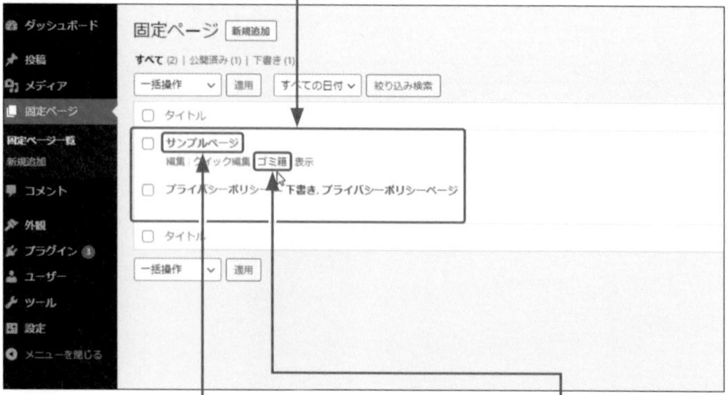

3 削除したいページ名の上をポイントし、

4 <ゴミ箱>をクリックします。

5 ページがゴミ箱に移動します。

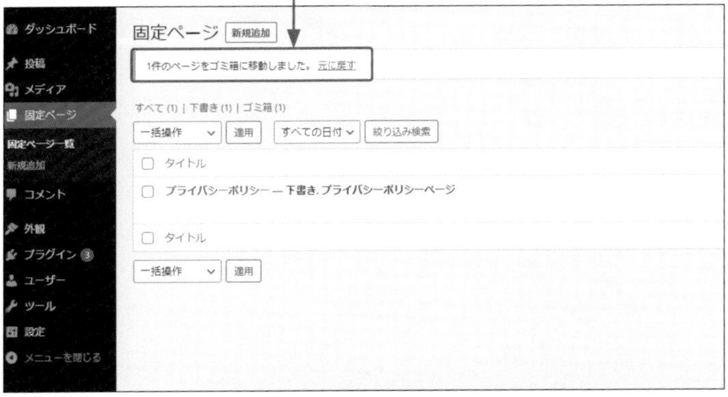

2 記事を完全に削除する

1 <ゴミ箱>をクリックします。

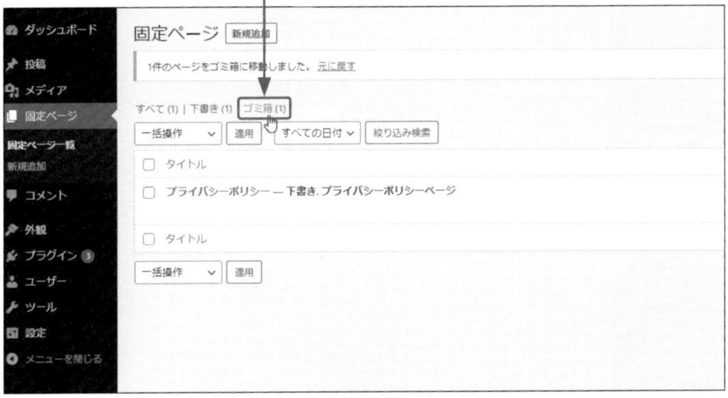

2 削除したいページをポイントし、

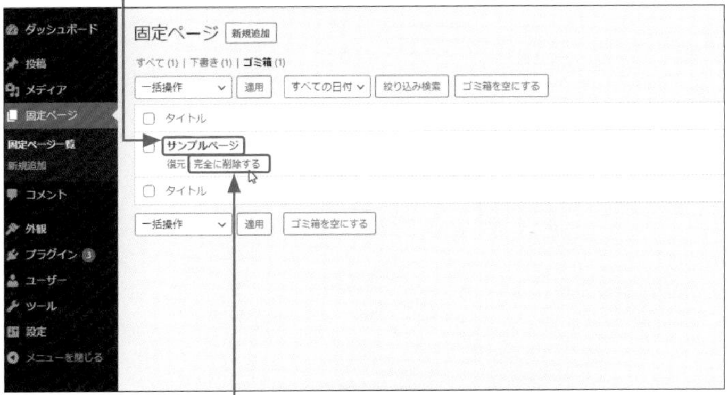

3 <完全に削除する>をクリックすると完全に削除されます。

メモ 削除を取り消す

削除した直後の場合は、上部に表示される<元に戻す>をクリックして戻すことができます。

メモ 削除したページを元に戻す

ゴミ箱に移動した後でも、手順3で<復元>をクリックすると元に戻すことができます。

注意 完全に削除する

ページを削除すると一旦ゴミ箱に移動しますが、ゴミ箱にあるページを削除すると完全に削除され、復活できなくなるので注意してください。

Section 23 新しい固定ページを作成しよう

覚えておきたいキーワード
- 新規追加
- 段落ブロック
- ブロックエディターの画面構成

ここでは、固定ページの作成方法を説明します。作成したページには、次のSection以降でタイトルや内容を入力していきます。また、ブロックエディターの画面についても説明します。第4章で各ブロックの使い方を詳しく説明するので、ここでは画面の確認だけしておきましょう。

1 タイトルと内容を入力する

WordPressにログインしてダッシュボードを表示しています。

1 <固定ページ>をクリックし、

2 <新規追加>をクリックします。

3 新しいページが表示されます。

メモ 固定ページ

Sec.10で説明したように、WordPressで作成されるページには、常に更新されるページである「投稿」と固定されたページである「固定ページ」があります。

メモ 新規追加したページ

新しく追加したページには、タイトルの入力欄と、1つの段落ブロックが用意されています。この後、必要なブロックを追加してページを作成していきます。

2 ブロックエディターの画面構成

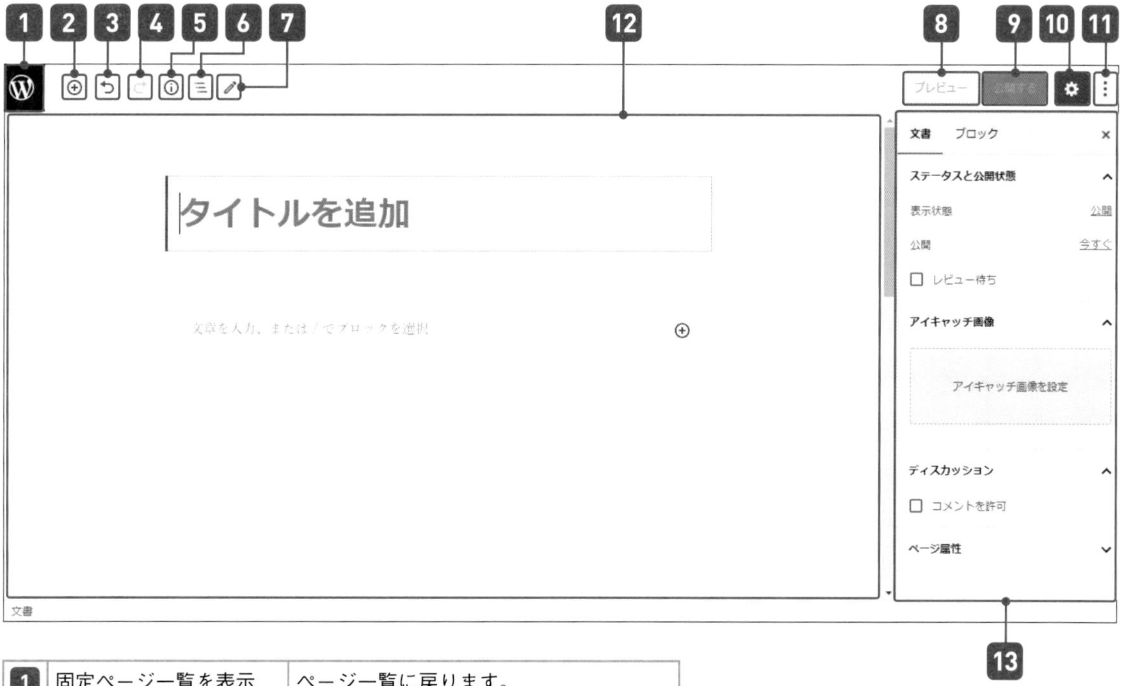

1	固定ページ一覧を表示	ページ一覧に戻ります。
2	ブロックの追加	ブロックを追加します。
3	元に戻す	前の操作に戻します。
4	やり直す	取り消しの操作を戻します。
5	コンテンツ構造	語数や見出しの数、段落数、ブロック数が表示されます。
6	ブロックナビエーション	ページ内のブロックが表示されクリックして移動できます。
7	ツール	ブロックの選択・編集モードを選べます。
8	プレビュー	画面の事前確認ができます。
9	公開する	作成したページをネットに公開します。
10	設定	パネルエリアの表示/非表示を切り替えます。
11	ツールと設定をさらに表示	表示の切り替え、コードエディター、再利用ブロックの管理画面を表示します。
12	作業スペース	ここに入力して作成します。
13	パネルエリア	「文書」パネルと「ブロック」パネルで構成されています。

メモ 「下書き保存」と「下書きへ切り替え」

何か文字を入力すると、＜プレビュー＞ボタンの左に＜下書き保存＞が表示されます。クリックすると下書きとして保存できます。また、公開したページの場合は、＜下書きへ切り替え＞ボタンが表示され、クリックすると公開から非公開に切り替えることができます。

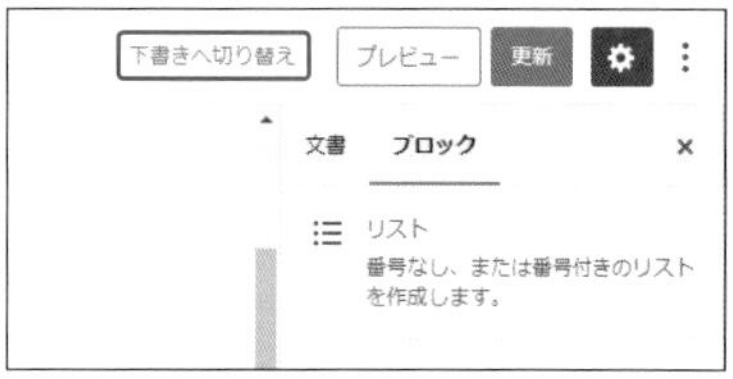

Section 24 タイトルと内容を入力しよう

覚えておきたいキーワード
- タイトル
- 改行
- 下書き保存

ページにタイトルがないと何のページかわかりません。特に、ネット検索で直接ページに来た人は困るので、忘れないように入力しておきましょう。また、文章の入力方法も説明しますが、Wordなどと違って Enter キーを押すと、改行ではなく段落が変わってしまうので気を付けてください。

1 タイトルと本文を入力する

メモ タイトルの改行

タイトルを任意の位置で改行することはできません。長いタイトル名の場合は、画面のサイズ幅に合わせて改行されます。

1 「タイトルを追加」をクリックします。

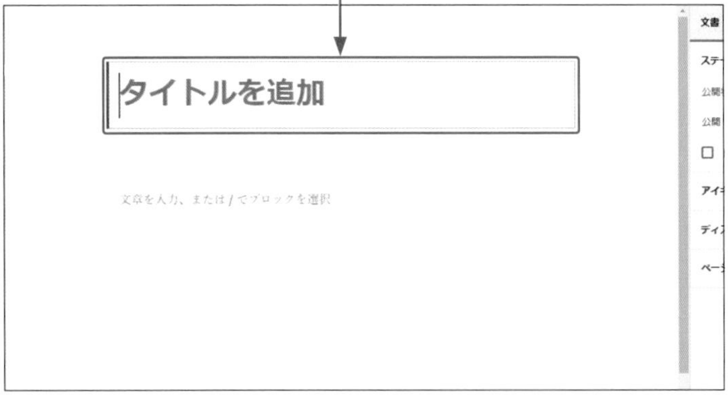

2 タイトルを入力します。

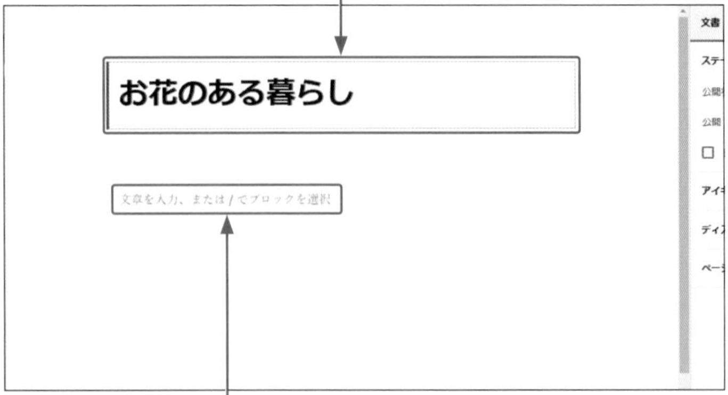

3 「文章を入力～」をクリックします。

メモ はじめからある段落ブロック

手順3の「文章を入力～」のボックスは、はじめから用意されている「段落ブロック」です。ブロックの使い方は4章で説明しますので、ここでは入力方法などの基本操作を覚えましょう。

4 文章を入力します。

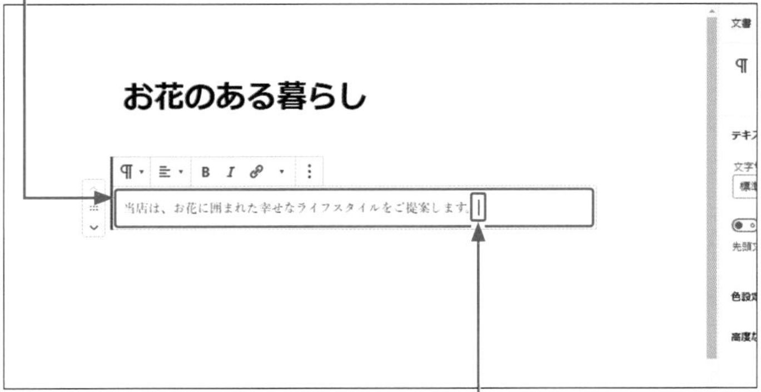
お花のある暮らし
当店は、お花に囲まれた幸せなライフスタイルをご提案します。

5 Shift キーを押しながら Enter キーを押します。

6 改行されます。

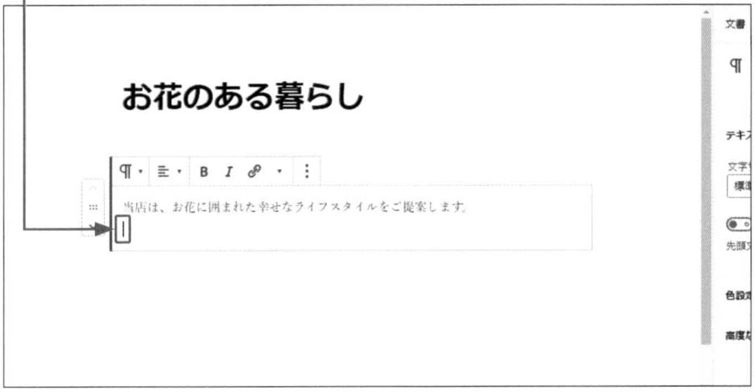
お花のある暮らし
当店は、お花に囲まれた幸せなライフスタイルをご提案します。

7 文章を入力します。

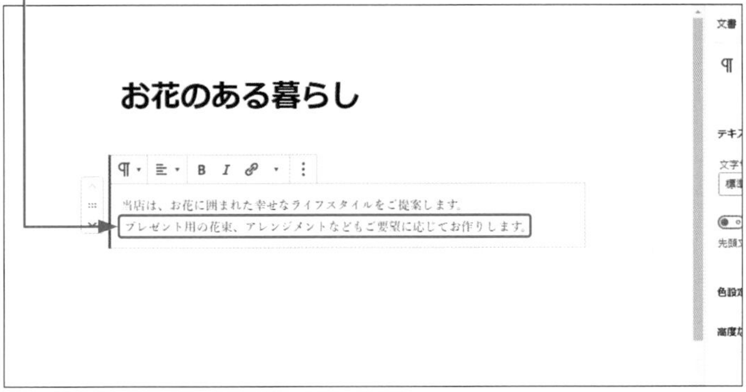
お花のある暮らし
当店は、お花に囲まれた幸せなライフスタイルをご提案します。
プレゼント用の花束、アレンジメントなどもご要望に応じてお作りします。

メモ　操作を取り消す

操作を取り消したい場合は、左上の<取り消し>ボタンをクリックするか、キーボードの Ctrl キーを押しながら Z を押します。

お花のある暮らし
当店は

注意　段落ブロック内の改行

段落ブロックに入力した文章は、Enter キーを押すとブロックが分かれてしまいます。同じブロック内で改行したいときは、Shift ＋ Enter キーを押しましょう。

お花のある暮らし

Enter キーを押すと別のブロックになります。

ヒント　文字にリンクを設定する

文章内の文字をクリックすると別のページへ移動できるようにしたいときは、文字をドラッグしてから、<リンク>ボタンをクリックします。ボックス内に移動先のURLを入力し、Enter キーを押します。

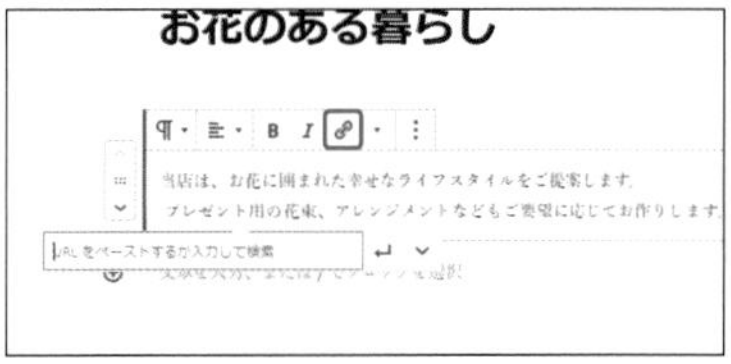
お花のある暮らし

メモ　プレビューから編集画面への切り替え

<プレビュー>をクリックすると、ブラウザの新しいタブに表示されます。編集画面に戻るにはタブをクリックして切り替えてください。

8 <プレビュー>をクリックします。

9 新しいタブに表示され確認できます。

10 ダッシュボードを表示しているタブをクリックします。

11 ダッシュボードに戻りました。

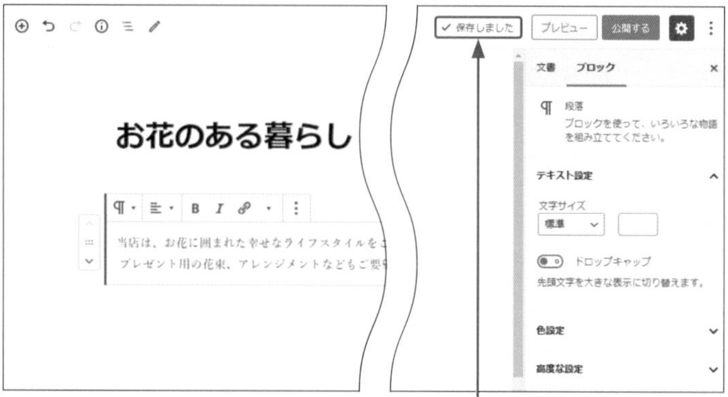

12 「保存しました」と表示され自動的に保存されます。

メモ　下書き保存する

入力途中の場合やよく確認してから公開したい場合は、いったん下書きとして保存しましょう。下書き保存ならネット上に公開せずに保存できます。プレビューすると自動的に下書きとして保存されますが、手順8で<下書き保存>をクリックしても保存できます。

2 固定ページを編集する

1 <固定ページ>をクリックします。

2 下書き保存されているページは、タイトル名の後ろに「－下書き」と表示されています。

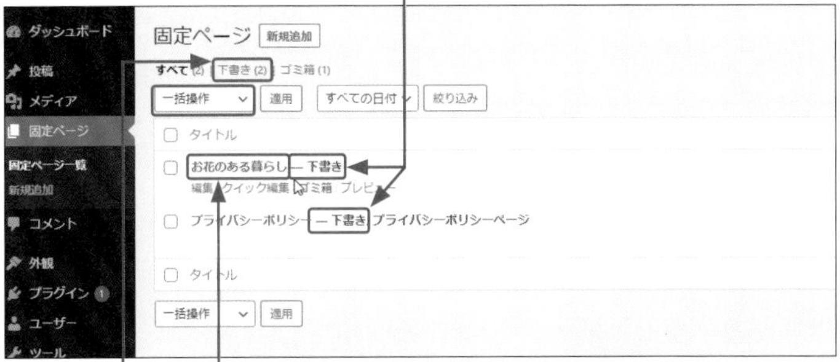

3 <下書き>をクリックすると下書きのページだけを表示できます。

4 編集するページをクリックします。

5 ページが開き編集できます。

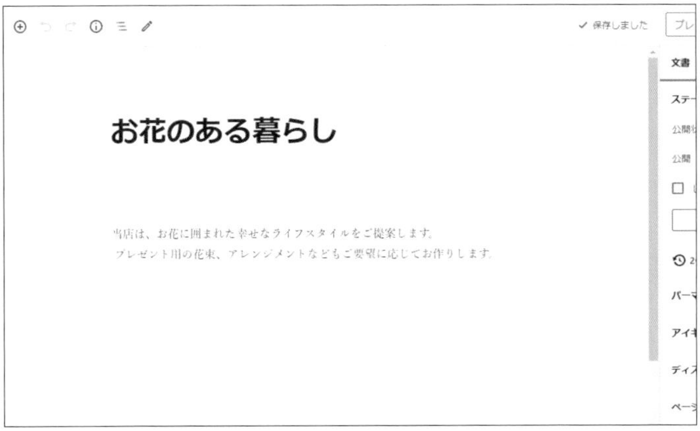

メモ 下書き保存しているページ

手順**2**のように、下書き保存されているページは一覧でタイトル名の後ろに「－下書き」と表示されています。また、固定ページ一覧の上部の<下書き>をクリックすると、下書きのページのみが表示されます。

ヒント クイック編集

手順**4**の画面で<クイック編集>をクリックするとタイトルやスラッグ、コメントの許可などを、ページを開かずに編集できます。ただし、本文の編集はできません。

Section 25

ページに画像を挿入しよう

覚えておきたいキーワード
- ☑ 画像サイズの上限
- ☑ 画像ブロック
- ☑ サムネイル

文章だけではインパクトが弱いので写真も入れましょう。画像を入れる際には「サムネイル」「中」「大」の3タイプのサイズから選ぶことができますが、それぞれのサイズの最大寸法を設定することができます。ここでは、設定画面を確認してから、画像の挿入方法を解説します。

1 画像の設定をする

ステップアップ 3つの画像が作成される

WordPressでは、画像をアップロードすると「サムネイル」「中」「大」の3つの画像がサーバー上に作成され、記事を投稿するときに選択できる仕組みになっています。ただ、その分余計な画像も保存されるので、サーバー容量が増えるというデメリットもあります。気になる場合は、手順3ですべて「0」にし、あらかじめ画像のサイズを整えてからアップロードする手もあります。

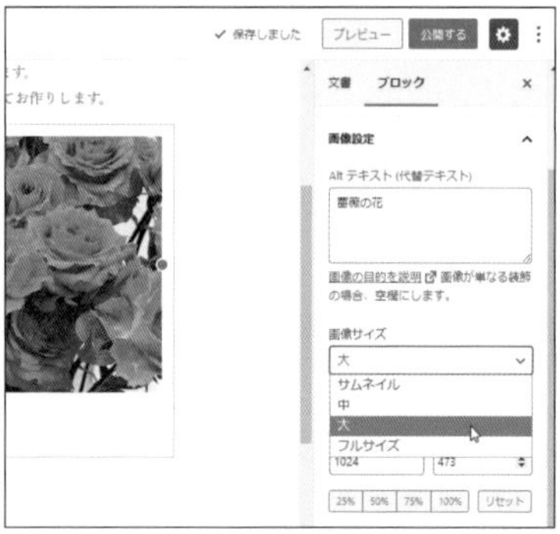

メモ サムネイルをトリミングする

<サムネイルを実寸法にトリミングする～>にチェックを付けると、横長の画像も指定されたサイズに縮小してくれるので、記事一覧で表示される画像に統一感を持たせることができます。

1 <設定>をクリックし、

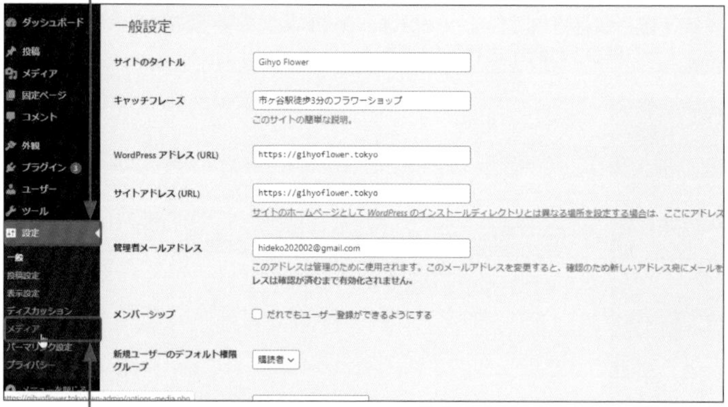

2 <メディア>をクリックします。

3 画像の幅と高さの上限を設定できます。ここでは既定のままにします。

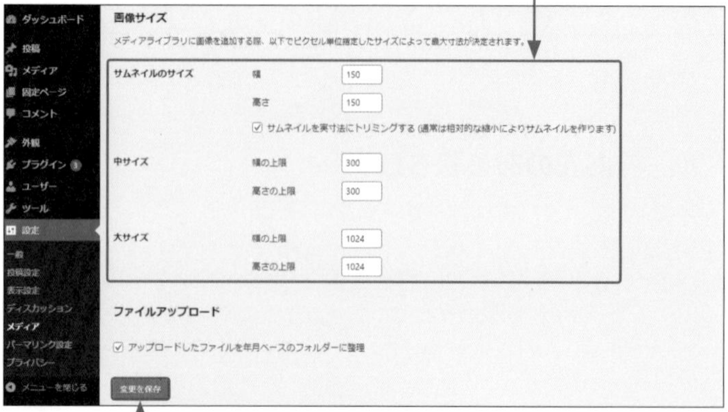

4 <変更を保存>をクリックします。

2 固定ページに画像を挿入する

1 <固定ページ>をクリックし、

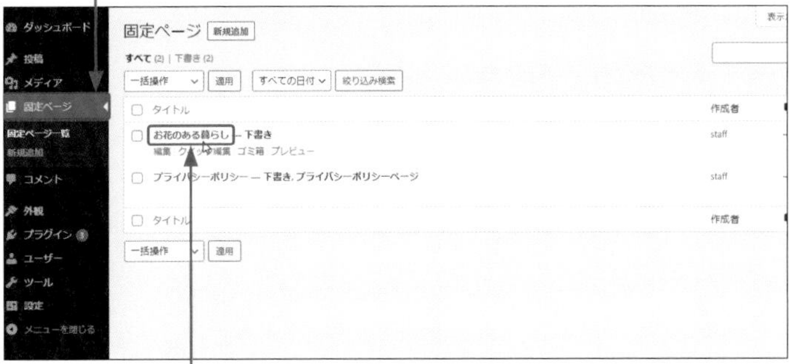

2 先ほど作成したページをクリックします。

3 <ブロックの追加>をクリックし、

4 <画像>をクリックします。

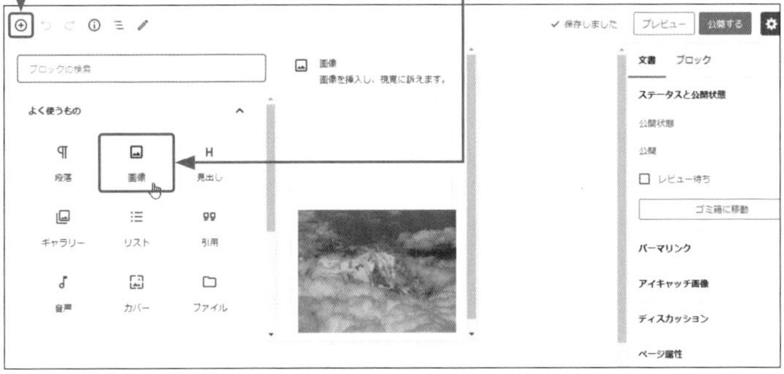

5 <アップロード>をクリックします。

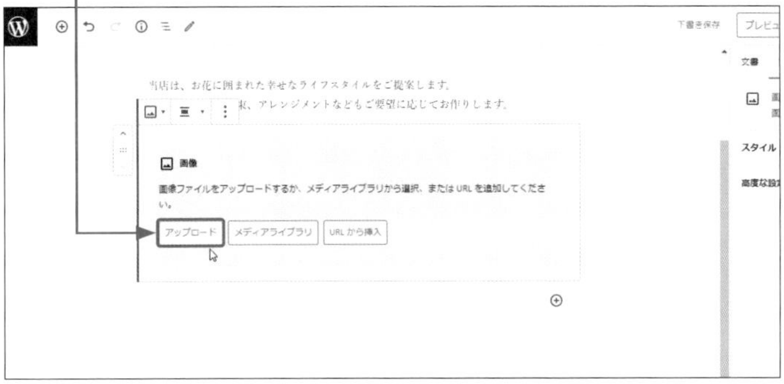

メモ　メディアライブラリ

画像をアップロードするとメディアライブラリに保存されます。すでにアップロードした画像を使用する場合は、手順**5**の画面で<メディアライブラリ>をクリックして、既存の画像を選択してください。

メモ　画像ブロックがない

「よく使うもの」に「画像」ブロックがない場合は、手順**4**で「よく使うもの」の下にある「一般ブロック」から選択できます。あるいは、空の<段落>ブロック内に「/i」と入力し、Enter キーを押しても追加できます。

ヒント　複数の画像の追加

ここではブロック内に1つの画像を挿入しますが、Sec.37の「ギャラリー」ブロックを使うと複数の画像を挿入することができます。

メモ 画像の配置方法

画像を中央に配置させるには、手順8のように「中央揃え」を選択します。文章の左側に配置する場合は「左揃え」、文章の右側に配置したい場合は「右」を選択します。

6 画像を選択して、

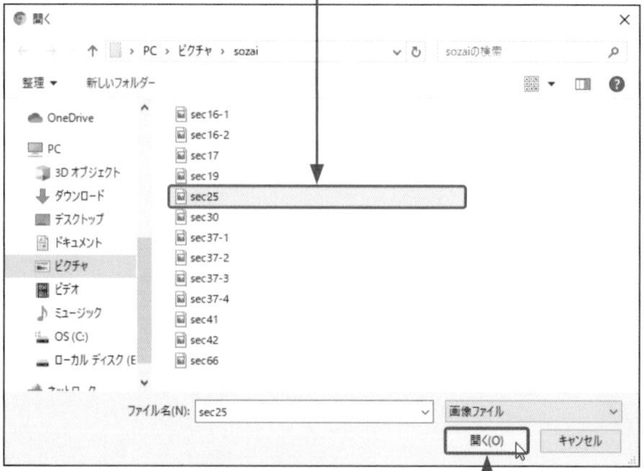

7 <開く>をクリックします。

画像が挿入されます。

8 <配置の変更>をクリックし、

9 「中央揃え」を選択します。

10 キャプションを入力します。

メモ 画像を変更する

追加した画像をクリックし、<置換>をクリックして別の画像をアップロードします。

メモ 画像を削除する

画像をクリックし、⋮をクリックして<ブロックを削除>すると、画像ブロックごと削除できます。

11 画像をクリックして選択し、

12 <リンクの挿入>をクリックし、

13 <メディアファイル>をクリックします。

14 パネルエリアの「ブロック」パネルで代替テキストを入力します。

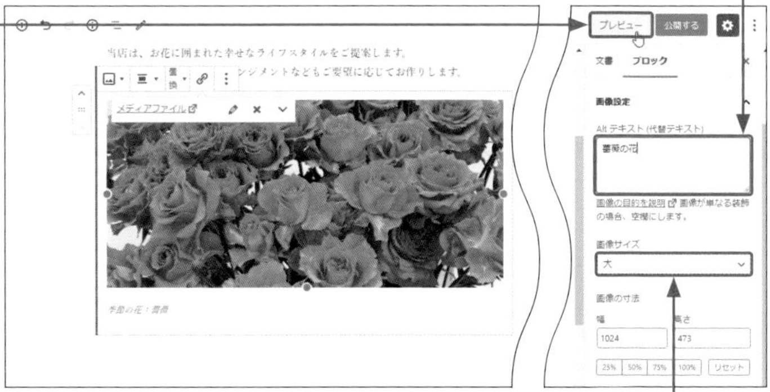

15 画像サイズは「大」にします。

16 <プレビュー>をクリックします。

17 画像を追加しました。

メモ　画像に設定するリンク

画像をクリックすると、アップロードした元画像を表示したり、他のページを表示させたりすることができます。ページ内に小さく画像を載せて、クリックしたときに元画像のサイズで見てもらうにはここでのように<リンクの挿入>→<メディアファイル>を選択します。他のページを表示させる場合は、手順**13**の上にあるボックス内にURLを入力します。

メモ　キャプションとAltテキスト

キャプションは、画像の下に記載する簡単な説明文のことです。Altテキスト(代替テキスト)は、音声読み上げソフトで閲覧する場合や何らかの不具合で画像が表示されない場合を想定して設定します。検索エンジンが画像を認識する際にも使われるのでSEOの観点からも設定しておきましょう。

メモ　画像サイズの変更

好きなサイズにしたい場合は、画像をクリックし、右または下にある●をドラッグして調整できます。あるいは、パネルエリア「ブロック」パネルの「画像の寸法」で数値を指定します。

Section 26 ページを公開しよう

覚えておきたいキーワード
☑ 公開
☑ スラッグ
☑ 日付を指定して公開

ページが完成したらインターネット上に公開しましょう。Sec.13でパーマリンクに「投稿名」を設定したので、URLにタイトルが入っていますが、日本語のタイトルの場合は、そのまま日本語が含まれてしまうので変更する必要があります。公開する前に必ずチェックする習慣を付けておきましょう。

1 スラッグを設定する

キーワード スラッグ

Sec.13でパーマリンクの設定を「投稿名」にしましたが、日本語のタイトルで書かれた記事の場合、URLに日本語が含まれてしまい、他サイトで紹介されたときなどに複雑な英数字が並んだURLが表示されることがあります。そのため、投稿するときに、URLの末尾にあたる「スラッグ」と言われている部分を英数字に変更します。

メモ パーマリンクとスラッグの違い

パーマリンクはURL全体のことで、スラッグは末尾にあたる部分です。例として、「https://gihyo.tokyo/sample/」がパーマリンクで、「sample」がスラッグです。

注意 パーマリンクの設定が見当たらない

パーマリンクの設定はパネルエリアの「文書」パネルにあります。見当たらない場合は、いったん下書き保存をすると表示されます。

ページを開いています。

1 パネルエリアの「文書」をクリックします。

2 <パーマリンク>をクリックします。

3 「URLスラッグ」にタイトルが日本語で表示されています。

4 英数字で入力します。ここでは「lifestyle」と入力します。

2 ページを公開する

1 <公開する>をクリックします。

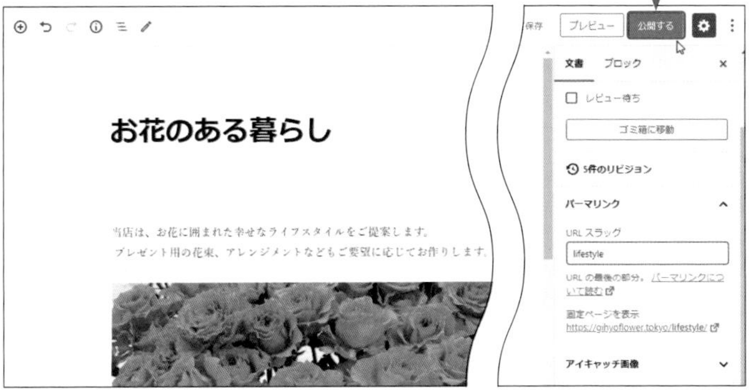

2 <公開>をクリックします。

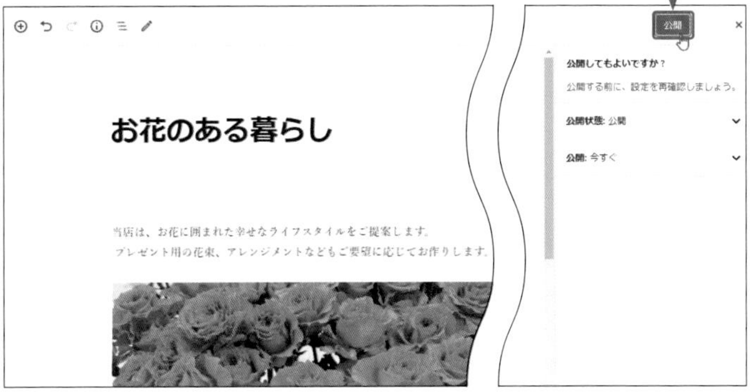

3 「右上」のリンクをクリックするとアクセスできます。

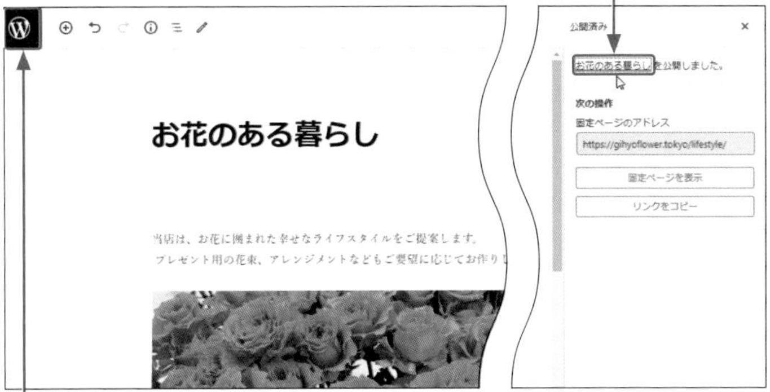

4 <W>をクリックすると、ページ一覧に戻ります。

メモ スラッグの設定方法

スラッグは、パネルエリアの「文書」パネルでも設定できますが、タイトルをクリックすると上部にパーマリンクが表示され、スラッグを変更できるようになっています。

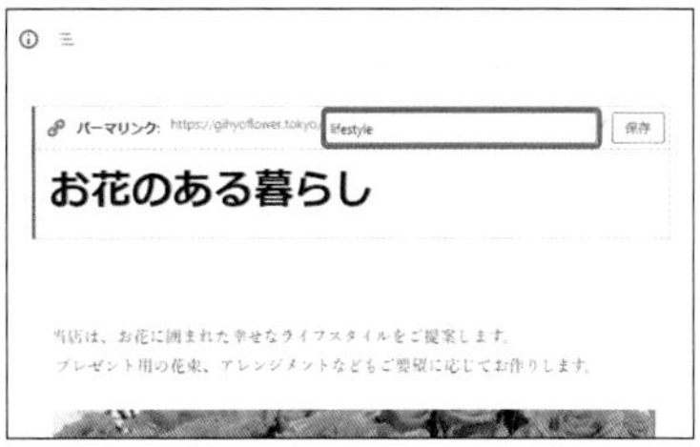

ヒント 日付を指定して公開する

手順2の画面で、<公開：今すぐ>をクリックして公開する日時を指定でき、設定した日時になると公開されます。

ヒント 特定の人だけに公開する

パスワードを知っている人だけに見てもらいたい場合は、手順2の画面で、<公開状態>をクリックし、<パスワード保護>をクリックしてパスワードを設定します。

メモ 下書きへの切り替え

公開したページを取り消したい場合は、編集画面を切り替え、右上にある<下書きへ切り替え>をクリックします。下書きの状態になり、ネットには非公開になります。

Section 27 新しい投稿を作成しよう

覚えておきたいキーワード
- ☑ 投稿
- ☑ 下書き保存
- ☑ 投稿の削除

「投稿」の作成もSec.23の「固定ページ」とほぼ同じですが、定期的に載せていく記事なので、固定ページよりも使用する機会が多くなります。新鮮な情報を発信するためにもいつでも投稿できるようにしておきましょう。ここでは、「フラワーアレンジメント教室開催」のお知らせを投稿します。

1 記事を作成する

メモ 投稿記事の作成

投稿の作成も、固定ページと同じくブロックを使って作成します。各ブロックの使い方は4章で説明するので、ここでは文章や見出しの入れ方など基本的な操作を説明します。

1 <投稿>をクリックし、

2 <新規追加>をクリックします。

3 タイトルを入力します。

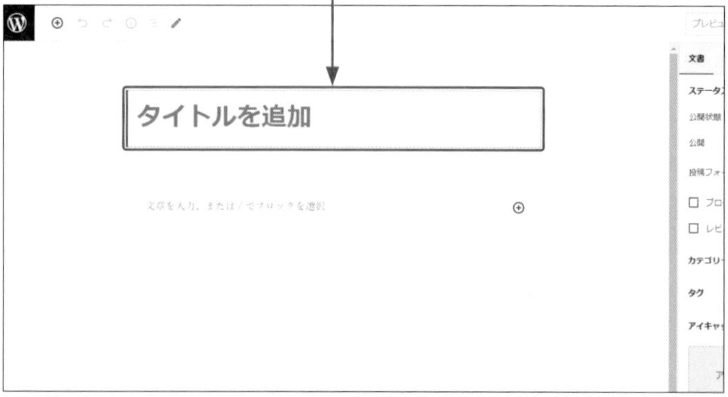

4 タイトルを入力しました。

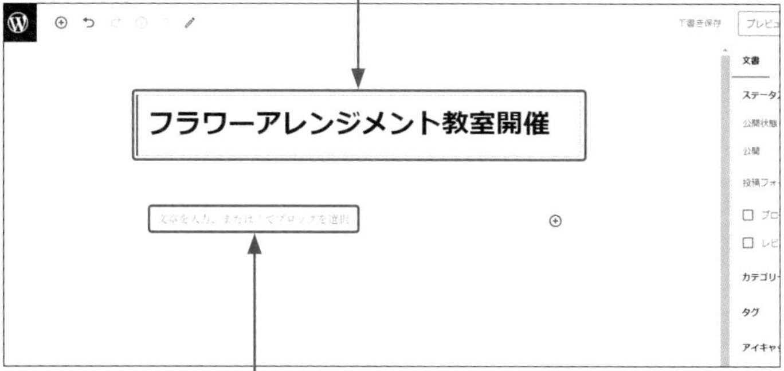

5 <文章を入力~>をクリックして本文を入力します。

6 文章を入力しました。

7 <下書き保存>をクリックします。

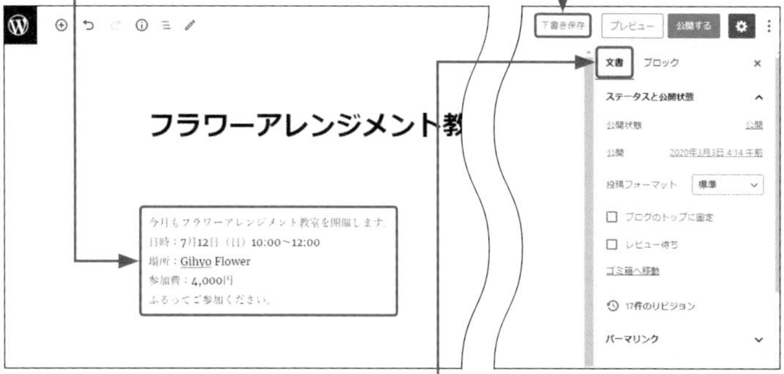

8 パネルエリアの<文書>をクリックします。

9 <パーマリンク>をクリックし、

10 日本語のスラッグを英数字に変更し、

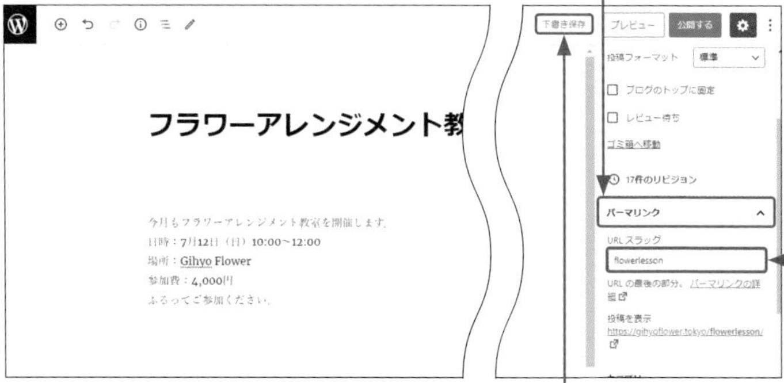

11 <下書き保存>をクリックします。

メモ　スラッグを入力できない

パーマリンクの設定は、下書き保存してから表示されます。表示されていない場合は<下書き保存>をクリックしてください。スラッグについてはSec.26を参照してください。

メモ　作成途中の記事の削除

記事を作成していて不要になった場合は、パネルエリアの「文書」パネルにある<ゴミ箱へ移動>をクリックすると削除されます。もし、間違えて削除してしまった場合は、投稿一覧の上部にある<ゴミ箱>をクリックし<復元>をクリックします（Sec.33参照）。

メモ　今すぐ公開する

手順**11**で<公開する>をクリックするとすぐに公開できます。公開方法は固定ページと同様なのでSec.26を参照してください。

Section 28 見出しを入れよう

覚えておきたいキーワード
- 見出し
- 見出しの解除
- ブロックの移動

文章を書くときには、話題の区切りで段落を変えますが、段落を一つのかたまりと考えて、その段落に何が書かれているかを、先頭に目立たせて表示するのが見出しです。ページ内にさまざまなことが書かれているときには、見出しがあると読みやすくなるので設定しておきましょう。

1 見出しを追加する

1 ＜ブロックの追加＞をクリックし、

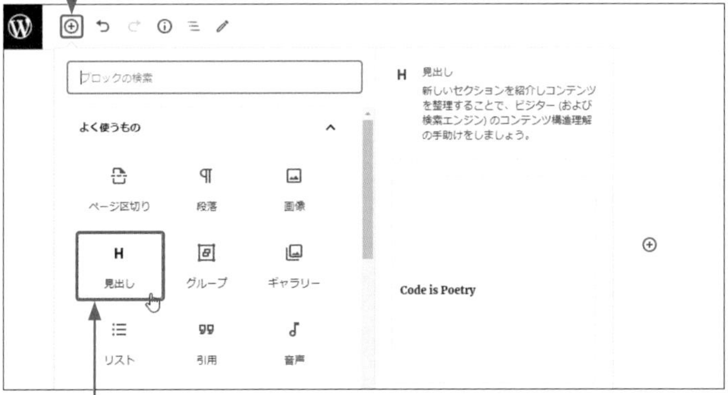

2 ＜見出し＞をクリックします。

3 見出しブロックが追加されました。

メモ 見出しとタイトルの違い

見出しは、段落のタイトルのことで、何を伝える段落なのかがわかるように付けます。段落ごとに付けるので、1ページに複数の見出しがあってもかまいません。タイトルはページに付ける題名のことなので1ページに1つです。

メモ ＜見出し＞ブロックが見つからない

「よく使うもの」に「見出し」ブロックがない場合は、手順1の「よく使うもの」の下にある「一般ブロック」から選択できます。

4 文字を入力します。

フラワーアレンジメント教室開催
今月もフラワーアレンジメント教室を開催します。
日時：7月12日（日）10:00〜12:00
場所：Gihyo Flower
参加費：4,000円
H2
夏にピッタリのトロピカルアレンジメント

5 見出しブロックをクリックし、

フラワーアレンジメント教室開催
今月もフラワーアレンジメント教室を開催します。
日時：7月12日（日）10:00〜12:00
場所：Gihyo Flower
参加費：4,000円
上へ移動
H2
夏にピッタリのトロピカルアレンジメント

6 <上に移動>をクリックしてブロックを先頭に移動します。

7 見出しのブロックが移動しました。

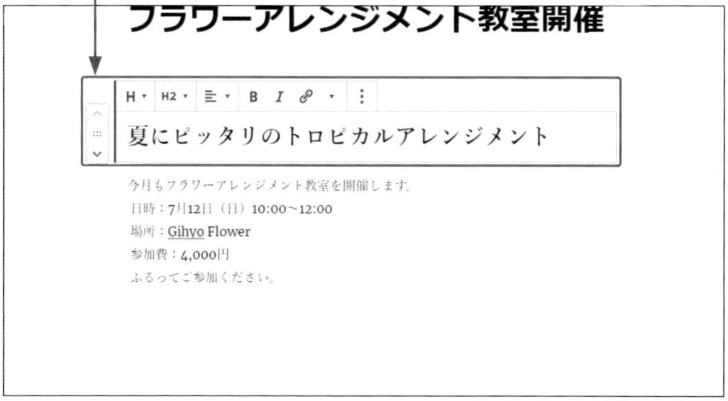
フラワーアレンジメント教室開催
H2
夏にピッタリのトロピカルアレンジメント
今月もフラワーアレンジメント教室を開催します。
日時：7月12日（日）10:00〜12:00
場所：Gihyo Flower
参加費：4,000円
ふるってご参加ください。

メモ　見出しを解除する

設定した見出しを解除するには、見出しをクリックし、<ブロックタイプまたはスタイルを変更>をクリックし、<段落>をクリックします。

フラワーアレンジメント
H2
変換:
段落
グループ
引用
ふるってご参加ください。

ヒント　ブロックの前にブロックを追加する

ブロックとブロックの間に新しいブロックを入れたい場合は、上のブロックをクリックし、ブロックの下線をポイントすると<ブロックの追加>ボタンが表示されるのでクリックします。

フラワーアレンジメント教室開
H2
夏にピッタリのトロピカルアレンジメント
今月もフラワーアレンジメント教室を開催します。
日時：7月12日（日）10:00〜12:00
場所：Gihyo Flower
参加費：4,000円
ふるってご参加ください。

Section 29 文字を太字にしたり色を付けたりしよう

覚えておきたいキーワード
- 太字
- 下線や取り消し線
- 従来のエディター

文章の中で強調したい箇所は太字にしてみましょう。設定も解除するのもかんたんです。また、ブロック内の文字を黒以外にしたい場合、好きな色にできます。文字に色を付けることだけでなく背景に色を付けることもできるので、個性的な投稿にしたい場合は設定してみるとよいでしょう。

1 文字を太字に設定する

メモ 太字を解除するには

太字を解除したいときは、文字をドラッグし再度<太字>ボタンをクリックします。

ステップアップ 従来のエディターで使用したい

従来のWordPressのエディターを使いたい場合は、「クラシック」ブロック（「ブロックの追加」をクリックし、「フォーマット」にある「クラシック」をクリック）を使います。ブロックの上に表示されるツールバーを使って編集できます。

ブロック
クラシック
従来の WordPress エディターを使用します。
日時：7月12日（日）10:00～12:00
場所：Gihyo Flower
参加費：4,000円

1 太字にしたい文字をドラッグし、

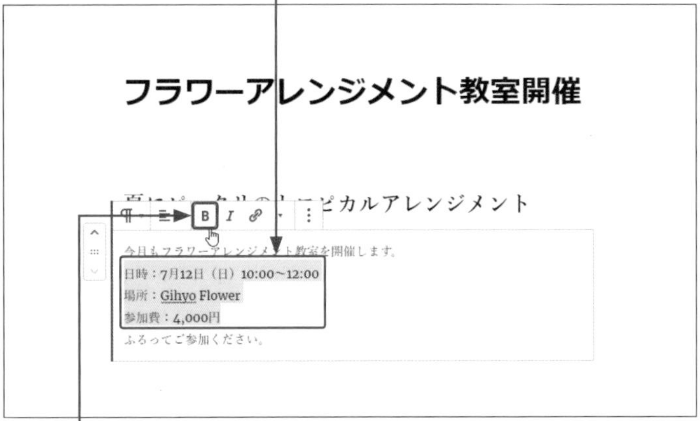
フラワーアレンジメント教室開催
今月もフラワーアレンジメント教室を開催します。
日時：7月12日（日）10:00～12:00
場所：Gihyo Flower
参加費：4,000円
ふるってご参加ください。

2 <太字>をクリックします。

3 文字が太字になります。

今月もフラワーアレンジメント教室を開催します。
日時：7月12日（日）10:00～12:00
場所：Gihyo Flower
参加費：4,000円
ふるってご参加ください。

2 ブロック内の文字に色を設定する

1 文字色を設定するブロックをクリックし、

2 パネルエリアの＜ブロック＞をクリックし、

夏にピッタリのトロピカルアレン
今月もフラワーアレンジメント教室を開催します。
日時：7月12日（日）10:00～12:00
場所：Gihyo Flower
参加費：4,000円
ふるってご参加ください。
文書
ブロック
段落
ブロックを使って、いろいろな物語を組み立ててください。
テキスト設定
文字サイズ
標準
ドロップキャップ
先頭文字を大きな表示に切り替えます。
色設定
高度な設定

3 ＜色設定＞をクリックします。

4 ＜文字色＞から任意の色をクリックします。

フラワーアレンジメン
今月もフラワーアレンジメント教室を開催します。
日時：7月12日（日）10:00～12:00
場所：Gihyo Flower
参加費：4,000円
ふるってご参加ください。
文書
ブロック
段落
ブロックを使って、いろいろな物語を組み立ててください。
テキスト設定
色設定
文字色
カスタムカラー
クリア
背景色

5 文字に色が設定されます。

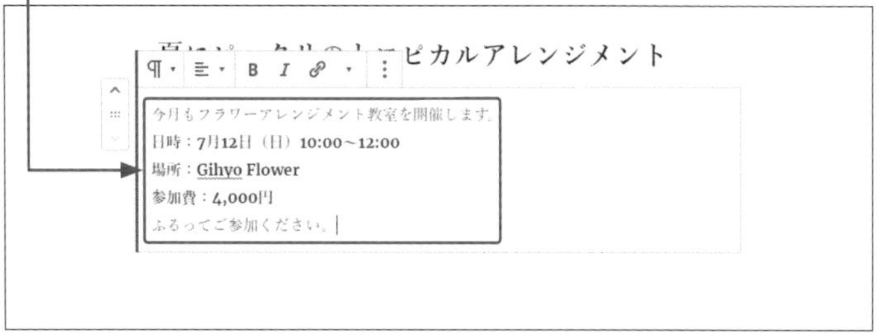
ピカルアレンジメント
今月もフラワーアレンジメント教室を開催します。
日時：7月12日（日）10:00～12:00
場所：Gihyo Flower
参加費：4,000円
ふるってご参加ください。

ヒント 背景色

ここでは文字に色を付けますが、文字の背景に色を付ける場合は、＜色設定＞の＜背景色＞で設定します。その際、背景色と文字色が同系色だと文字が見づらいので、背景色を黒や紺など濃い色にした場合は文字を白にするなど工夫してください。

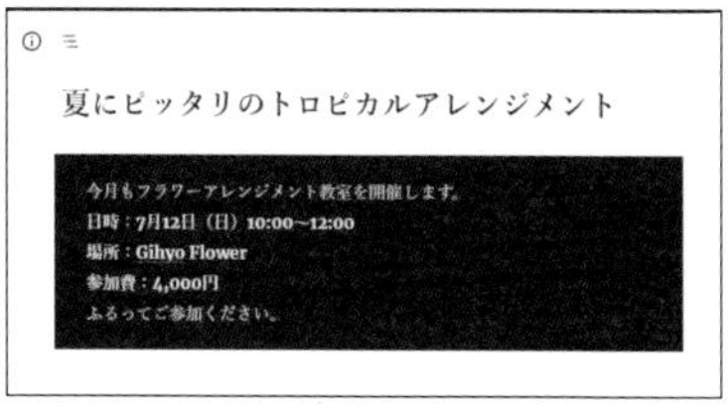
夏にピッタリのトロピカルアレンジメント
今月もフラワーアレンジメント教室を開催します。
日時：7月12日（日）10:00～12:00
場所：Gihyo Flower
参加費：4,000円
ふるってご参加ください。

ヒント 一覧にない色を設定する

手順**4**の画面で＜カスタムカラー＞をクリックすると、パレットが表示され、クリックして好きな色を設定することができます。

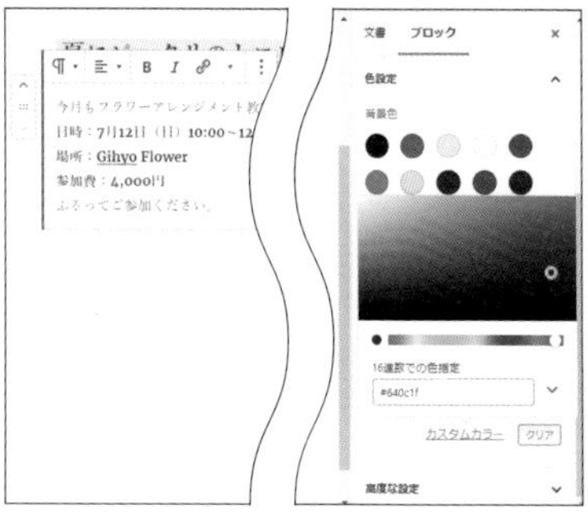
文書
ブロック
色設定
背景色
16進数での色指定
カスタムカラー
クリア
高度な設定

Section 30

記事の先頭にアイキャッチ画像を入れよう

覚えておきたいキーワード
- アイキャッチ画像
- メディアライブラリ
- 文書パネル

せっかく記事を投稿するのですから、たくさんの人に読んでもらいたいものです。文章だけではインパクトが弱いので、文章の先頭に「アイキャッチ画像」という画像を入れてみましょう。記事の内容に合わせた写真やイラストの画像にすれば、その情報を求めてきた人がきっと読んでくれるはずです。

1 アイキャッチ画像を設定する

キーワード　アイキャッチ画像

アイキャッチ画像は、記事の先頭に表示する画像のことで、記事の一覧ページや、SNS等にページをシェアした際の画面にも表示されます。何が書かれている記事なのかがわかるような画像を設定します。

メモ　アイキャッチ画像に使う画像

すでに画像をアップロードしている場合は、手順4の画面で＜メディアライブラリ＞タブにある画像を選択して下さい。

投稿の編集画面を表示しています。

1 パネルエリアの＜文書＞を表示します。

2 ＜アイキャッチ画像＞をクリックし、

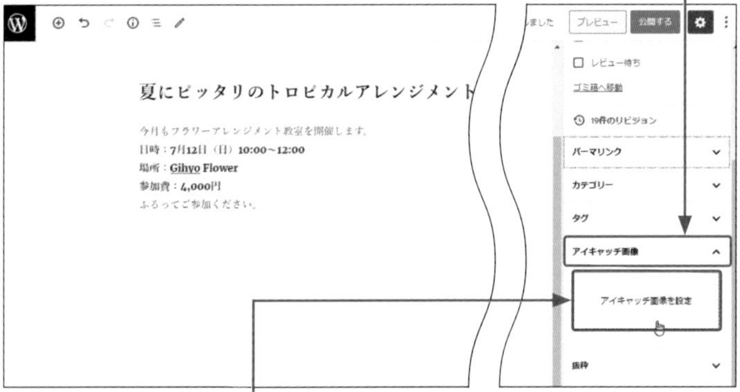

3 ＜アイキャッチ画像を設定＞をクリックします。

4 ＜ファイルをアップロード＞タブをクリックし、

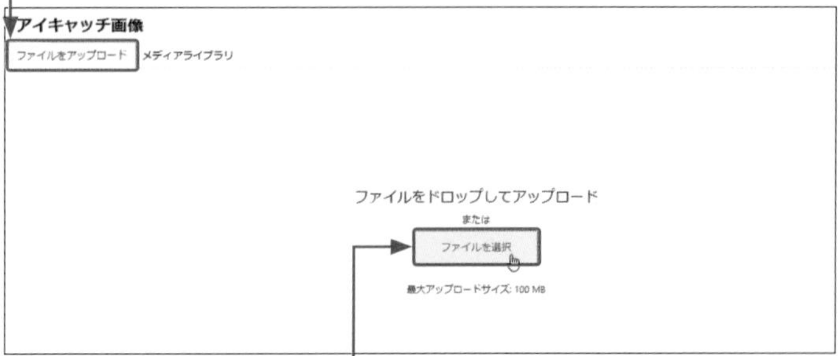

5 ＜ファイルを選択＞をクリックして画像をアップロードします。

6 画像をクリックし、

7 代替テキストとタイトルを入力します。

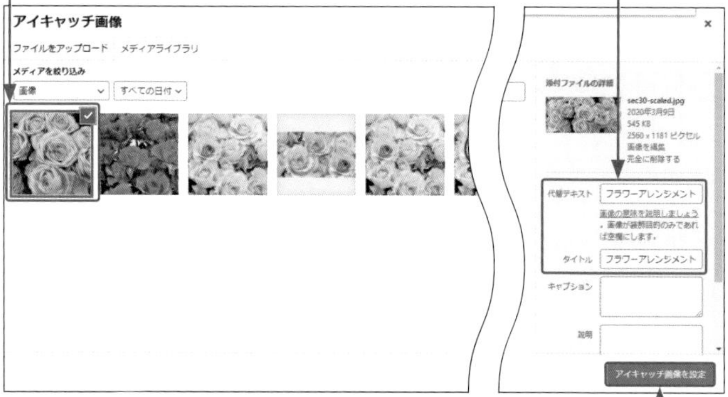

8 <アイキャッチ画像を設定>をクリックします。

9 画像が追加されます。

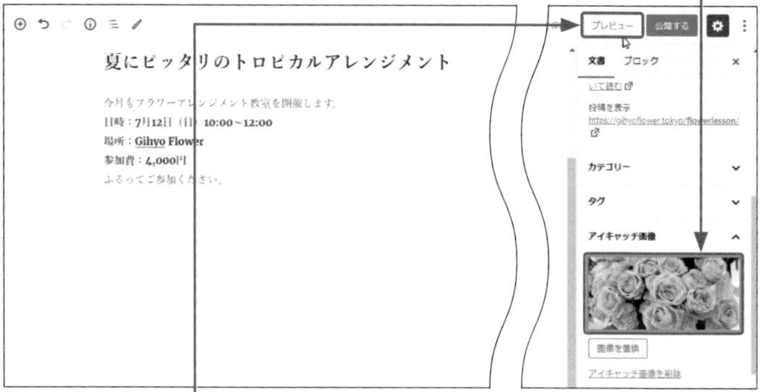

10 <プレビュー>をクリックします。

11 記事の先頭にアイキャッチ画像を追加しました。

メモ　アイキャッチ画像にも代替テキストを設定する

アイキャッチ画像にも代替テキストを設定できます。検索結果の上位に表示させるためにも設定しておきましょう。

メモ　アイキャッチ画像の削除

手順**9**の画面で<アイキャッチ画像を削除>をクリックすると削除できます。

Section 31 投稿のカテゴリーを設定しよう

覚えておきたいキーワード
☑ カテゴリー
☑ カテゴリーの階層化
☑ カテゴリーの削除

定期的に投稿していると記事の数が増えてきます。サイト訪問者は、必ずしも最新の記事を読むわけではないので、カテゴリーで分類されていないと目的の記事を探すのが大変です。このSectionでカテゴリーの作成と設定について覚えましょう。また、「未分類」カテゴリーの削除法も紹介します。

1 カテゴリーを新規作成する

キーワード カテゴリー

カテゴリーは分類のことです。投稿は固定ページと違って、次々と記事が増えていくので、関連のある記事をカテゴリーで分類した方が訪問者は読みやすくなります。

1 <投稿>をクリックし、

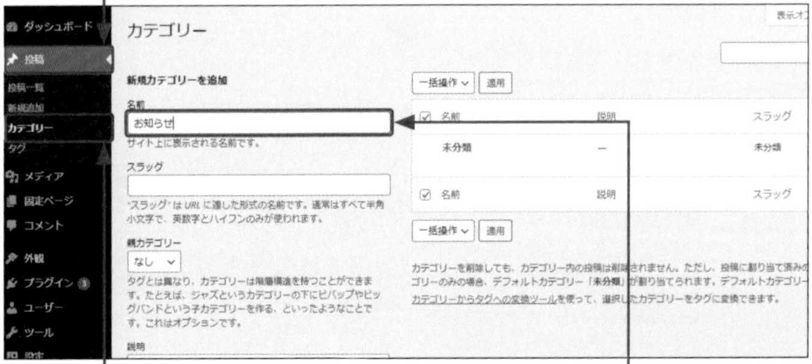

2 <カテゴリー>をクリックします。

3 カテゴリー名を入力します。

4 スラッグを入力し、

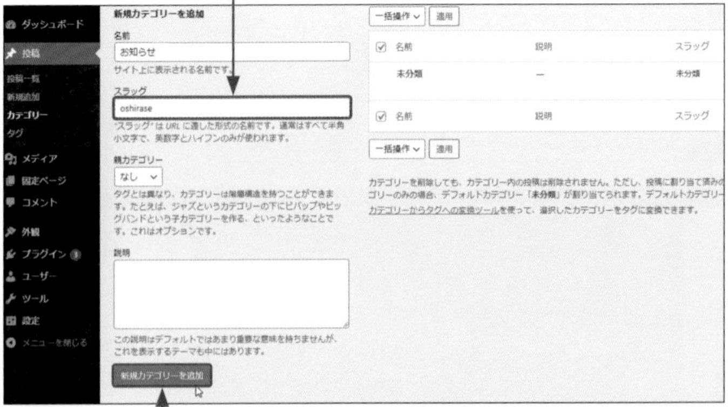

5 <新規カテゴリーを追加>をクリックします。

メモ カテゴリーのスラッグ

カテゴリーごとにスラッグを設定できます。たとえば、「お知らせ」のカテゴリーには「oshirase」のように設定しておくと、「お知らせ」カテゴリーを選択したすべての記事のURLに「oshirase」が付きます。通常は、英数字とハイフンのみで入力します。

6 カテゴリーを作成しました。

7 他のカテゴリーも作成します。

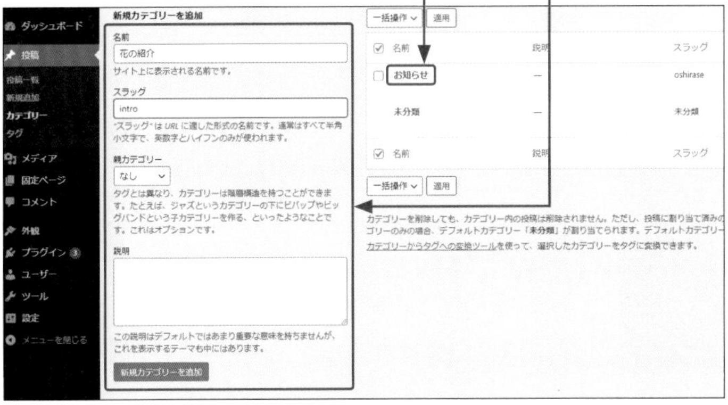

2 「未分類」カテゴリーを削除する

1 <設定>をクリックして「投稿設定」をクリックします。

2 <投稿用カテゴリーの初期設定>をクリックし、

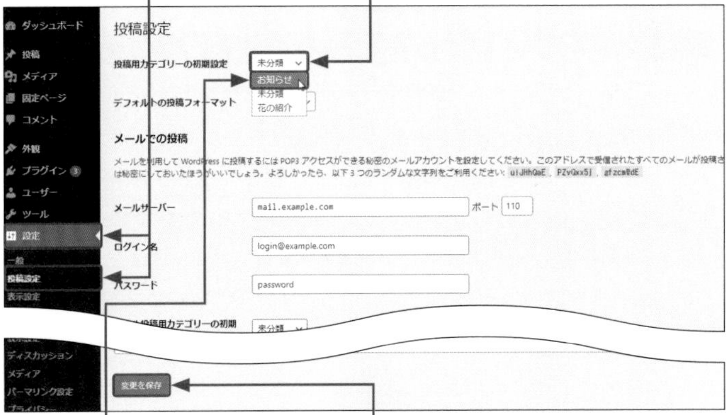

3 作成したカテゴリーをクリックします。

4 下部の<変更を保存>をクリックします。

5 <投稿>をクリックし、<カテゴリー>をクリックします。

6 <未分類>をポイントし、

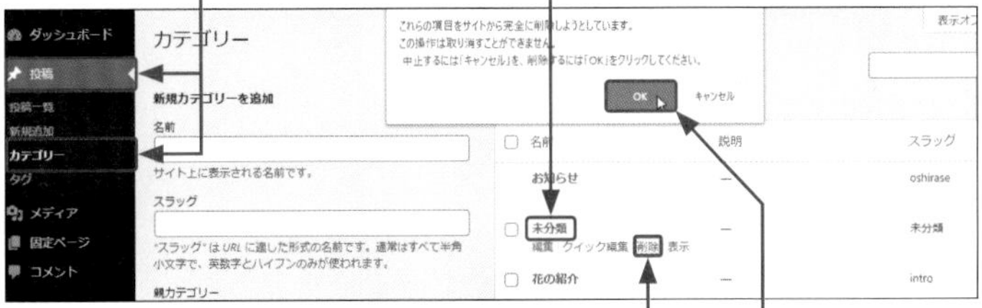

7 <削除>をクリックします。

8 メッセージが表示されるので<OK>をクリックします。

メモ 「未分類」の削除

「未分類」というカテゴリーが最初から用意されていて、投稿記事にカテゴリーを選択しないと「未分類」に分類されます。削除したいときは、デフォルトの設定になっているので、ここで説明するように他のカテゴリーをデフォルトにしてから削除します。

注意 カテゴリーの削除

使用しているカテゴリーを削除すると、分類からはずれてしまうので注意しましょう。削除する際には、手順6の右端にある「カウント」を見て、投稿記事にカテゴリーが設定されていないことを確認してください。

3 投稿にカテゴリーを設定する

メモ　複数のカテゴリー

手順5で複数のカテゴリーにチェックを付けて設定することもできます。

1 <投稿>をクリックし、

2 カテゴリーを設定する記事をクリックします。

3 パネルエリアの<文書>パネルをクリックし、

6 <プレビュー>をクリックします。

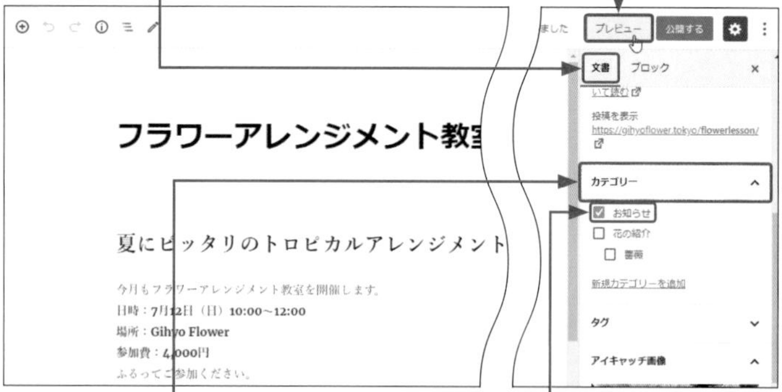

4 <カテゴリー>をクリックして、

5 記事の内容に合うカテゴリーにチェックを付けます。

7 日付の下にカテゴリーが表示されます。

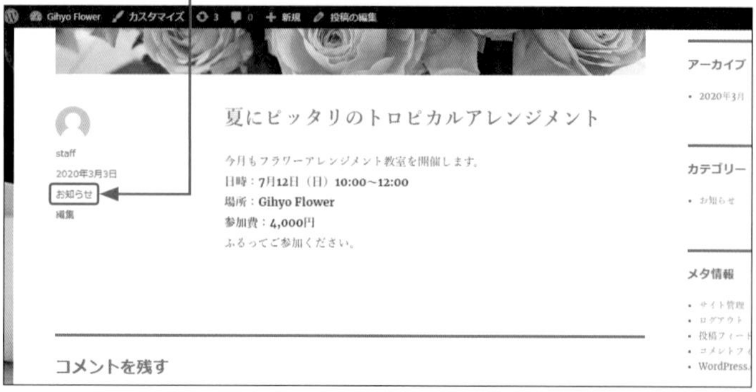

ヒント　パネルエリアでカテゴリーを新規作成する

パネルエリアの「文書」パネルの<カテゴリー>で、<新規カテゴリーを追加>をクリックしても作成できます。記事を書いている途中で作成するときにはここから作成するとよいでしょう。

4 カテゴリーを階層化する

1 <投稿>をクリックし、<カテゴリー>をクリックします。

2 カテゴリー名を入力し、

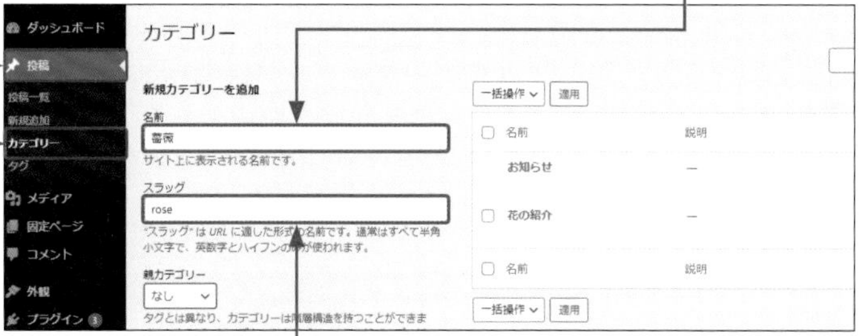

3 スラッグを入力します。

4 親カテゴリーをクリックし、

5 親にするカテゴリーを選択します。

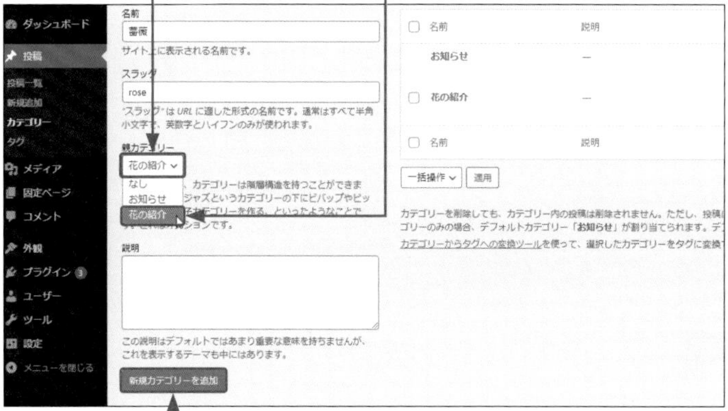

6 <新規カテゴリーを追加>をクリックします。

7 子カテゴリーを作成しました。

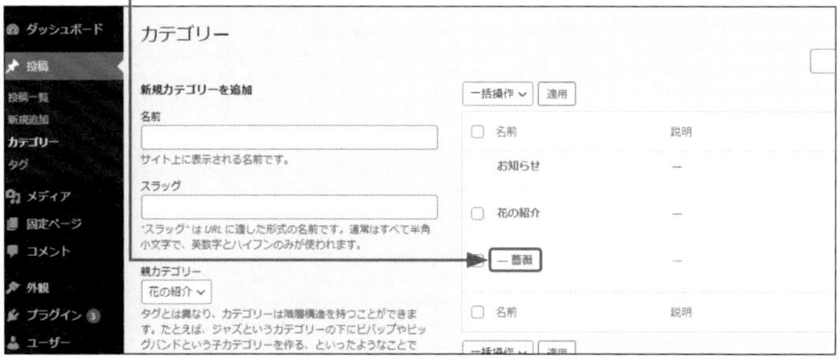

メモ カテゴリーの階層化

カテゴリーをさらに分類したいときには子カテゴリーを作成します。記事に親カテゴリーと子カテゴリー両方を選択することも可能です。たとえば、親カテゴリーを「花の紹介」、子カテゴリーを「薔薇」を作成し、投稿記事に「花の紹介」カテゴリーと「薔薇」カテゴリーの両方を設定することが可能です。

メモ 子カテゴリー

カテゴリー一覧で、子カテゴリーは区別がつくように親カテゴリーの下に「—」がついて表示されます。

ヒント カテゴリー名の変更

手順1の画面で、名前を変更したいカテゴリーをクリックします。<カテゴリーの編集>画面が表示されるので、新しい名前を入力して<更新>をクリックします。

Section
32 コメントの受付について設定しよう

覚えておきたいキーワード
- コメントを許可
- コメントを不許可
- コメントの承認

アクセス数が増えてくるとコメントが付き始めますが、WordPressの管理画面でコメントの管理ができ、訪問者のコメントを見ながら返信できます。もし、不快なコメントがあった場合は、承認制にして、一旦コメントを非公開とし、コメントの内容をチェックしてから公開することもできます。

1 各投稿のコメントを許可する

メモ　コメントを受け付けない

デフォルトでは、＜コメントを許可＞にチェックが付いています。訪問者がコメントを付けられないようにするには、手順2の＜コメントを許可＞のチェックをはずします。コメントを受け付けない場合は「コメント」の文字が非表示になります。

2020年3月3日
コメント
夏にピッタリのトロピカルア
今月もフラワーアレンジメント教室を開催します。

2020年3月3日
夏にピッタリのトロピカルア
今月もフラワーアレンジメント教室を開催します。

Sec.31の編集画面です。

1 パネルエリアの＜文書＞パネルの＜ディスカッション＞をクリックし、

フラワーアレンジメント教室
夏にピッタリのトロピカルアレンジメント
今月もフラワーアレンジメント教室を開催します。
日時：7月12日（日）10:00～12:00
場所：Gihyo Flower
参加費：4,000円
ふるってご参加ください。
文書
ブロック
タグ
アイキャッチ画像
画像を置換
アイキャッチ画像を削除
抜粋
ディスカッション
コメントを許可
ピンバックとトラックバックを許可

2 ＜コメントを許可＞にチェックを付けます。

3 ＜公開する＞をクリックして公開します（Sec.26参照）。

プレビュー
公開する
文書
ブロック
タグ
アイキャッチ画像
画像を置換
アイキャッチ画像を削除
抜粋
ディスカッション
コメントを許可
フラワーアレンジメント教室
夏にピッタリのトロピカルアレンジメント
今月もフラワーアレンジメント教室を開催します。
日時：7月12日（日）10:00～12:00
場所：Gihyo Flower
参加費：4,000円
ふるってご参加ください。

2 コメントに返信する

1 コメントがあるとメニューの「コメント」に数字が付くのでクリックします。

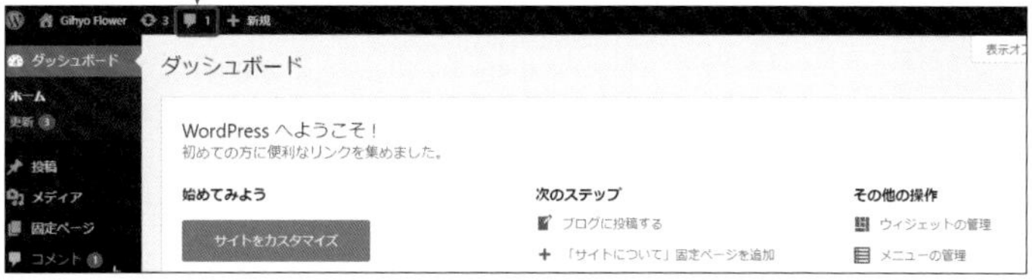

2 ポイントして＜返信＞をクリックします。

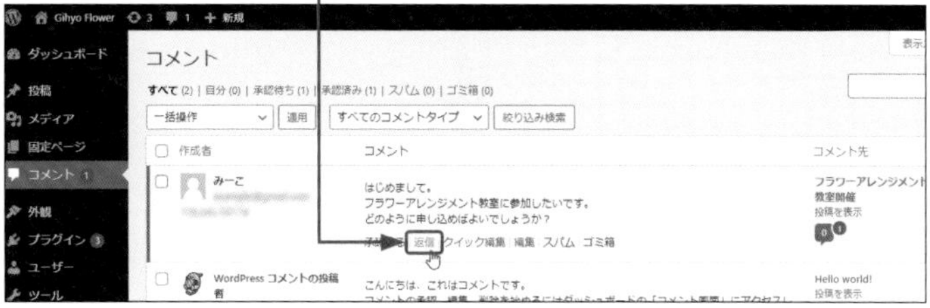

3 文章を入力し、

4 ＜承認と返信＞をクリックします。

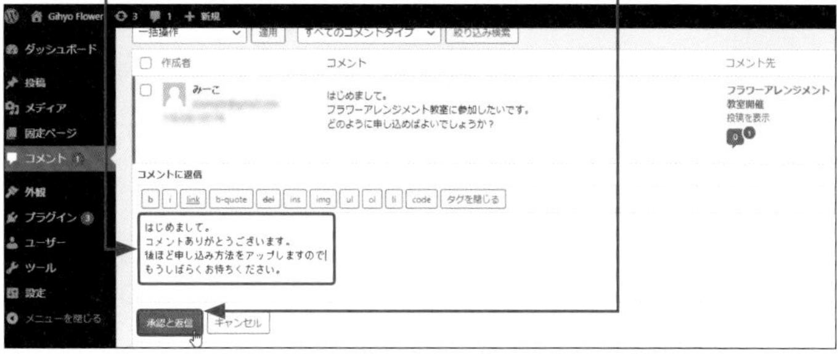

5 コメントを返信しました。

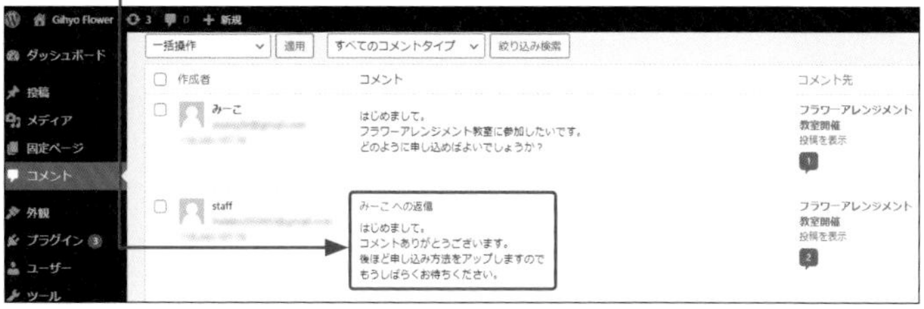

メモ コメントを削除する

削除したいコメントの＜ゴミ箱＞をクリックすると削除できます。

メモ コメント画面の表示方法

解説の方法以外に、サイドメニューの＜コメント＞をクリックしてもコメント画面を表示することができます。

ヒント 迷惑なコメントが来たら

勧誘や宣伝のコメント、無意味な英文のコメントなど、迷惑なコメントが届くかもしれません。そのようなときは、コメントを選択し、＜スパム＞をクリックしましょう。スパムとして処理すれば次回以降はそのユーザーからのコメントは新着コメントになりません。

3 コメントを承認制にする

メモ　すべてコメントを不許可にする

投稿記事すべてのコメントを受け付けない場合は、手順2の画面で＜新しい投稿へのコメントを許可＞のチェックをはずし、下部の＜変更を保存＞をクリックします。

1 ＜設定＞をクリックし、

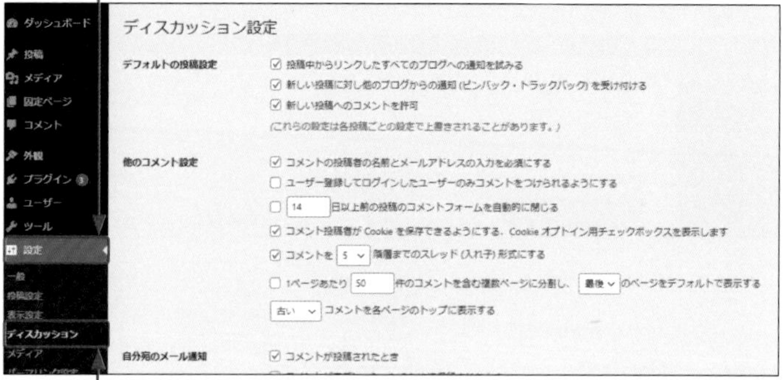

2 ＜ディスカッション＞をクリックします。

3 画面を下にスクロールし、

4 ＜コメントの手動承認を必須にする＞にチェックを付けます。

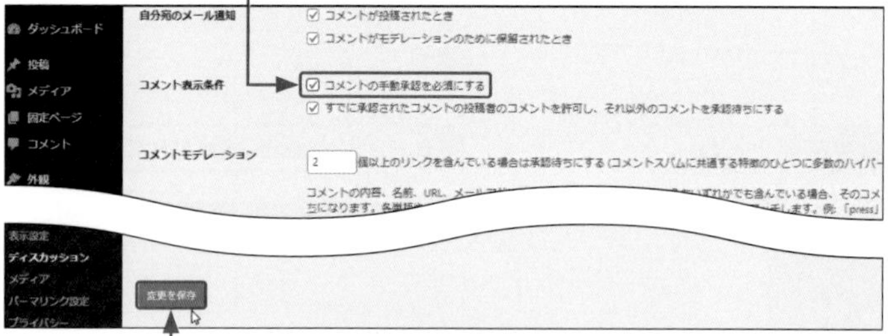

5 ＜変更を保存＞をクリックします。

メモ　２回目以降のコメント

手順4の画面で、＜すでに承認されたコメントの投稿者のコメントを許可し、それ以外のコメントを承認待ちにする＞にチェックが付いていると、訪問者がはじめてコメントしたときは承認が必要で、２回目以降は承認なしで公開されます。

4 コメントを承認する

1 ＜コメント＞をクリックします。

2 未承認のコメントには赤い線が入っています。

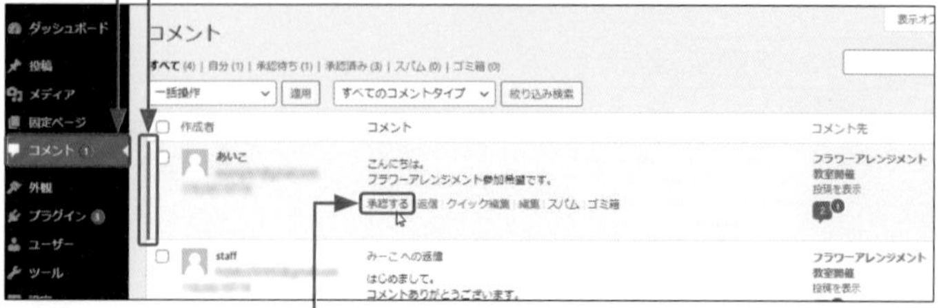

3 コメントを読み、＜承認する＞をクリックします。

4 コメントを承認しました。

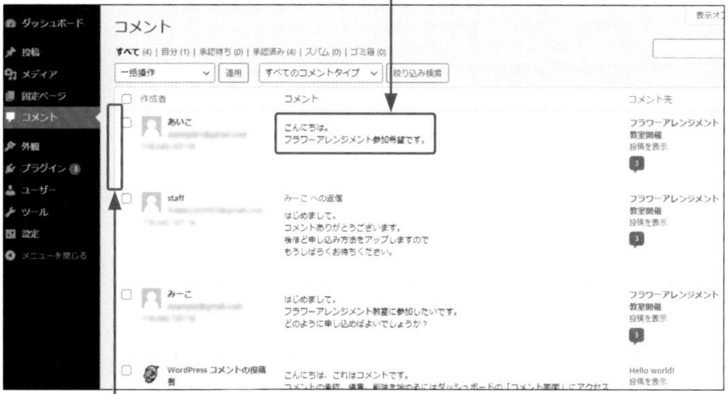

5 赤い線が消えました。

6 Sec.20の方法でサイトを表示し、

7 <〇件のコメント>をクリックします。

8 コメントが公開されたことを確認します。

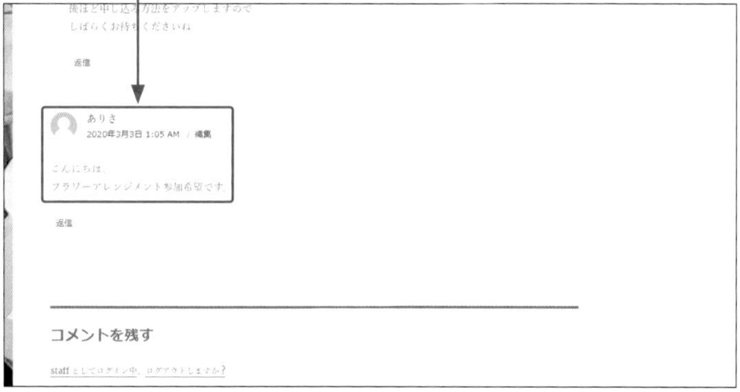

メモ　承認待ちのコメント

コメントを承認制にしている場合、訪問者がコメントすると「あなたのコメントは管理者の承認待ちです。」と表示されます。

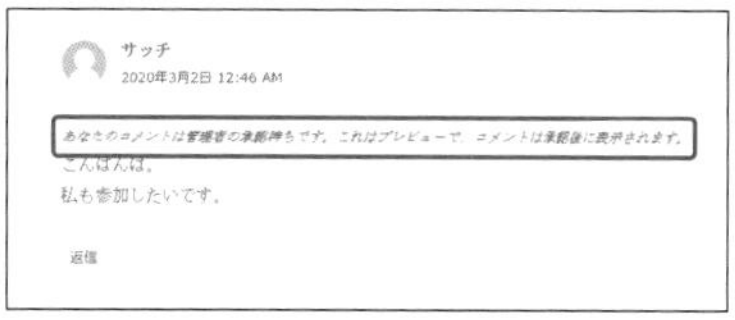

ヒント　デフォルトアバター

<設定>画面の<ディスカッション>にある「デフォルトアバター」では、コメントするときのプロフィール画像を選択することができます。

メモ　コメントを確認する

コメントの拒否や公開は実際のサイトにアクセスして確認しましょう。

Section 33

公開した投稿を編集・削除しよう

覚えておきたいキーワード
☑ 公開後の編集
☑ 公開後の削除
☑ 下書きへ切り替え

公開した投稿に変更があった場合やミスが見つかった場合、修正が可能です。その場合、一時的に下書き保存に切り替えておくと、非公開になるのでゆっくり修正できます。また、公開後でも記事を削除できます。削除方法は、固定ページと同様で、間違えて削除した場合は取り消すことも可能です。

1 投稿を編集する

メモ　投稿記事の修正

公開している記事に訂正があった場合などは、一旦下書きへ切り替えることで非公開にすることができます。すぐに修正できる場合は、手順3で＜更新＞ボタンをクリックしてもかまいません。

1 ＜投稿＞をクリックし、

2 編集する記事をクリックします。

3 ＜下書きへ切り替え＞をクリックし、

4 ＜OK＞をクリックします。

5 テキストを修正します。

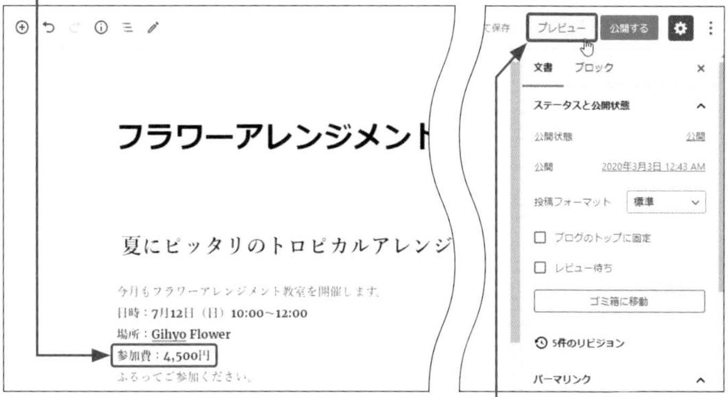

6 <プレビュー>をクリックします。

7 変更されたことを確認します。

8 編集画面のタブをクリックして切り替え、

9 <公開する>をクリックして公開します（Sec.26参照）。

メモ 固定ページの編集

固定ページも同様に編集できます。なお、この時点では、トップページから固定ページへのリンクを作成していないためトップページからアクセスできません。メニューの表示については、Sec.63で解説します。

2 公開した投稿を削除する

メモ 投稿の削除

Sec.22の固定ページの削除と同様に、投稿も<復元>をクリックして削除を取り消すことができます。

1 <投稿>をクリックし、

2 削除したい投稿をポイントし、

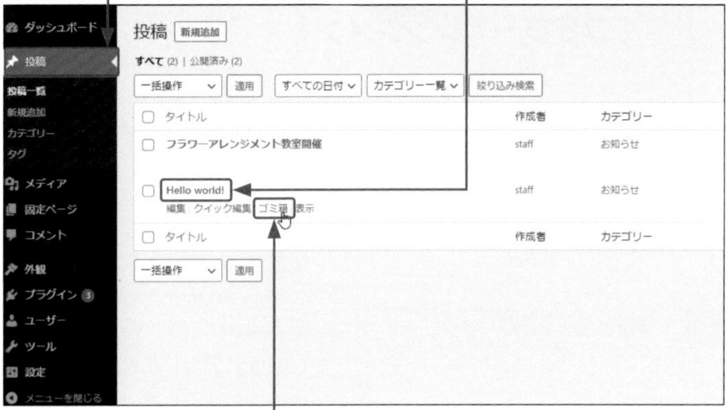

3 <ゴミ箱>をクリックします。

メモ 削除直後に取り消す

削除した直後に、上部に表示される<元に戻す>をクリックすると削除前の状態に戻ります。

4 投稿が削除されます。<ゴミ箱>をクリックします。

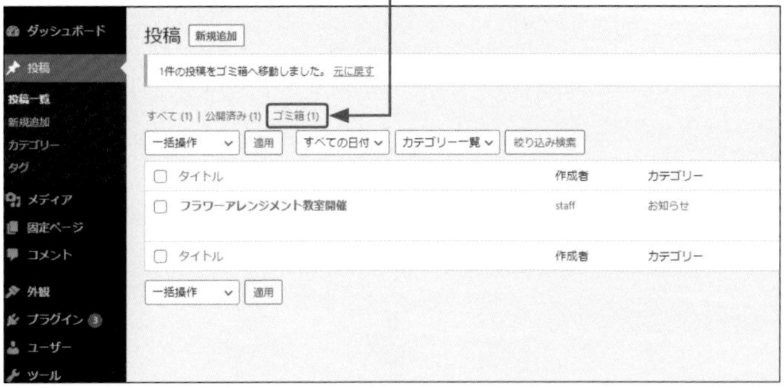

5 削除した投稿がゴミ箱に移動したことを確認します。

メモ 投稿を一度に削除する

ここでは1つずつ削除しましたが、一度に削除したい場合は、削除したいページにチェックを付け、<一括操作>の「V」をクリックして<ゴミ箱へ移動>を選択し、<適用>をクリックします。

Chapter 04

第4章

便利なブロックを使おう

Section 34 「見出し」ブロックでメリハリを付けよう
35 「リスト」ブロックで箇条書きを追加しよう
36 「段落」ブロックで本文を入力しよう
37 「ギャラリー」ブロックで画像を一覧表示しよう
38 「ページ区切り」ブロックでページを区切ろう
39 「表」ブロックで表を追加しよう
40 「カスタムHTML」ブロックでGoogleマップの地図を入れよう
41 「メディアと文章」ブロックで画像と文章を配置しよう
42 「カバー」ブロックで画像の上に文字を載せよう
43 「カラム」ブロックでブロック内を分割しよう
44 「動画」ブロックで動画を追加しよう
45 「ボタン」ブロックでクリックボタンを作ろう
46 「埋め込み」グループのブロックでSNSの投稿を載せよう
47 「続きを読む」ブロックでページを折りたたもう
48 その他の便利なブロックを使ってみよう
49 ブロックを複写、移動、削除しよう
50 よく使う内容は「再利用」ブロックで使いまわそう

Section 34

「見出し」ブロックでメリハリを付けよう

覚えておきたいキーワード
- 見出しブロック
- 見出しレベル
- 見出しの解除

長い文章が書き綴られているページの場合、読みにくいと感じることがあります。ページ内にたくさんの情報を書き込まなければいけないときは、段落ごとに見出しを付けて、文章にメリハリを付けましょう。そうすれば、どの部分に何が書かれているのかがひと目でわかります。

1 見出しブロックを追加する

メモ 「見出し」ブロックの追加方法

Sec.28では、上部にある＜ブロックの追加＞ボタンをクリックして見出しを追加しましたが、ここでは、空白の段落ブロック内の＜ブロックの追加＞ボタンをクリックして見出しを追加します。他にも、空の段落ブロック内に「/見出し」と入力してキーボードの Enter キーを押す方法もあります。

メモ 見出しに色を付ける

見出しをクリックし、パネルエリアの「ブロック」パネルで＜色設定＞をクリックして色を付けられます。

Sec.23を参考にして新しい固定ページを作成します。

1 タイトルに文字を入力します。

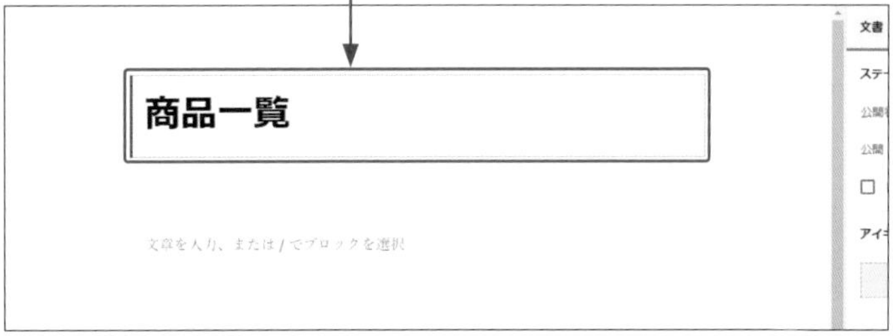

2 文字の入力箇所をクリックし、

3 ＜＋＞をクリックし、

4 ＜見出し＞をクリックします。

5 見出しブロックが追加されます。

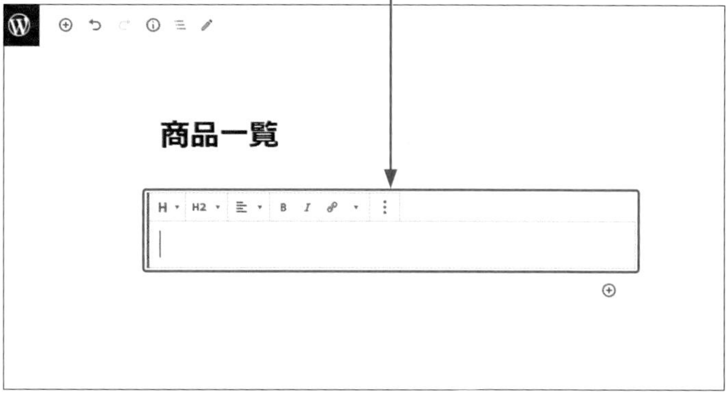

6 見出しにする文字を入力します。

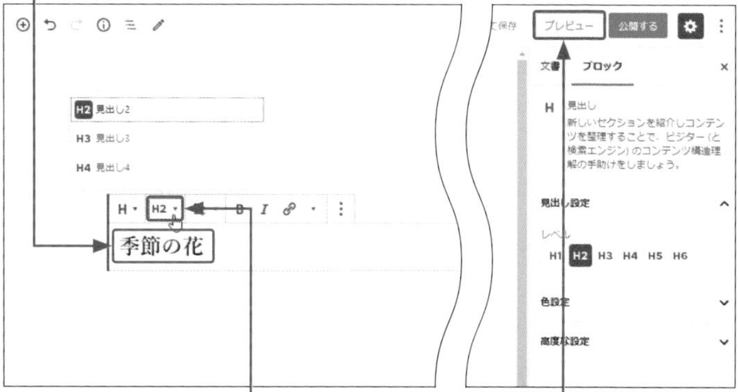

7 <H2>をクリックして見出しのランクを変更することも可能です。ここではH2のままにします。

8 <プレビュー>をクリックします。

9 見出しが追加されました。

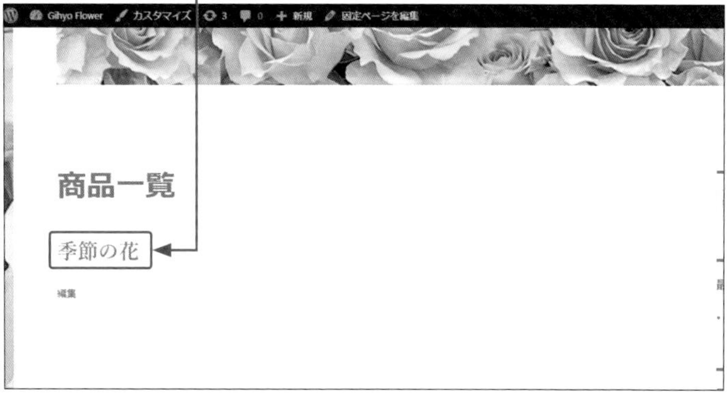

メモ 見出しのランク

見出しは1～6まで設定でき、1が大見出しで、6が一番小さな見出しになります。上部のボタンから設定できるのは見出し4までですが、パネルエリアの<ブロック>パネルでH6まで可能です。通常はレベル2または3を使用します。なお、HTMLでは、見出しを<h1>や<h2>を使って記述するため、「H2」「H3」のボタンになっています。

メモ 見出しを解除する

見出しを解除するには見出しをクリックし手順**5**の画面で<ブロックタイプまたはスタイルを変更>をクリックし、<段落>をクリックします。ブロックごと削除したい場合は見出しをクリックし、ブロックの右上にある⋮をクリックし、<ブロックを削除>をクリックします（Sec.49参照）。

Section 35 「リスト」ブロックで箇条書きを追加しよう

覚えておきたいキーワード
- リストブロック
- リストマーク
- 番号付きリスト

リストは、箇条書きのことです。持ち物リストをイメージしてください。何と何が必要なのかをリストとして書き出しておけば、必要な物がすぐにわかります。長い文章の説明ではわかりにくいことも、リストを使えば把握してもらいやすいはずです。●が付いたリストの他に、番号付きリストもあります。

1 リストブロックを追加する

キーワード リスト

リストとは、箇条書きのことで、項目を並べたものを言います。長い文章がつづられていると読むのが大変ですが、リストにすれば端的に把握してもらえます。

1 リストブロックを追加したい位置の、前のブロックをクリックします。

2 <ブロックの追加>をクリックします。

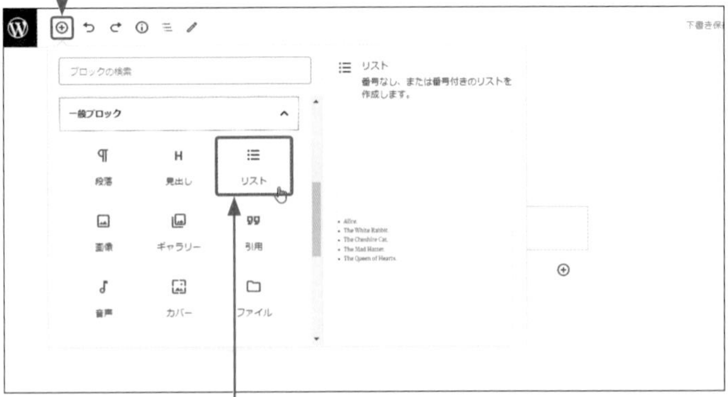

3 <よく使うもの>または<一般ブロック>の<リスト>をクリックします。

メモ ブロックの挿入位置

ブロックを追加する際、追加する位置を指定しないと最下部に追加されます。すでに複数のブロックを追加している場合は、入れたい位置の前のブロックをクリックしてから<ブロックの追加>をクリックしてください。

4 リストマークが追加されます。

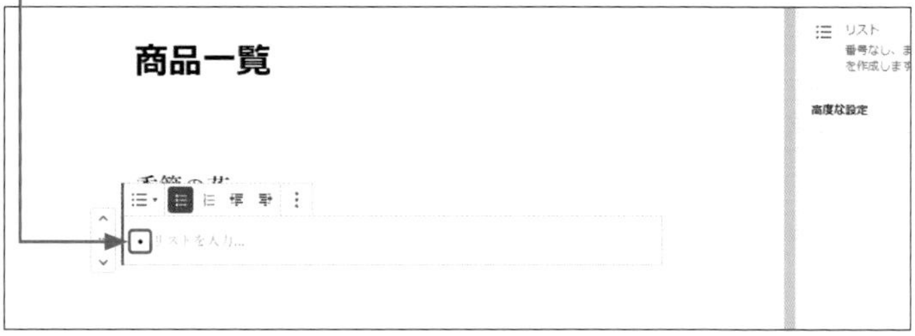

5 文字を入力し、キーボードの Enter キーを押します。

6 次のリストマークが表示されます。文字を入力します。

7 リストを終了するには Enter キーを2回押します。

メモ リストブロックの追加方法

解説の方法以外に、空の段落ブロック内に「/リスト」と入力して、キーボードの Enter キー を押してもリストブロックを追加できます。

メモ 番号付きリスト

手順4の上にある＜番号付きリストに変換＞をクリックすると1番から順番に番号が付いたリストになります。もし、0から始めたい場合は＜ブロック＞パネルで「初期値」を0と入力します。

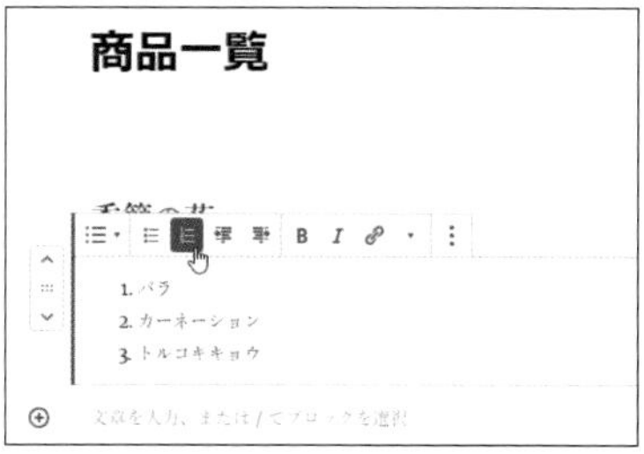

ヒント 入力した文字をリストにする方法

ここでは後から文字を入力しましたが、先に段落ブロック内に文字を入力している場合は、ブロック内をクリックし、＜ブロックタイプまたはスタイルを変更＞をクリックして＜見出し＞をクリックします。その場合は、1行ごとに項目になります。

Section 36 「段落」ブロックで本文を入力しよう

覚えておきたいキーワード
☑ 段落ブロック
☑ 文字色
☑ ドロップキャップ

段落ブロックは、はじめから用意されていますが、好きな位置に新しい段落ブロックを追加することができます。背景に色を付けることもできるので、オリジナル感が出せます。また、ドロップキャップも使うと、新聞記事のように、文章の先頭の文字を大きくすることができます。

1 段落ブロックに本文を入力する

メモ　<段落>ブロックを追加する方法

他のブロックをクリックしているときに、最下部に表示されている「文章を入力、または / でブロックを選択」のボックスが段落ボックスです。ブロックとブロックの間に段落ブロックを追加する場合は、他のブロックと同様に<ブロックの追加>をクリックし、<段落>をクリックします。また、前の段落ブロックの末尾をクリックして Enter キーを押すと、新しい段落ブロックを追加できます。

1 「文章を入力～」をクリックして文章を入力します。

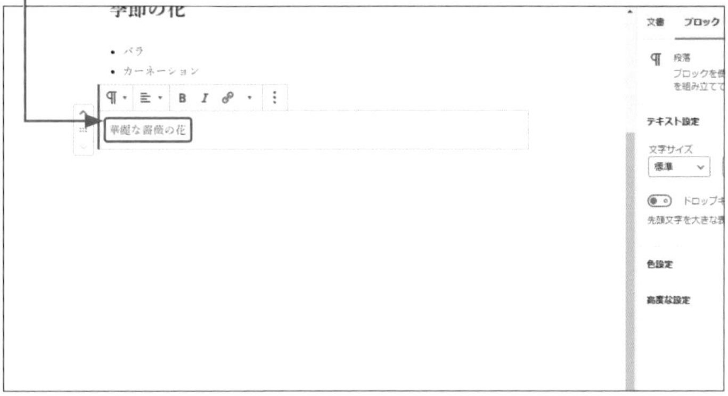

2 パネルエリアの<ブロック>パネルをクリックし、

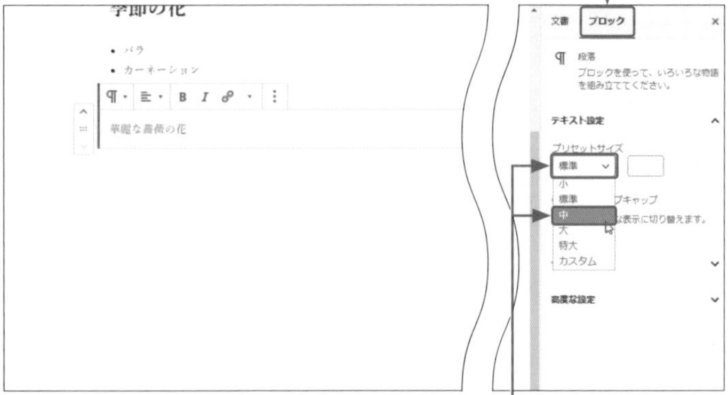

3 <プリセットサイズ>をクリックして「中」にします。

4 <色設定>をクリックし、

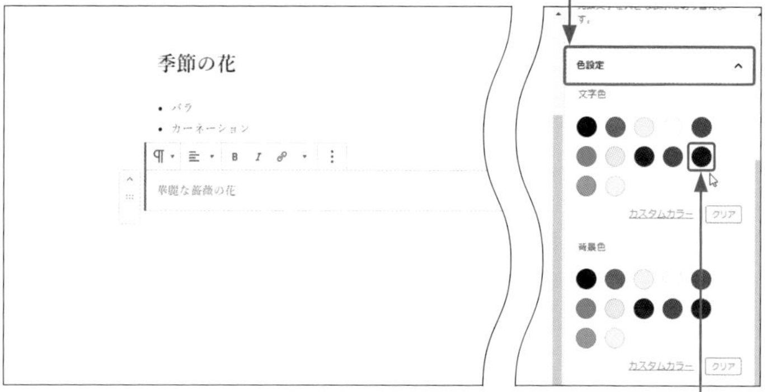

5 文字色のダークレッドをクリックします。

6 <背景色>の<カスタムカラー>をクリックします。

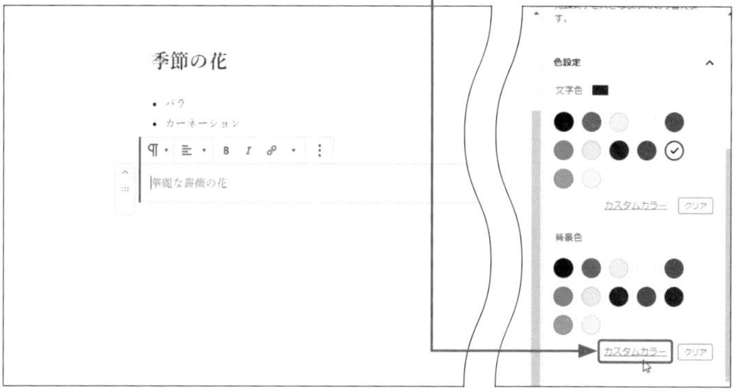

7 ここでは「#ffe8fc」と入力します。

8 カラーパレットで好きな色をクリックしても設定できます。

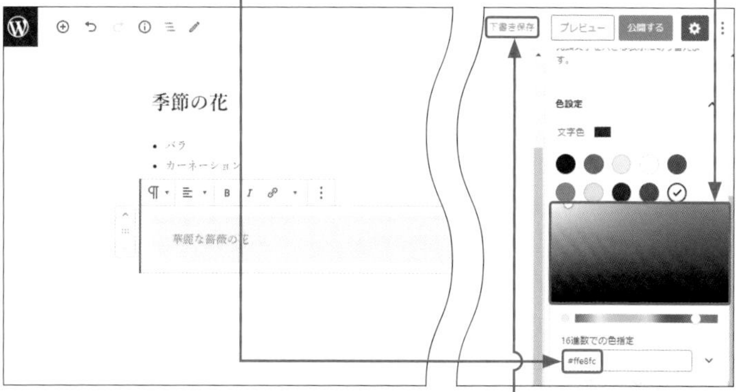

9 <下書き保存>をクリックします。

メモ パネルエリアが見当たらない

パネルエリアが表示されていない場合は、右上の歯車の形をした<設定>ボタンをクリックします。

メモ 文字色と背景色

文字色は文字の色で、背景色は文字の背景となる色です。同系統の色にすると文字が見えにくくなるので、背景色を濃い色にしたい場合は文字色を白などの薄い色にしましょう。

ヒント ドロップキャップ

手順3の「プリセットサイズ」ボックスの下にある「ドロップキャップ」は、段落の先頭の文字を大きく表示する機能のことです。雑誌などでよく見かけますが、先頭の文字を強調させることで注目してもらえます。

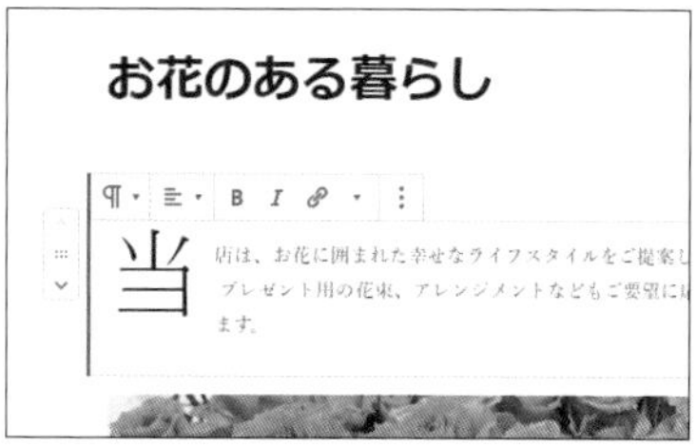

Section 37 「ギャラリー」ブロックで画像を一覧表示しよう

覚えておきたいキーワード
☑ ギャラリーブロック
☑ ギャラリーのキャプション
☑ カラム

商品の写真を並べたいときには、「ギャラリー」ブロックを使ってみましょう。それぞれの画像にキャプションを付けることができ、画像の順序を入れ替えることも簡単です。ブロックなので、後から他の場所に移動したいときには、一つ一つ写真を動かさなくてもブロックごとまとめて移動できます。

1 ギャラリーブロックを追加する

メモ ギャラリーブロック

ギャラリーブロックは、複数の写真を簡単に並べて配置できるブロックです。横に並べる数を指定することもでき、後から写真を追加することもできます。

1 ブロックを追加する位置をクリックし、<ブロックの追加>をクリックします。

2 <一般ブロック>をクリックし、

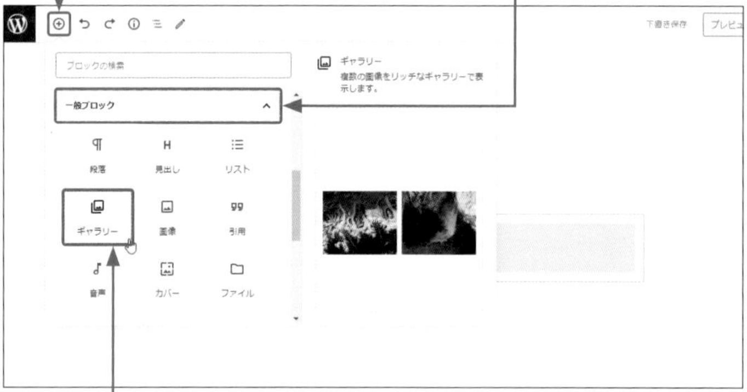

3 <ギャラリー>をクリックします。

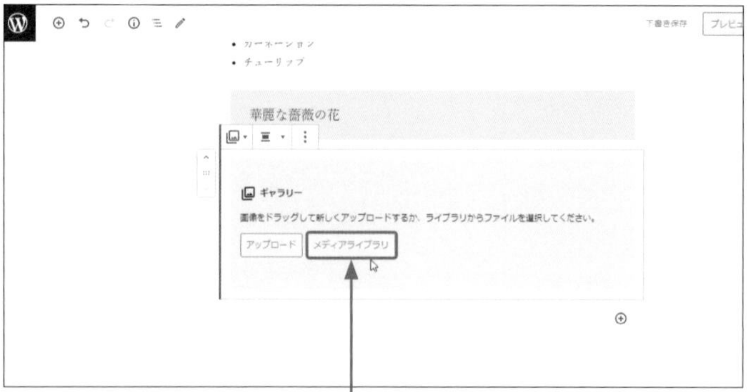

4 <メディアライブラリ>をクリックします。

メモ ギャラリーブロックの追加方法

解説の方法以外に、空の段落ブロック内に「/ギャラリー」と入力して、キーボードの Enter キー を押してもギャラリーブロックを追加できます。

5 ＜ファイルをアップロード＞タブをクリックし、

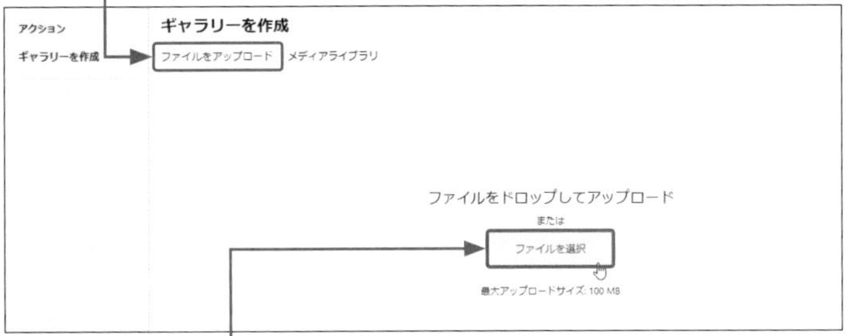

6 ＜ファイルを選択＞をクリックします。

7 Ctrl キーを押しながら使用するファイル（ここでは3つ）をクリックし、

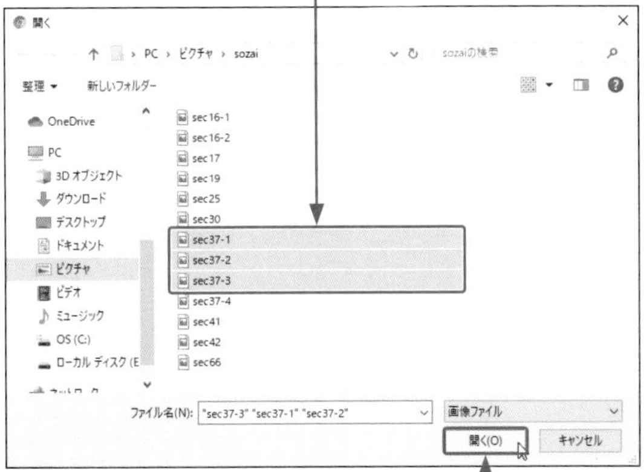

8 ＜開く＞をクリックします。

9 画像をクリックし、

10 代替テキストとタイトルを入力し、

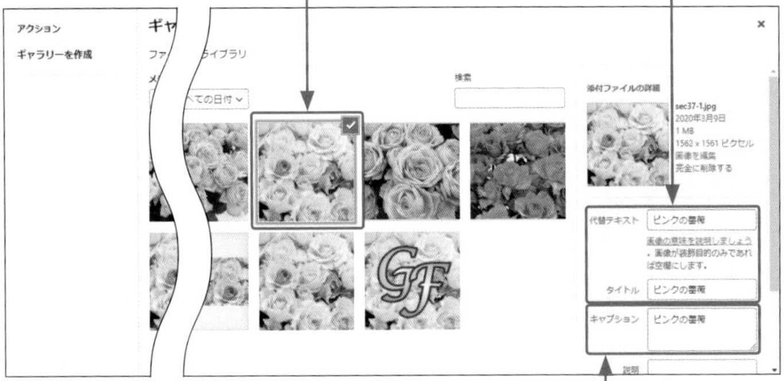

11 キャプションを入力します。

メモ　タイトルと説明

手順10の画面にあるタイトルと説明は、リンク先を＜添付ファイルのページ＞にした際のページに表示されます。不要であれば入力を省略してもかまいません。

メモ　画像のキャプション

画像のキャプションは、ページに追加した後でも設定できます。代替テキストはここで設定しておきましょう。

メモ キャプションの変更

手順11でキャプションを設定しましたが、ギャラリーブロック内の画像をクリックし、キャプションの個所をクリックして入力することも可能です。

12 他の画像にも設定し、

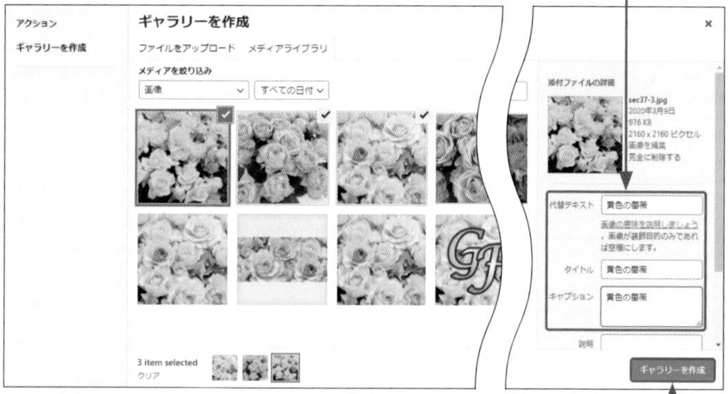

13 ＜ギャラリーを作成＞をクリックします。

14 ＜ギャラリーを挿入＞をクリックします。

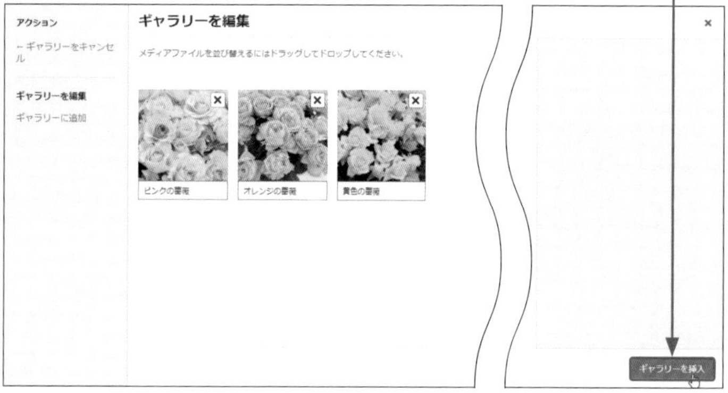

15 ギャラリーブロックを追加しました。

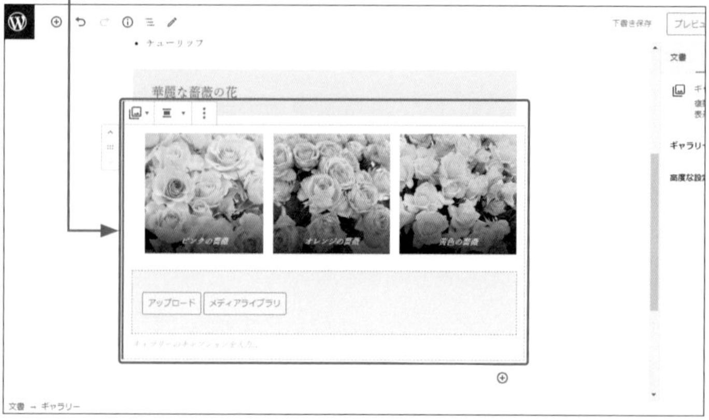

ヒント ギャラリーブロックの仕組み

ギャラリーブロックは、ブロック内にカラムという箱のようなものがあり、1つのカラムに1つの画像を配置します。横に並べるカラムの数を変更することも可能です。カラムについてはSec.43を参照してください。

2 ギャラリーのリンクやキャプションを設定する

1 ギャラリーボックスをクリックした状態で、パネルエリアの<ブロック>をクリックします。

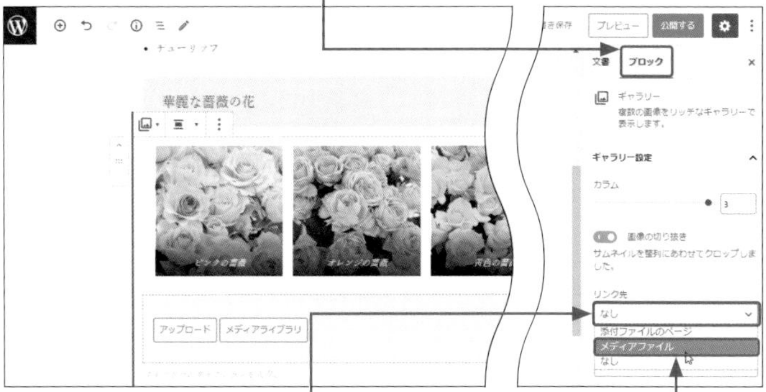

2 <リンク先>をクリックし、

3 <メディアファイル>をクリックします。

4 ギャラリーのキャプションを入力します。

5 画像をクリックし、<または>をクリックすると順序を変えられます。

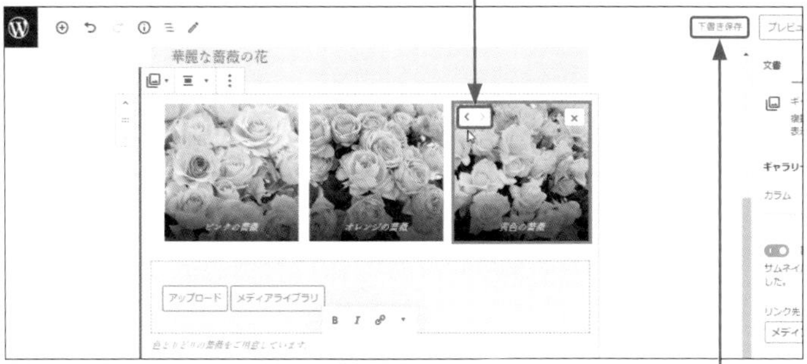

6 <下書き保存>をクリックします。

メモ　ギャラリーのリンク先

リンク先は、各画像に設定するのではなく、ギャラリーに設定します。<添付ファイルのページ>を選択すると画像と文章が表示され、<メディアファイル>を選択すると、クリックしたときに画面いっぱいに画像が表示されます。

メモ　ギャラリーのキャプション

各画像にキャプションを付けることができますが、ギャラリーの下にもキャプションを付けることができます。

メモ　画像の切り抜き

パネルエリアの<ブロック>パネルで、<画像の切り抜き>をオンにすると、カラムのサイズに合わせて自動的に画像が切り抜かれます。オフにした場合、ギャラリー内に綺麗に配置されないこともあるので通常はオンにします。

3 ギャラリーに画像を追加する

1 ギャラリーをクリックし、

2 <メディアライブラリ>をクリックします。

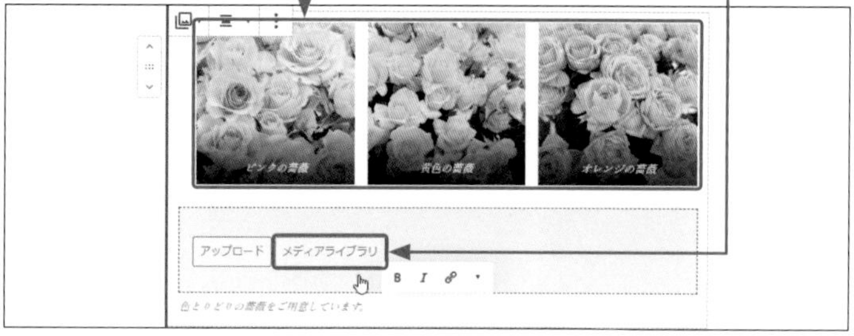

3 <ファイルをアップロード>をクリックし、

4 <ファイルを選択>をクリックして画像を追加します。

5 <メディアライブラリ>タブで追加する画像をクリックします。

6 代替テキストやキャプションなどを入力し、

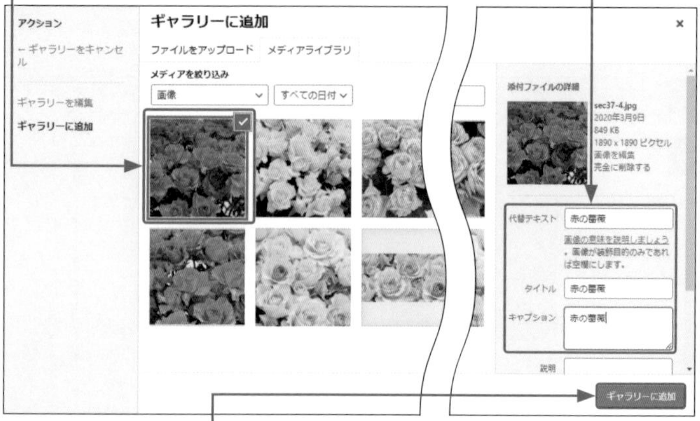

7 <ギャラリーに追加>をクリックします。

メモ ギャラリーの編集を止める

手順**5**の画面左上にある<ギャラリーをキャンセル>をクリックすると、「ギャラリーに追加」画面を閉じ、ページの編集画面に戻ります。

メモ メディアライブラリで画像を確認する

アップロードした画像は、メニューの<メディア>をクリックすると一覧表示されます。詳しくはSec.76で説明します。

8 <ギャラリーを更新>をクリックします。

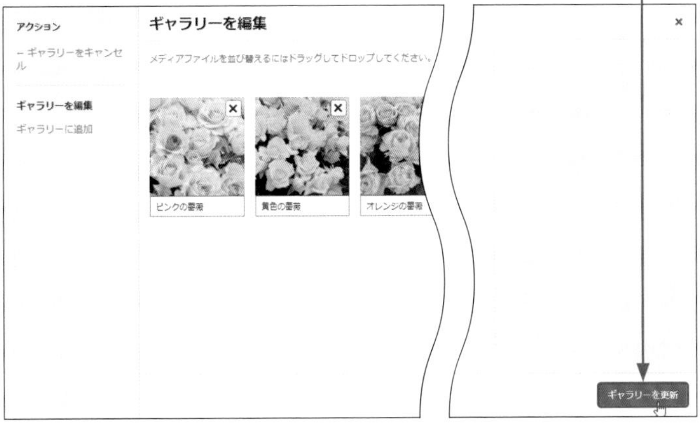

9 パネルエリアの<ブロック>パネルでカラム数を2にします。

10 画像が2列で表示されます。

メモ 追加できるカラムの数

画像と同じ数だけカラムを設定できますが、最大８つまで横に並べることができます。

メモ プレビューで確認する

ギャラリーを追加したら、画面右上の<プレビュー>をクリックして確認しましょう。各画像をクリックしてリンク先も確認してください。

メモ ギャラリーの画像を削除する

追加したギャラリーの画像をクリックし、<×>をクリックすると削除することができます。

Section 38 「ページ区切り」ブロックでページを区切ろう

覚えておきたいキーワード
- ページ区切りブロック
- ページを分割
- ページ区切りの解除

1ページにたくさんのことを書き込むと、縦長のページになり、スクロールしなければなりません。また、どこを読んでいるのか見失うこともあります。そのようなときはページを分けましょう。1ページずつ作らなくても、ページ区切りブロックを使うことで好きな位置でページを区切ることができます。

1 ページ区切りブロックを追加する

メモ ページ区切りブロック

ページ内の内容が多い場合は、ページ区切りブロックを使うと複数ページに分割することができます。ページ下部に他のページへのリンクが表示されるので、クリックしてページをめくって読むことができます。

1 改ページする位置をクリックします。

2 <ブロックの追加>をクリックします。

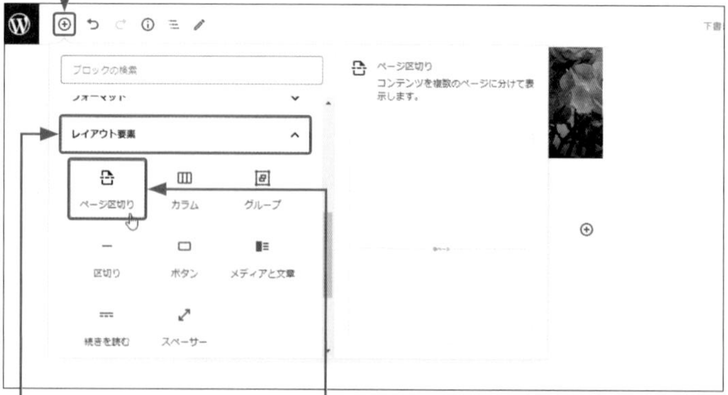

3 <レイアウト要素>をクリックし、

4 <ページ区切り>をクリックします。

メモ 「ページ区切り」ブロックの追加方法

解説の方法以外に、空の段落ブロック内に「/ページ区切り」と入力し、キーボードの Enter キー を押してもページ区切りブロックを追加できます。

5 ページ区切りブロックが追加されます。

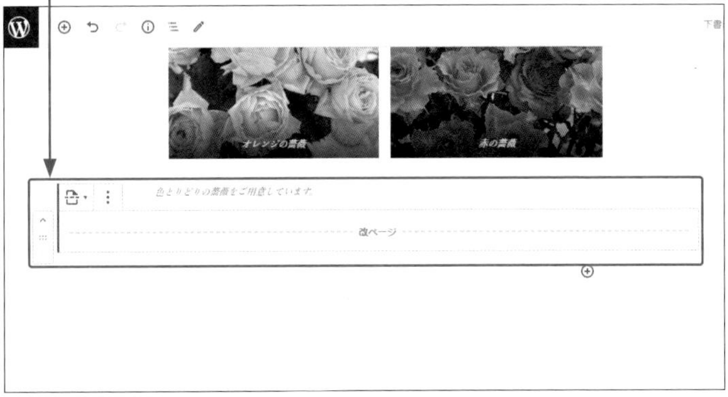

6 2ページ目を作成します。

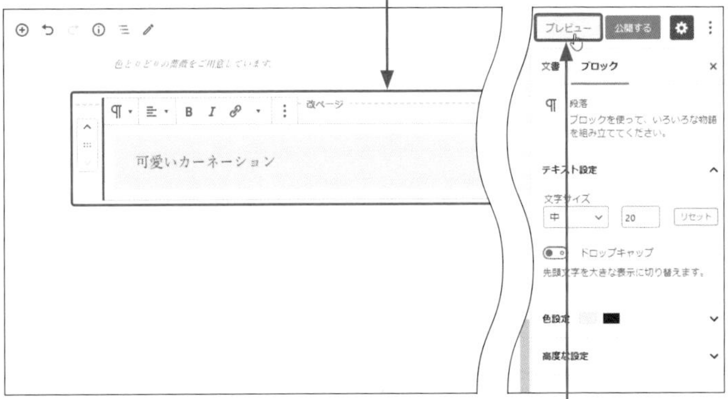

7 <プレビュー>をクリックします。

8 下部にページ番号が表示され、クリックするとページを切り替えることができます。

注意 ページ区切りを使うときの注意

短い文章なのにページ区切りブロックを使っても、ページをめくることに気付いてもらえないこともあるので、長文の場合に使用しましょう。

メモ ページ区切りの解除

ページ区切りブロックをクリックし、⋮ボタンをクリックして<ブロックを削除>をクリックします。

メモ ブロック間にページ区切りを入れる

選択したブロックの下にブロックが追加されるので、たとえば、「段落」ブロックと「ギャラリー」ブロックの間にページ区切りを入れたい場合は、「段落」ブロックをクリックしてから「ページ区切り」ブロックを追加します。

Section 39

「表」ブロックで表を追加しよう

覚えておきたいキーワード
☑ 表ブロック
☑ 行の追加
☑ 表のスタイル

「店舗案内」のページに、お店の情報を入力してみましょう。店舗名、営業時間、定休日などは、表ブロックを使うと入力がしやすく、レイアウトも綺麗です。訪問者にとっても見やすい情報になるはずです。ここでは、表ブロックの入力、編集、スタイル設定について説明します。

1 表ブロックを追加する

Sec.23を参考にして「店舗案内」というタイトルの新しい固定ページを作成します。

1 表を挿入したい位置をクリックします。

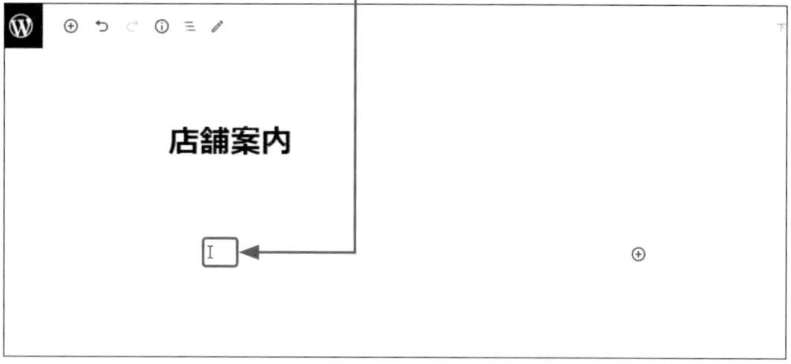

2 <ブロックの追加>をクリックします。

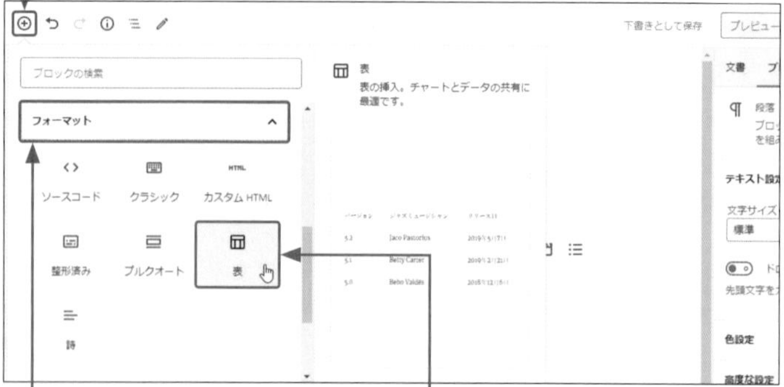

3 <フォーマット>をクリックし、

4 <表>をクリックします。

メモ 表ブロックの追加方法

解説の方法以外に、空の段落ブロック内に「/表」と入力して、Enter キーを押しても表ブロックを追加できます。

メモ <ブロックの追加>ボタン

<ブロックの追加>ボタンは、画面上部のツールバーと、ページ内にあります。ツールバーのボタンをクリックすると編集内容が隠れるので使いづらいと感じる場合は、ページ内の<ブロック追加>ボタンを使ってください。各ブロックの下部と、最下部の段落ボックスをクリックしたときに表示されます。

5 列数に「2」と入力し、

6 行数に「2」と入力します。

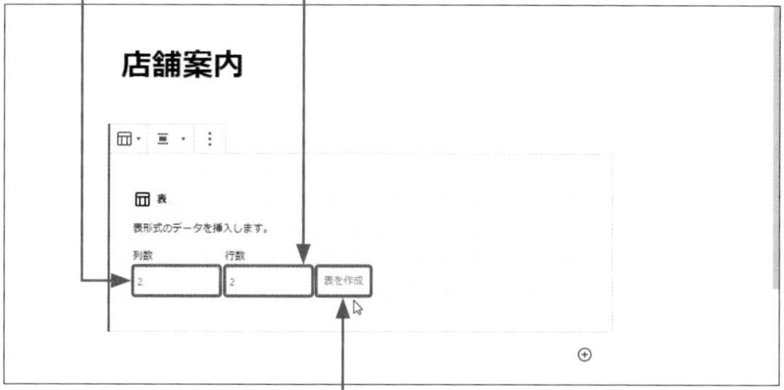

7 ＜表を作成＞をクリックします。

8 表が挿入されました。

9 文字を入力します。キーボードの Tab キーを押します。

10 次のセルへ移動しました。文字を入力します。

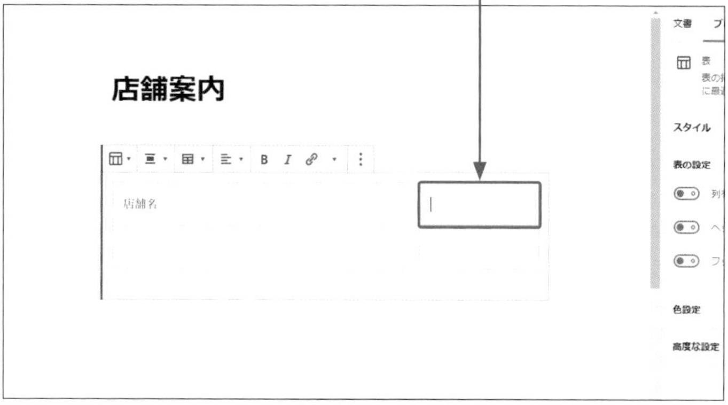

メモ 表の中の文字入力

セルの中の文字を改行する場合は、キーボードの Enter キーを押して入力できます。また、Tab キーを押すと次のセルに移動でき、Shift キーを押しながら Tab キーを押すと前のセルに移動できます。

メモ 列幅を固定する

セルに文字を入力すると、列幅が広がります。他の列と同じ列幅にしたい場合は、パネルエリアの「ブロック」パネルで＜表のセル幅を固定＞をオンにします。

2 行を追加する

メモ 行の追加

表を追加したときに行数と列数を指定しますが、後からいくらでも追加できます。その際上に追加するか下に追加するかを選べます。

1 行を追加したいセルをクリックします。

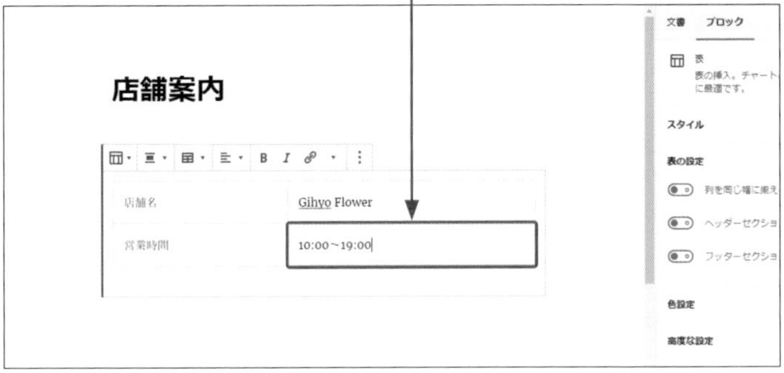

2 <表の編集>をクリックします。

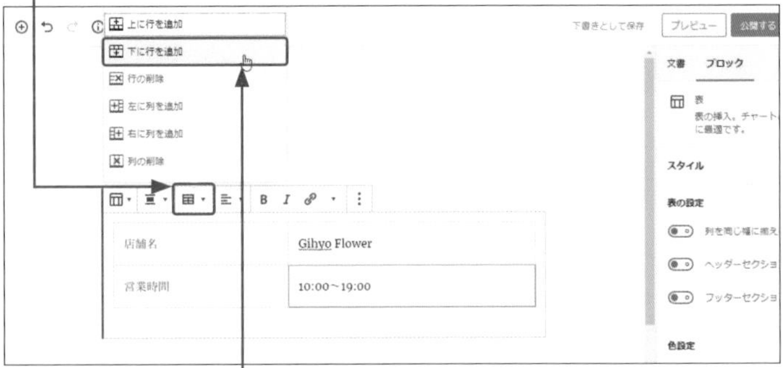

3 <下に行を追加>をクリックします。

4 行を追加しました。

メモ 列の追加

列を追加するには、追加したいセルをクリックし、<表の編集>をクリックします。<左に列を追加>または<右に列を追加>をクリックします。

5 それぞれのセルに文字を入力します。

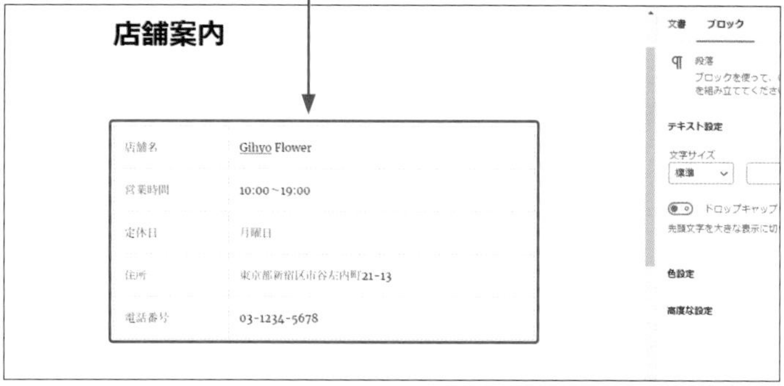

メモ 表のスタイル

パネルエリアの「スタイル」のVをクリックし、<ストライプ>をクリックすると、1行おきに違う色の表を作成できます。

3 表にスタイルを設定する

1 表をクリックします。

2 パネルエリアの「ブロック」パネルで<色設定>をクリックして、

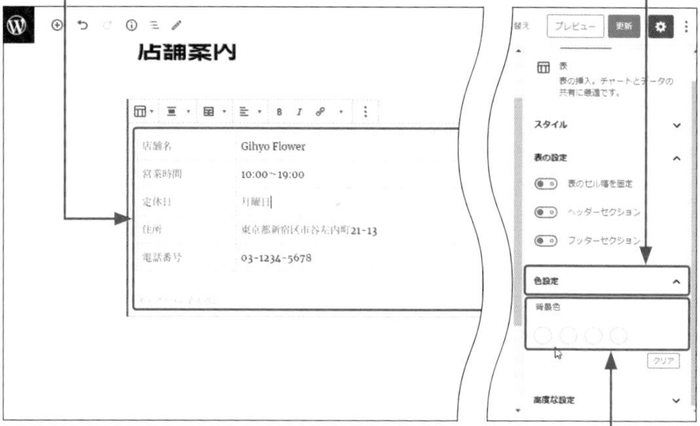

3 背景色を選択します。

メモ 行や列の削除

行または列を削除したい場合は、削除する行または列をクリックし、<表の編集>をクリックし、<行の削除>または<列の削除>をクリックします。

4 色が付いた表を作成しました。

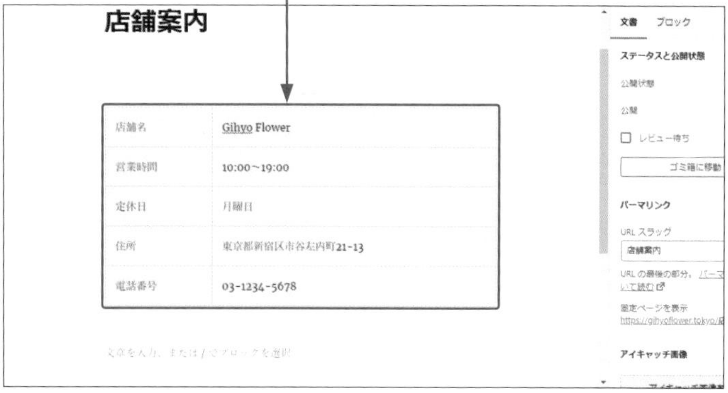

メモ 表内の文字の書式設定

段落内の文字と同様に、表の上にあるボタンを使って、表内の文字に太字や斜体、リンクの設定ができます。

Section 40 「カスタムHTML」ブロックでGoogleマップの地図を入れよう

覚えておきたいキーワード
- Googleマップ
- カスタムHTML
- HTMLタグを挿入

直接お店に来てもらうために、地図を載せておきましょう。ここでは、Googleマップの地図を貼り付けます。本来、サイトのページはHTMLで記述されていて、Googleマップの地図もHTMLで貼り付けます。一見難しそうですが、カスタムHTMLブロックを使えば初心者でも簡単にできます。

1 Googleマップを挿入する

メモ Googleマップ

Googleが提供している地図サービスです。目的地の地図を見るだけでなく、目的地までの経路、交通状況、お店のレビューなどさまざま機能があります。

1 Googleマップ（https://www.google.co.jp/maps/）にアクセスします。

2 住所を入力し、Enterキーを押して地図を表示します。

3 <共有>をクリックします。

4 <地図を埋め込む>をクリックします。

メモ Googleマップの地図を貼り付ける

WordPressに貼り付けるには、地図を表示させてからHTMLコードをコピーし、「カスタムHTML」ブロックを使って貼り付けます。

5 左上の▼をクリックして<中>を選択します。

6 <HTMLをコピー>をクリックします。

Sec.39の店舗案内のページを開いています。

7 地図を入れる箇所をクリックし、

8 <ブロックの追加>をクリックします。

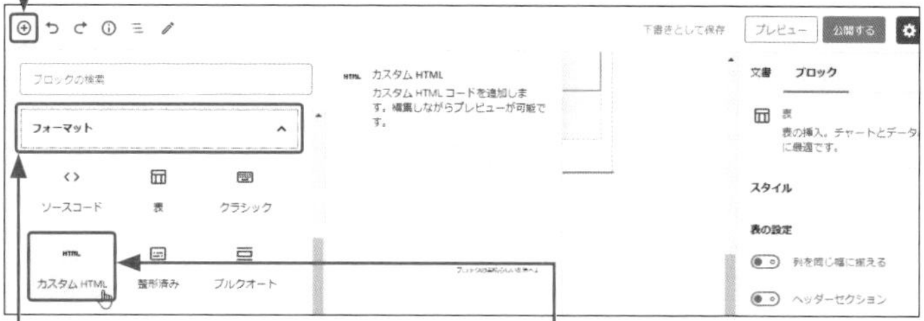

9 <フォーマット>をクリックし、

10 <カスタムHTML>をクリックします。

11 右クリックして<貼り付け>をクリックしてコードを貼り付けます。

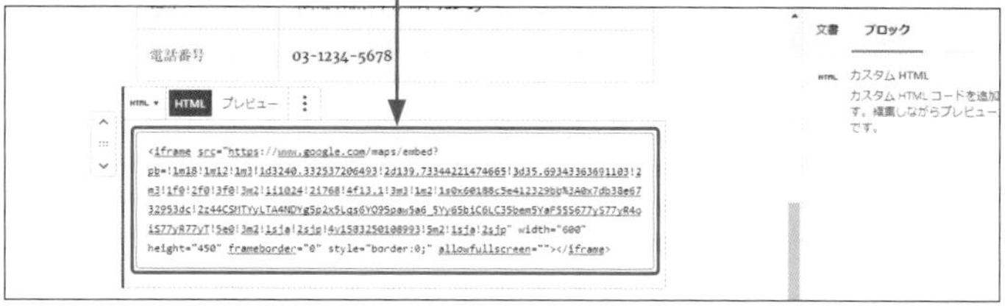

12 プレビューで確認します。

13 <+>と<−>をクリックして拡大／縮小ができます。

14 左下のサムネイルをクリックすると航空写真に切り替えられます。

メモ　カスタムHTMLブロックの追加方法

解説の方法以外に、空の段落ブロック内に「/html」と入力し、キーボードの Enter キーを押してもカスタムHTMLブロックを追加できます。

ステップアップ　HTMLで編集

HTMLの知識のある人は、ブロックをHTMLで編集することが可能です。ブロックの上にある⋮をクリックし、<HTMLとして編集>をクリックすると表示を切り替えられます。元に戻す場合は⋮をクリックして<ビジュアル編集>をクリックします。

Section 41

「メディアと文章」ブロックで画像と文章を配置しよう

覚えておきたいキーワード
- ☑ メディアと文章ブロック
- ☑ メディアを右に表示
- ☑ 画像の変更

文章の横に写真やイラストあれば、どのようなことを書いているのかがわかりやすくなります。WordPressでは、「メディアと文章」ブロックを使うと、文章の横に写真やイラストなどの画像を配置できます。すでにアップロードしている画像を使うこともできますが、ここでは新たにアップロードします。

1 メディアと文章ブロックを追加する

1 ブロックを挿入する位置をクリックし、

2 <ブロックの追加>をクリックします。

3 <レイアウト要素>をクリックし、

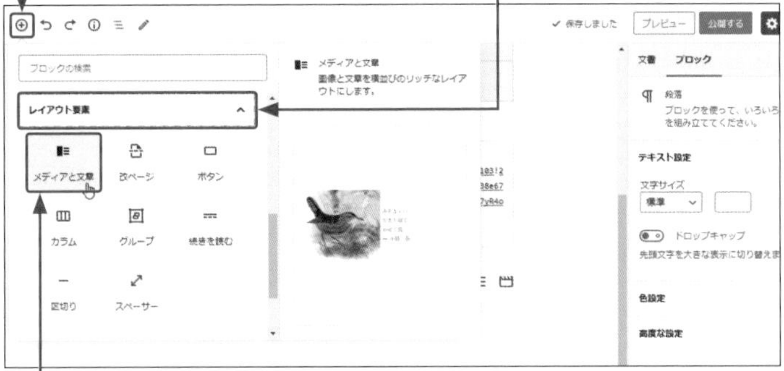

4 <メディアと文章>をクリックします。

5 <メディアライブラリ>をクリックします。

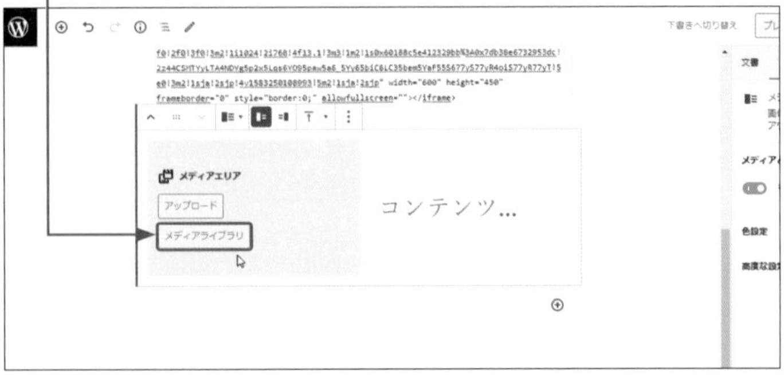

メモ 「メディアと文章」ブロック

「メディアと文章」ブロックを使うと、画像や動画の横に文章を入れることができます。文章を画像の右にするか左にするかは選択することができます。

メモ 「メディアと文章」ブロックの追加方法

解説の方法以外に、空の段落ブロック内に「/メディアと文章」と入力して、キーボードの Enter キー を押してもメディアと文章ブロックを追加できます。

6 <ファイルをアップロード>タブをクリックして、

7 <ファイルを選択>をクリックして画像をアップロードします。

8 画像をクリックし、

9 代替テキストとタイトルを入力し、

10 <選択>をクリックします。

11 画像が挿入されます。

12 <メディアを右に表示>をクリックします。

13 段落ブロックに文章を入力します。

14 パネルエリアの<ブロック>パネルで文字サイズを設定します。

メモ 文章の右に画像を配置する

追加直後は画像が左にあります。画像を右にしたい場合は、ブロックの上にある<メディアを右に表示>をクリックします。左に戻したい場合は<メディアを左に表示>をクリックします。

メモ 画像の変更

別の画像に変更したい場合は、画像をクリックし、上にある<置換>ボタンをクリックして他の画像を選択します。

メモ 文章の幅の変更

文章を入力している部分は段落ブロックです。画像をクリックしたときに表示される青い線をドラッグして画像のサイズを小さくすれば、段落ブロックの横幅が広くなります。

Section 42 「カバー」ブロックで画像の上に文字を載せよう

覚えておきたいキーワード
- カバーブロック
- オーバーレイ
- 透過率

写真の上に文字を入れたいとき、画像編集ソフトを使わなくても、「カバー」ブロックを使って簡単に文字を入れられます。文字の大きさや色は自由に設定することが可能です。また、写真に色を載せることで、雰囲気を変えることができるので、内容に合わせて設定しましょう。

1 カバーブロックを追加する

メモ カバーブロック

カバーブロックを使うと、画像や動画の上に文字を重ねることができます。重ねる色を選択できるので、元の写真よりおしゃれなイメージの写真にすることができます。

Sec.23を参考にして「店長のご挨拶」という新しい固定ページを作成します。

1 <ブロックの追加>をクリックします。

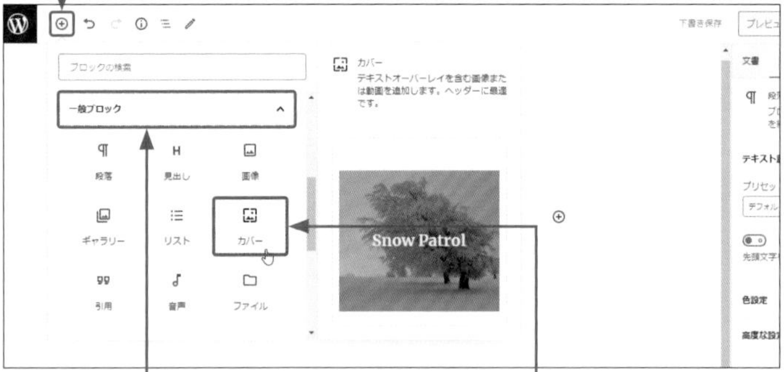

2 <一般ブロック>をクリックし、 3 <カバー>をクリックします。

4 <メディアライブラリ>をクリックします。

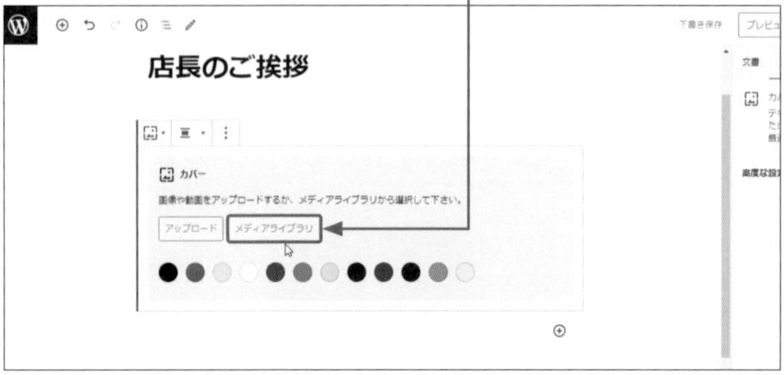

メモ カバーブロックの追加方法

解説の方法以外に、空の段落ブロック内に「/カバー」と入力し、キーボードの Enter キー を押してもカバーブロックを追加できます。

5 <ファイルをアップロード>タブをクリックし、

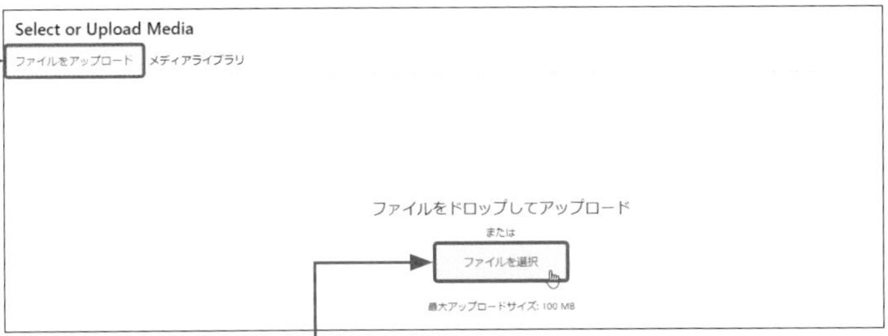

6 <ファイルを選択>をクリックして画像をアップロードします。

7 画像を選択し、

8 代替テキストを入力します。

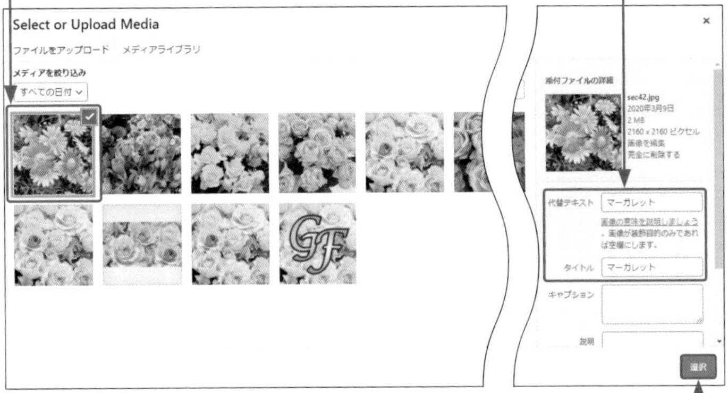

9 <選択>をクリックします。

10 カバー画像が追加されます。

11 画像に載せる文字を入力します。

メモ　入力する文字を2行にしたい

手順11で2行、3行にしたい場合は、入力の途中で Shift キーを押しながら Enter キーを押します。

ヒント 焦点ピッカー

追加した画像の中心をずらしたいときには、パネルエリアの「ブロック」パネルの<焦点ピッカー>で、青い丸をドラッグして調節できます。

メモ 一覧にない色を使用する

手順14で、<カスタムカラー>をクリックすると色パレットが表示されるので、クリックして好きな色を設定できます。

メモ タイトルの文字サイズ

文字サイズは、数値を入力するか、「小」「標準」「中」「大」「特大」から選択します。

12 タイトルをクリックした状態で、パネルエリアの<ブロック>パネルの文字サイズを「30」にします。

13 <色設定>をクリックし、

14 文字色を「白」、背景色を「ブライトブルー」にします。

15 写真の上にテキストを重ねました。

2 カバーを設定する

1 カバーブロックをクリックし、

2 パネルエリアの<ブロック>パネルで、オーバーレイの色を「ライトグレー」をクリックします。

3 「背景の透過率」のバーをドラッグして20%にします。

4 ●をドラッグして高さを調整します。

キーワード オーバーレイ

画像の上に重ねるフィルターのようなものでイメージに合わせて色を選択できます。料理などあたたかみのある色にする場合はオレンジ、植物には緑を選ぶなどで、イメージに合う画像にできます。透過率も指定でき、100の方向へ動かすと重ねる色が濃くなり、0の方向に動かすと重ねる色が薄くなります。

メモ カバーブロックのサイズ変更

カバーブロックをクリックし、下部の青い丸をドラッグすると高さを調整できます。または、パネルエリアの「ブロック」パネルの「サイズ」にピクセル単位で入力します。ここでは「180」にしました。

Section 43

「カラム」ブロックでブロック内を分割しよう

覚えておきたいキーワード
- カラムブロック
- 列を分割
- ブロックを並べる

「カラム」ブロックを使うと、ブロック内の列を分割させることができます。たとえば、三段組で文章を入れたい場合は、カラムブロックを3分割にして、段落ブロックを入れます。最初は使いづらいかもしれませんが、使いこなせるようになると、見栄えの良いレイアウトになるので試してください。

1 カラムブロックを追加する

メモ カラムとは

カラムブロックを使うと、ブロックの列を分割して複数のブロックを入れることができます。はじめて使う人には使いづらいかもしれませんが、カラムを箱のようにイメージして操作してください。違う種類のブロックを追加できるので、文章と画像と動画を横に並べたいときなどに役立ちます。

1 段組みを挿入したい位置をクリックした状態で、<ブロックの追加>をクリックします。

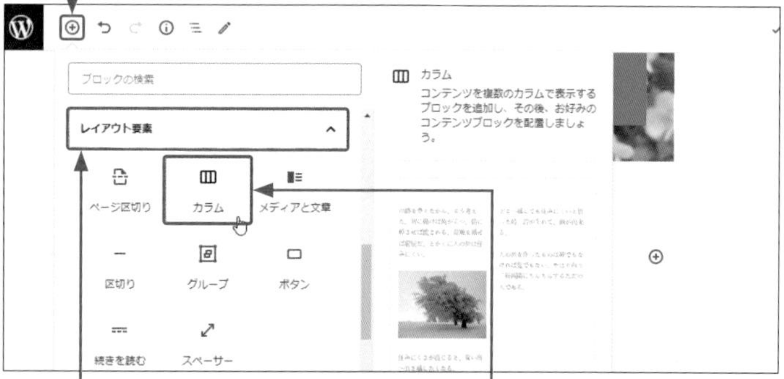

2 <レイアウト要素>をクリックし、

3 <カラム>をクリックします。

4 カラムブロックが追加されます。

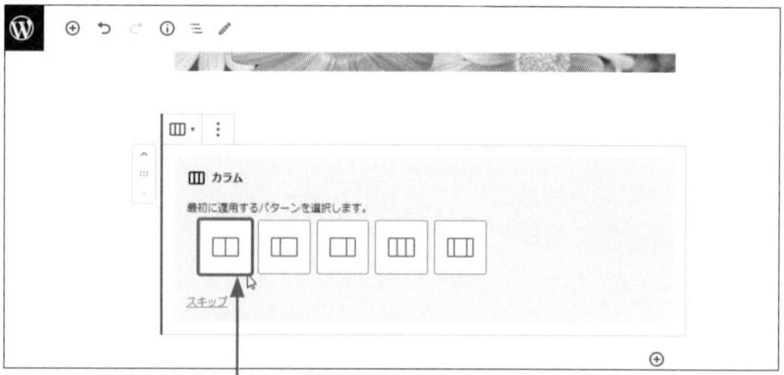

5 <2カラム・均等割>をクリックします。

メモ カラムブロックの追加方法

解説の方法以外に、空の段落ブロック内に「/カラム」と入力して、Enter キーを押してもカラムブロックを追加できます。

6 左側のカラムをクリックします。

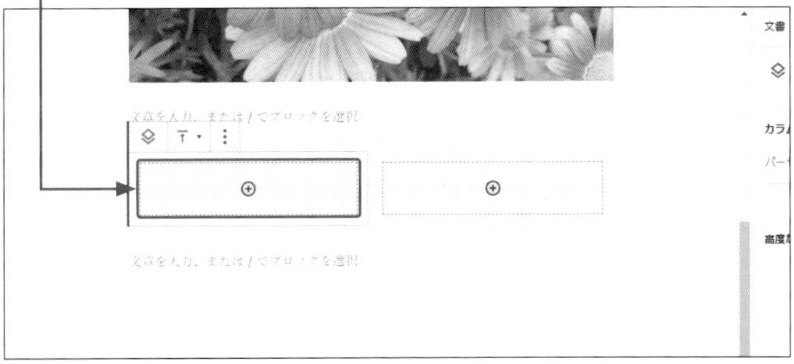

7 <+>をクリックします。

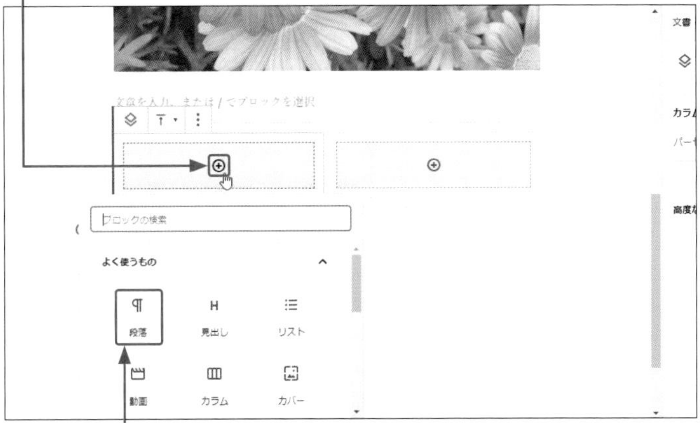

8 <よく使うもの>または<一般ブロック>の<段落>をクリックします。

9 段落ブロックが追加されます。

メモ カラムの種類を選択しなかった場合

手順4で<スキップ>をクリックした場合は、「2カラム・均等割」が追加されます。

メモ カラムに追加するブロック

ここでは段落ブロックを追加しますが、表ブロックや画像ブロック、動画ブロックなどさまざまなブロックを追加できます。

メモ　カラム内のブロック

カラムの中に、複数のブロックを追加することも可能です。たとえば、左上に「段落」ブロック、左下に「表」ブロック、右上に「動画」ブロック、右下に「段落」ブロックといった配置もできます。ただし、ブロックの数が増えてくると操作しづらくなるので気を付けてください。

10 文章を入力します。

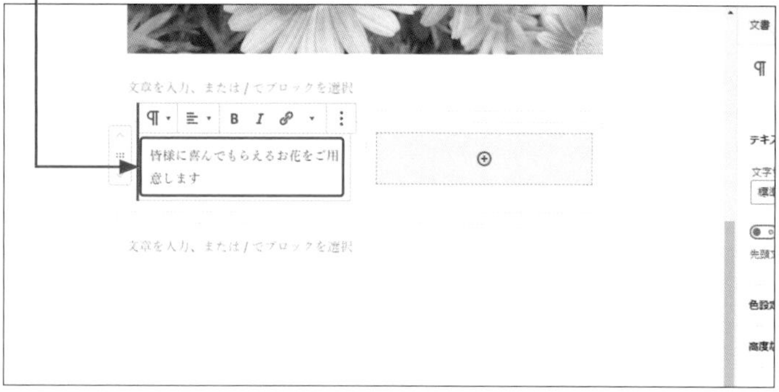

11 右側のカラムをクリックし、<+>をクリックして、

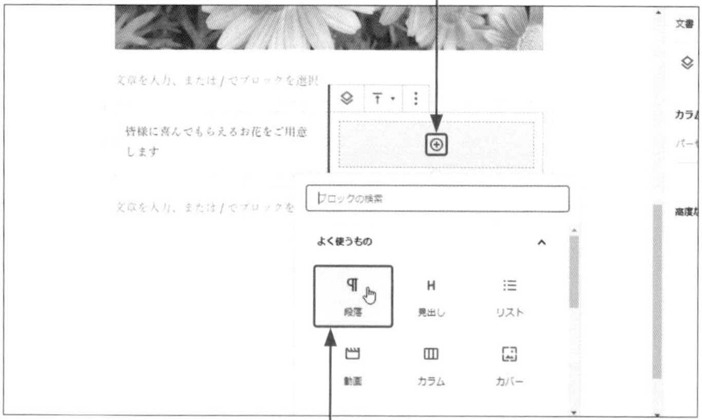

12 <よく使うもの>または<一般ブロック>の<段落>をクリックします。

13 段落ブロックが追加されます。

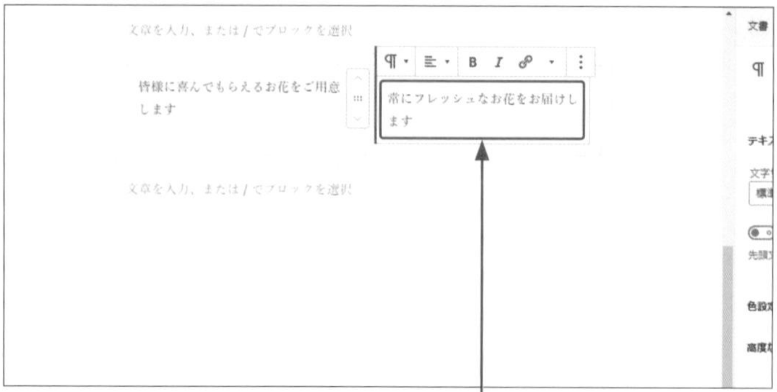

14 こちらにも文章を入力します。

2 カラムを追加する

1 ブロック以外の個所をクリックした後、<ブロックナビゲーション>をクリックします。

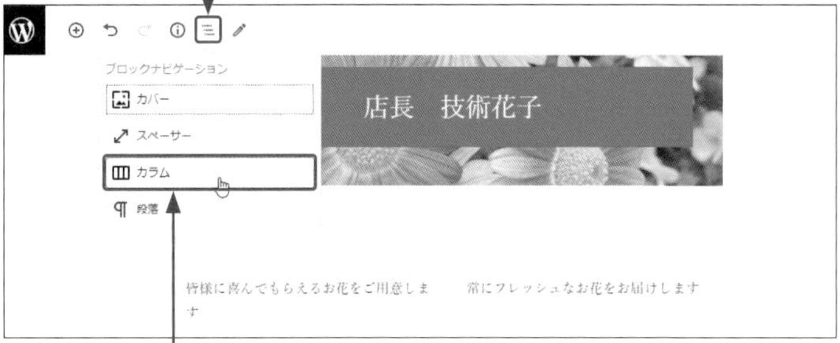

2 <カラム>をクリックします。

3 パネルエリアの<ブロック>を選択し、

4 「カラム」を「3」にします。

5 カラムが追加され三段組になります。

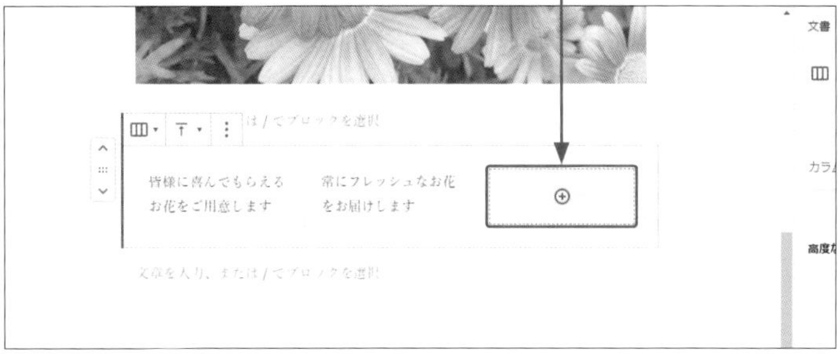

追加したカラムには次のSec.44で動画を入れます。

メモ　カラムの選択

カラムを設定するために選択する必要があるのですが、クリックではやりづらいので、<ブロックナビゲーション>から選択しましょう。あるいは、<ツール>ボタンをクリックし<選択>をクリックしてからカラムの部分をクリックすると選択できます。

メモ　追加できるカラム数

追加できるカラムは最大で6つです。

メモ　行を分割

カラムは横に分割する機能です。縦にブロックを並べるには、<ブロックの追加>ボタンをクリックして追加します。

Section 44 「動画」ブロックで動画を追加しよう

覚えておきたいキーワード
- 動画ブロック
- 繰り返し再生
- ポスター画像

動画は、静止画像よりも注目されやすく、臨場感を出すこともできるので、最近ではSNSでも積極的に使われています。WordPressのサイトに動画を入れるには、動画ブロックを使います。雑音が入った動画は、消音にして載せることもできるので活用してください。

1 動画ブロックを追加する

Sec.43の最後の画面を表示しています。

1 右端のカラムをクリックし、<+>をクリックします。

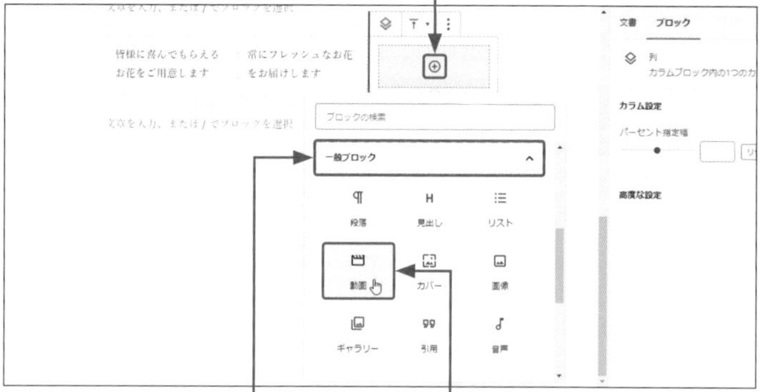

2 <一般ブロック>をクリックし、

3 <動画>をクリックします。

4 <メディアライブラリ>をクリックします。

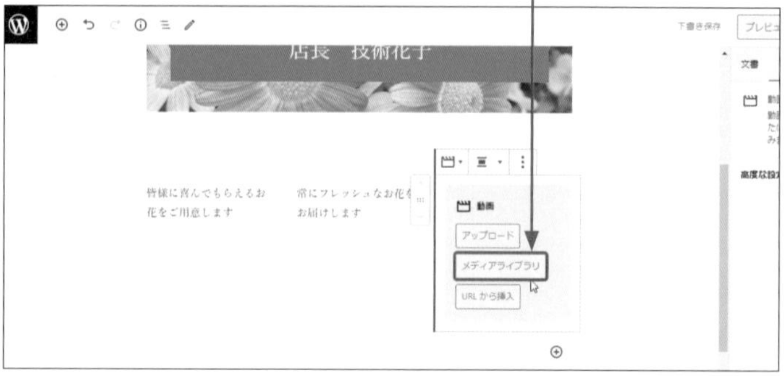

メモ 動画ブロック

写真だけでなく動画を入れることも可能です。スマホで撮影し、WordPressアプリでそのまま投稿することもできます。ただし、iPhoneの場合はMOV形式の動画になるので、パソコン環境によっては表示されないこともあります。

メモ 動画ブロックの追加方法

解説の方法以外に、空の段落ブロック内に「/動画」と入力してキーボードの Enter キーを押しても動画ブロックを追加できます。

5 ＜ファイルをアップロード＞タブをクリックし、

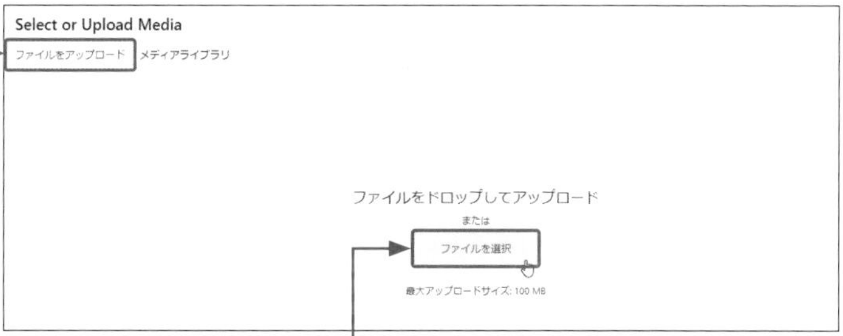

6 ＜ファイルを選択＞をクリックします。

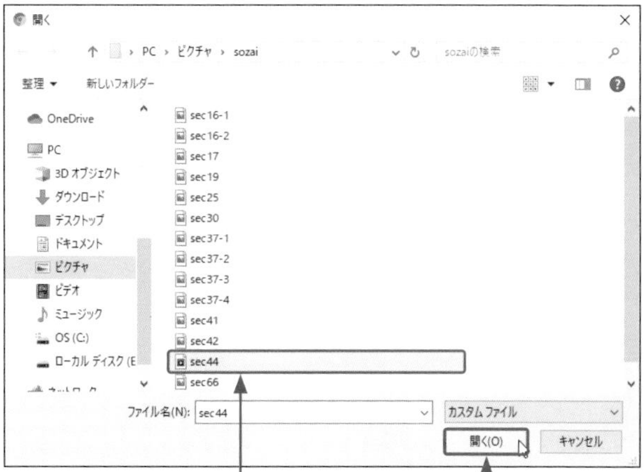

7 動画ファイルを選択して、

8 ＜開く＞をクリックします。

9 タイトルを入力し、

10 ＜選択＞をクリックします。

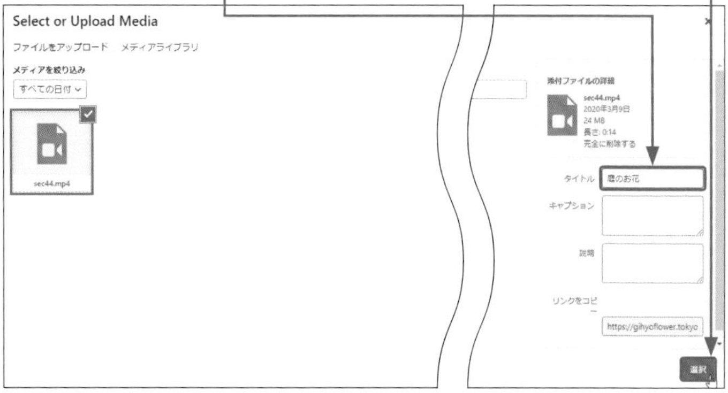

メモ　動画のアップロード

MP4、MOV、WMV、MPEGなど、さまざまファイル形式の動画をアップロードできます。訪問者は、Windowsパソコンを使用している人が多いのでMP4がおすすめです。

メモ ポスター画像

ポスター画像は、動画を再生する前に表示させる静止画像のことです。

11 動画が挿入されました。

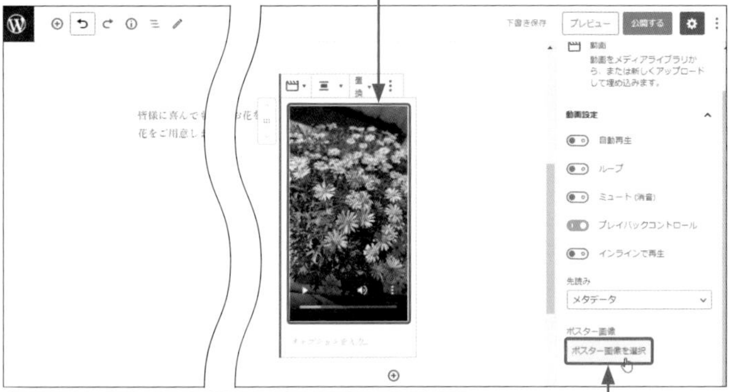

12 <ポスター画像を選択>をクリックします。

13 表紙にしたい画像をクリックし、

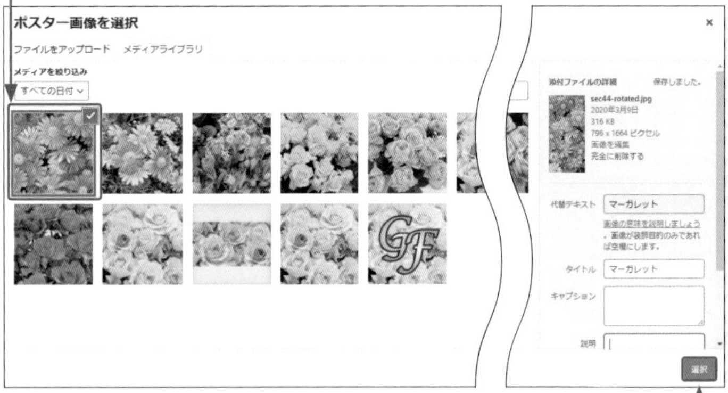

メモ 動画を消音にする

動画ブロックをクリックし、パネルエリアの「ブロック」パネルで<ミュート>をオンにすると、音を消して再生します。

14 <選択>をクリックします。

15 表紙として画像を設定しました。

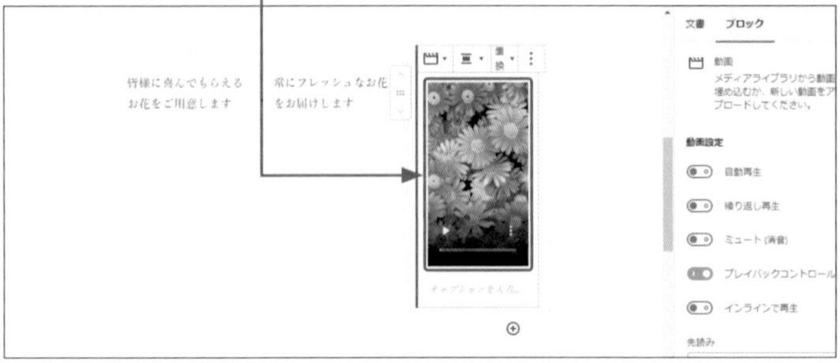

メモ 繰り返し再生

繰り返し再生にするには、動画ブロックをクリックし、パネルエリアの「ブロック」パネルで「ループ」をオンにします。ただし、スマホでの視聴は、通信量がかかるので基本的にはオフにしておいた方がよいでしょう。

16 <プレビュー>をクリックします。

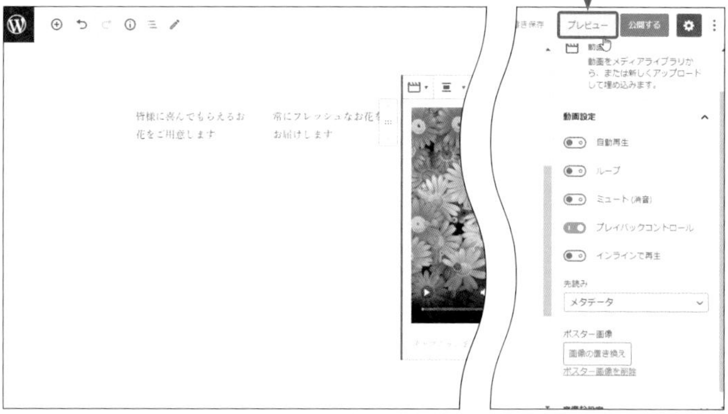

17 ポスター画像が表示されています。

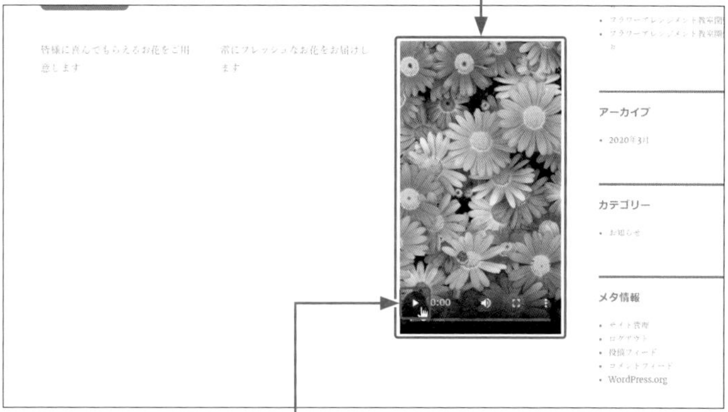

18 再生ボタンをクリックします。

19 動画が再生されます。

メモ 別の動画に変更する

動画ブロックの上にある<置換>ボタンをクリックすると別の動画に変更することができます。

メモ YouTubeの動画を挿入する

YouTubeの動画を挿入したい場合は、手順**4**で<URLからの挿入>をクリックし、YouTubeの動画のURLを入力します。あるいは、Sec.46のように<ブロックの追加>ボタンから「埋め込み」グループに「YouTube」があるので選択します。注意として、まれに著作権を侵害する違法動画(音楽を含む)がアップロードされているので埋め込まないように気を付けましょう。

Section 45

「ボタン」ブロックでクリックボタンを作ろう

覚えておきたいキーワード
- ☑ ボタンブロック
- ☑ ボタンの色
- ☑ ボタンのスタイル

ボタンとは、リンクを張ってある箇所をより目立させるアイコンです。ボタンをクリックすると、サイト内の他のページや、他のサイトへ移動できる仕組みになっています。WordPressでは、リンクのボタンを簡単に作成できるので紹介しましょう。ボタンに丸みを付けたり、好きな色にしたりもできます。

1 ボタンブロックを追加する

メモ　ボタンとは

ここでのボタンは、クリックすると他のページや他のサイトへ移動できるボタンのことです。

1 ボタンを挿入する位置をクリックした状態で、<ブロックの追加>をクリックします。

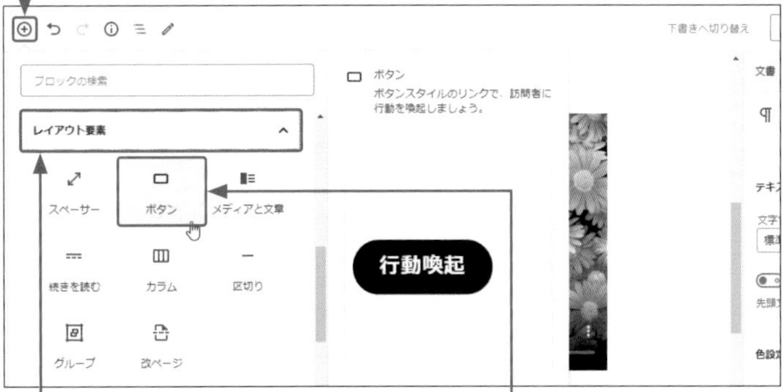

2 <レイアウト要素>をクリックし、

3 <ボタン>をクリックします。

4 ボタンが追加されました。

5 ボタンに表示する文字を入力します。

メモ　「ボタン」ブロックの追加方法

解説の方法以外に、空の段落ブロック内に「/ボタン」と入力し、キーボードの Enter キーを押してもボタンブロックを追加できます。

6 <リンク>ボタンをクリックし、

7 リンク先を入力します。

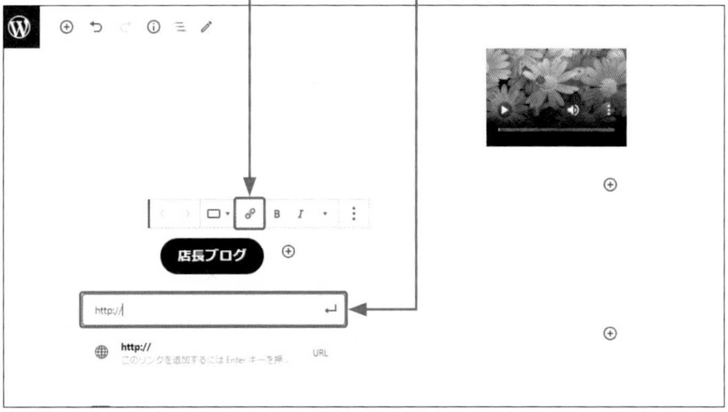

8 文字色は「白」、

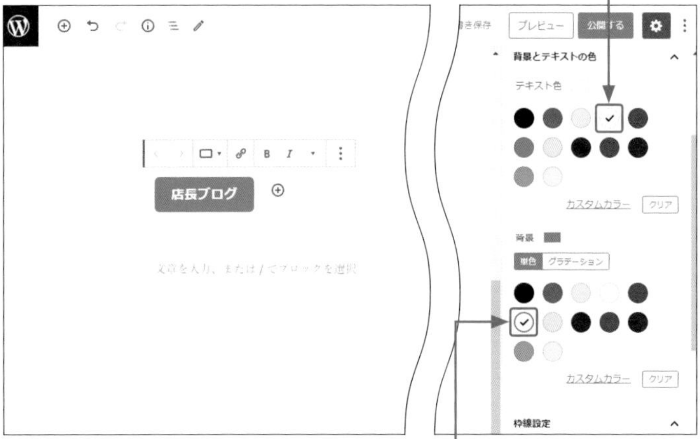

9 背景色は「ブライトブルー」をクリックします。

10 枠線設定のバーをドラッグして角の丸みを調整します。

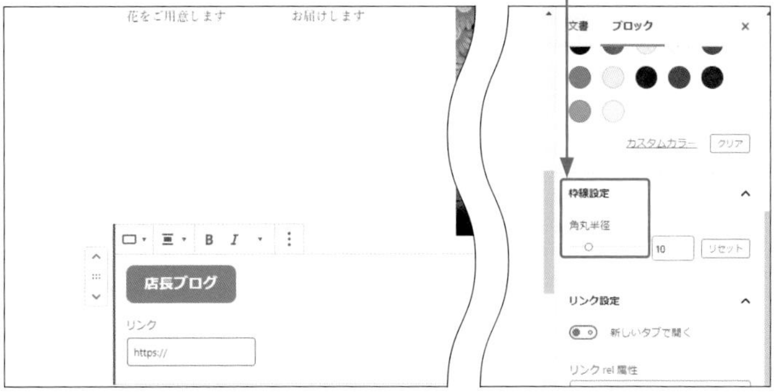

メモ 公開されているページにリンクする

ボタンをクリックしたときに、他のページへ移動させたいとき、すでに作成したページであれば、ページのタイトルを入力して Enter キーを押すとリンクを設定できます。ただし、公開しているページに限ります。

メモ ボタンの色

ボタンをクリックした状態で、パネルエリアの色設定でボタンの文字色と背景色を指定することができます。同系色にすると文字が読めないので、背景色を紺色にしたら文字は白にするなど工夫してください。

メモ リンク先を新しいタブに表示する

ボタンをクリックし、パネルエリアの<新しいタブで開く>をオンにすると、ボタンをクリックしたときに、リンク先が新しいタブに表示されます。たとえば、商品一覧のページで、商品のページを新しいタブに表示すれば、商品一覧のページと商品のページをタブで切り替えながら閲覧できます。

Section 46 「埋め込み」グループのブロックでSNSの投稿を載せよう

覚えておきたいキーワード
- Twitter のツイートを埋め込む
- Instagram の投稿を埋め込む
- Facebook の投稿を埋め込む

SNSで気になった投稿をサイトで表示させたいときは、スクリーンショットの画像を貼り付けるといった方法はNGです。各SNSで用意されている正式な方法で表示させましょう。WordPressならかんたんに埋め込めます。ここでは、Twitter、Facebook、Instagram、それぞれの埋め込み方を解説します。

1 Twitterのツイートを埋め込む

メモ コードを使って埋め込む方法

ここでは、「Twitter」ブロックを使って埋め込みますが、投稿の右上にある<V>をクリックし、<ツイートを埋め込む>をクリックして表示されるコードをコピーし、<ブロックの追加>の<フォーマット>にある<カスタムHTML>に貼り付けて埋め込むこともできます。

1 Twitterのツイートの<共有>をクリックします。

2 <ツイートのリンクをコピー>をクリックします。

3 WordPressで投稿またはページを開き、Twitterの表示を追加したい位置をクリックし、

4 <ブロックの追加>をクリックして、

5 <埋め込み>をクリックし、

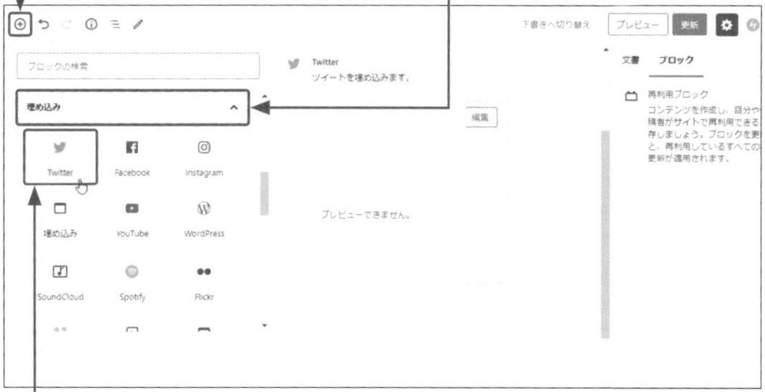

6 <Twitter>をクリックします。

7 右クリックして<貼り付け>をクリックし、

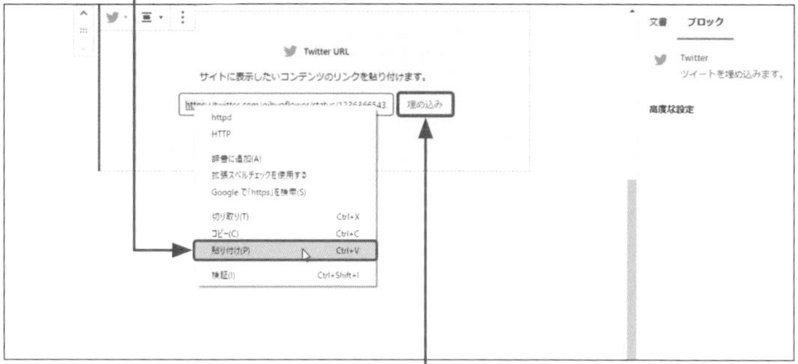

8 <埋め込み>をクリックします。

9 Twitterのツイートが表示されます。

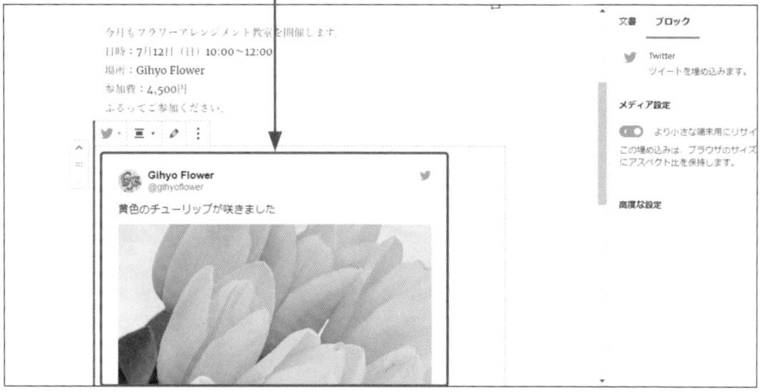

メモ Twitterのタイムラインを埋め込む

ここでは1つのツイートを埋め込みますが、Twitterのタイムラインを埋め込みたい場合は、手順**7**でTwitterのトップページ(https://twitter.com/アカウント名)のURLを貼り付けます。

2 Facebookの投稿を埋め込む

注意　投稿を埋め込めない

すべての投稿を埋め込めるわけではありません。非公開や共有不可の設定をしている投稿は埋め込むことはできません。

1 Facebookにログインします。

2 埋め込みたい投稿の時間の部分をクリックします。

3 アドレスバーのURLを右クリックして、

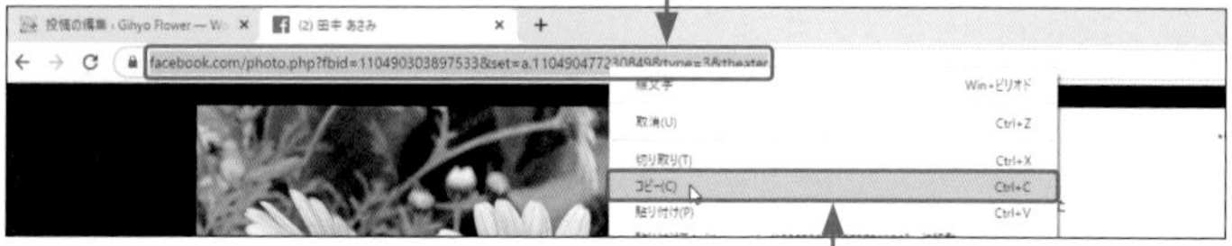

4 <コピー>をクリックします。

5 WordPressで投稿またはページを開き、Facebookの表示を追加したい位置をクリックします。

6 <ブロックの追加>をクリックし、

7 <埋め込み>をクリックし、

8 <Facebook>をクリックします。

9 右クリックして<貼り付け>をクリックし、

10 <埋め込み>をクリックします。

メモ　Facebookページを埋め込む

Facebookの投稿には、個人の投稿の他に、企業・団体向けのFacebookページもあります。ここでは、個人のFacebookの投稿を埋め込みましたが、企業・団体向けのFacebookページを貼り付ける方法はSec.70で説明します。

3 Instagramの投稿を埋め込む

インスタグラムにログインし、埋め込みたいインスタグラムの写真をクリックして表示しておきます。

1 右上の…をクリックし、

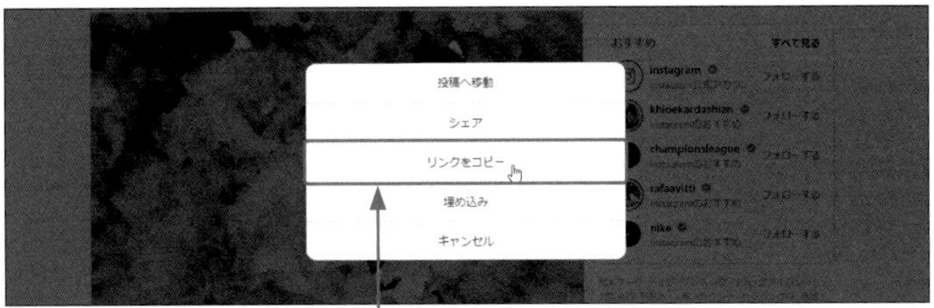

2 <リンクをコピー>をクリックします。

3 WordPressで投稿またはページを開き、追加したい位置をクリックします。

4 <ブロックの追加>をクリックし、

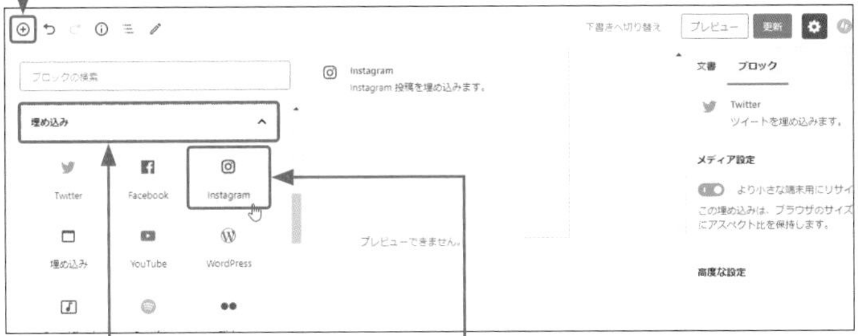

5 <埋め込み>をクリックし、

6 <Instagram>をクリックします。

7 右クリックして<貼り付け>をクリックし、

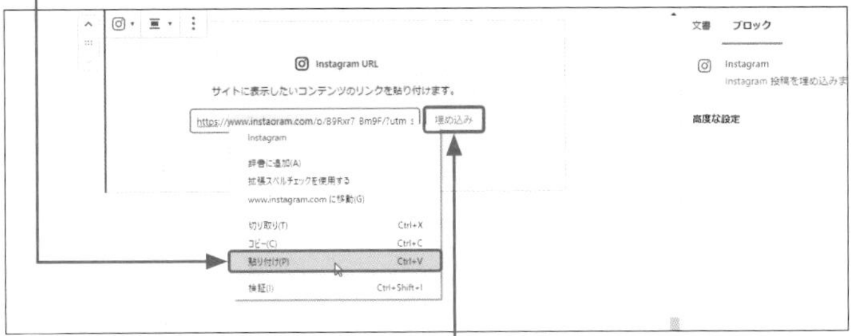

8 <埋め込み>をクリックします。

メモ Instagramの投稿

Instagramの投稿は、ネットで検索して閲覧できますが、特定のアカウントの古い投稿を遡って閲覧することはできません。そのような場合はInstagramにログインして投稿を探してください。

メモ コードを使って埋め込む方法

ここでは、「Instagram」ブロックを使って埋め込みますが、手順2で<埋め込み>をクリックして表示されるコードをコピーし、<ブロックの追加>の<フォーマット>にある<カスタムHTML>に貼り付けて埋め込むこともできます。

ヒント YouTubeの動画を埋め込む

YouTubeの動画を埋め込む場合は、手順6で<YouTube>を選択し、YouTubeで再生している動画のURLを貼り付けます。

Section 47

「続きを読む」ブロックでページを折りたたもう

覚えておきたいキーワード

- 続きを読むブロック
- もっと読む
- 記事の冒頭のみ表示する

ブログサービスで見かけたことがあるかもしれませんが、記事の冒頭のみが表示され、その後は「続きを読む」で記事が折りたたまれていることがあります。WordPressの記事にも「続きを読む」を設定できます。ブロックを使うので、決められた箇所ではなく好きなところから続きを読むことができます。

1 続きを読むブロックを追加する

1 <投稿>をクリックします。

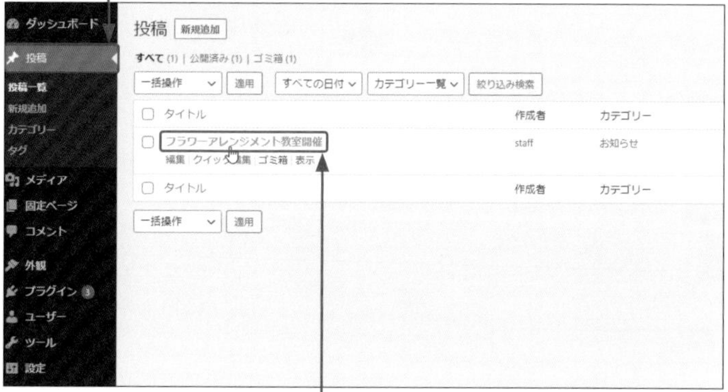

2 作成した投稿をクリックします。

3 続きにして折りたたみたい部分をクリックします。

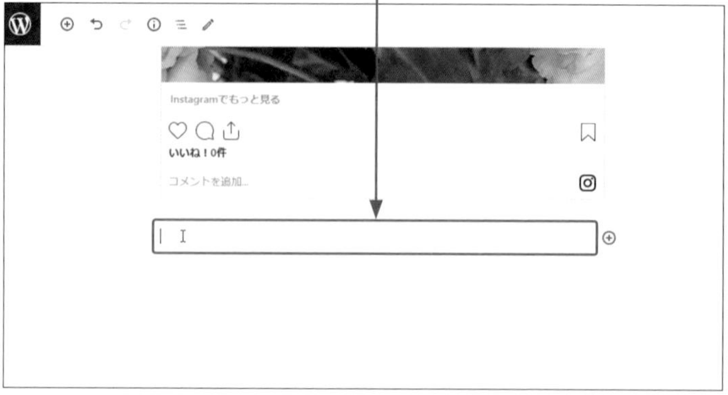

メモ 続きを読むブロック

トップページや記事一覧に記事の全文が載っていると他の記事まで目が届きません。そこで、続きを読むブロックを使うと、記事の冒頭や前半だけを載せることができます。

メモ 続きを読むブロックの追加方法

解説の方法以外に、空の段落ブロック内に「/続きを読む」と入力して、Enter キーを押しても続きを読むブロックを追加できます。

4 <ブロックの追加>をクリックします。

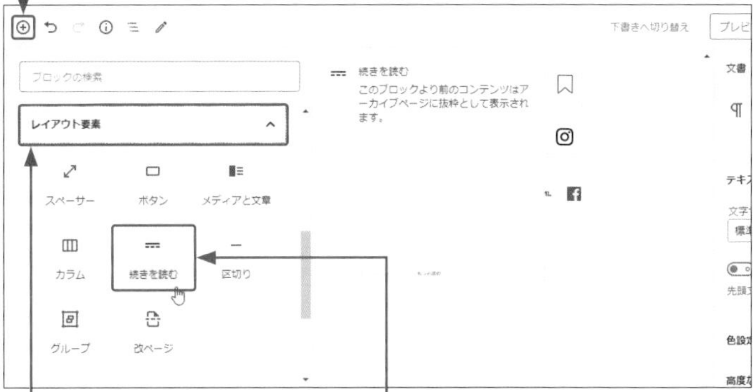

5 <レイアウト要素>をクリックし、

6 <続きを読む>をクリックします。

7 「もっと読む」の線が挿入されました。

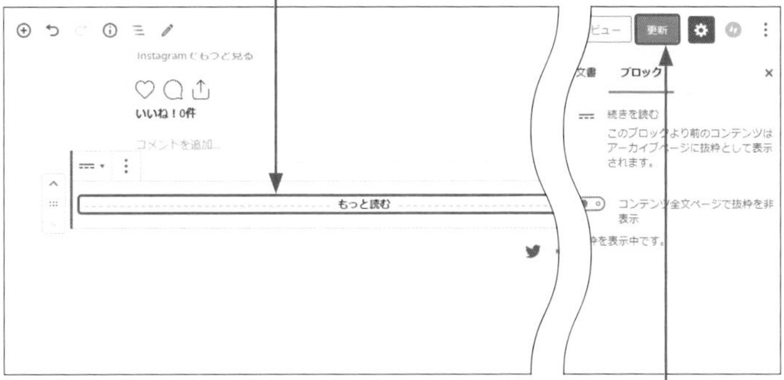

8 <更新>をクリックします。

9 トップページにアクセスすると「続きを読む」が表示されます。クリックすると全文が表示されます。

注意 「続きを読む」の確認

続きを読むは、トップページや記事一覧で確認できます。この時点では、トップページに投稿が表示されるようになっているので、トップページにアクセスすると「続きを読む」が表示されます。

メモ 「続きを読む」がない

プレビューすると、投稿全文が表示されるため「続きを読む」が表示されません。投稿を公開し、投稿一覧が表示されるページ（ここではトップページ）にアクセスして確認してください。また、テーマによっては、「続きを読む」ではなく、「more」や「もっと読む」などの文字が表示されます。

メモ 「続きを読む」を解除する

「続きを読む」の設定を止めたい場合は、「続きを読む」ブロックをクリックし、ブロックの上にある⋮ボタンをクリックし、<ブロックを削除>をクリックします。

Section 48

その他の便利なブロックを使ってみよう

覚えておきたいキーワード
- スペーサーブロック
- 区切りブロック
- 引用ブロック

ここまでさまざまなブロックを解説しましたが、他にも便利なブロックがあります。たとえば、ブロックとブロックの間が窮屈な場合、「スペーサー」ブロックで空白を入れるとすっきりします。訪問者がPDFやExcelのファイルをダウンロードできるようにするには「ファイル」ブロックを使います。

1 「区切り」ブロック

区切りブロックを使うと、内容が変わる個所に入れる仕切り線を入れられます。<ブロックの追加>をクリックして、<レイアウト要素>の<区切り>をクリックして追加できます。

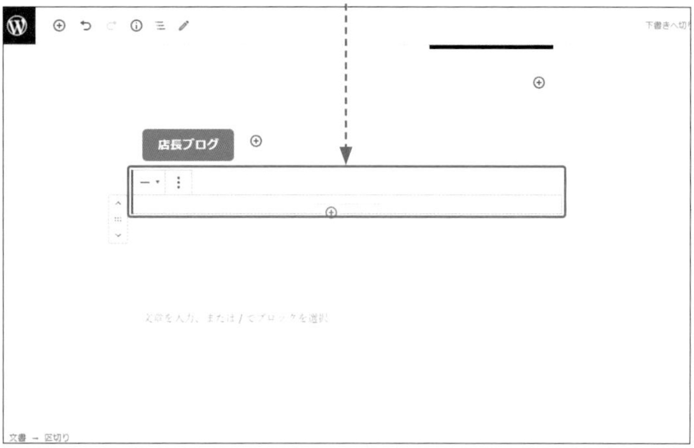

区切り線を幅広にしたり、色を付けたりすることも可能です。

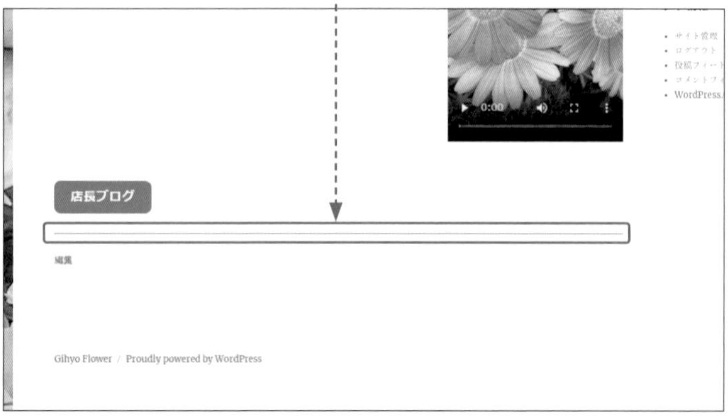

メモ　区切り線の種類と色

区切りブロックをクリックし、パネルエリアの「ブロック」パネルの<スタイル>で、幅広線やドットにすることが可能です。また、<色設定>で好きな色を選択できます。

2 「スペーサー」ブロック

ブロックとブロックの間に空白がないと窮屈になりますが、「スペーサー」ブロックを使うと自由にスペースを入れることができます。<ブロックの追加>をクリックして、<レイアウト要素>の<スペーサー>をクリックして追加できます。

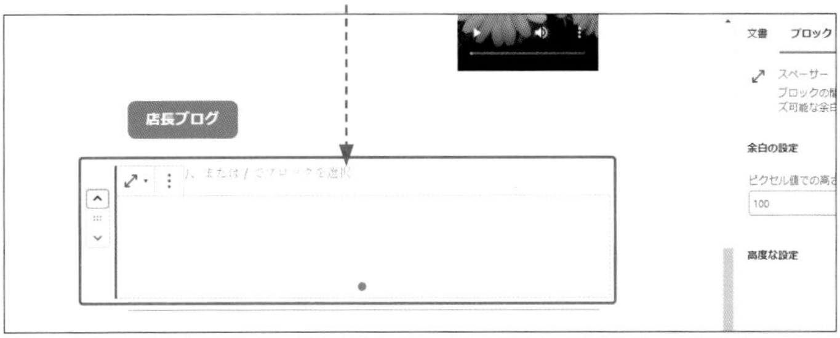

メモ 余白の高さの調整

余白の高さは、●をドラッグして調整するか、パネルエリアの「ピクセル値での高さ」ボックスに数値を入力します。

3 「ファイル」ブロック

PDFやExcel、zipなどのファイルをアップロードし、訪問者にダウンロードしてもらうことができます。<ブロックの追加>をクリックし、<一般ブロック>の<ファイル>をクリックして追加できます。

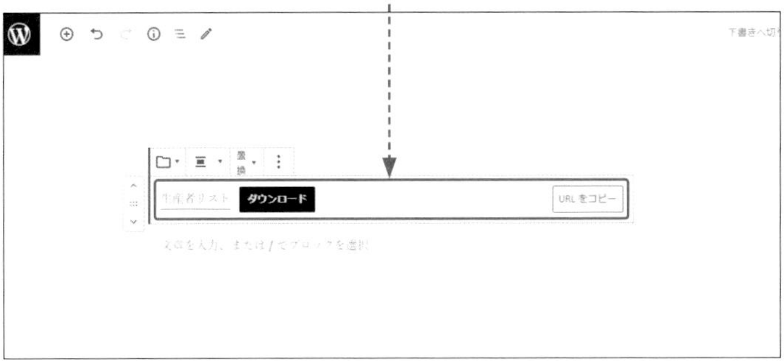

注意 ファイルをアップロードするときの注意

ExcelやWordなどのファイルをアップロードするときにはファイルに個人情報が含まれていないか確認してください。Wordの場合は、<ファイル>→<情報>→<問題のチェック>→<ドキュメント検査>から削除できます。

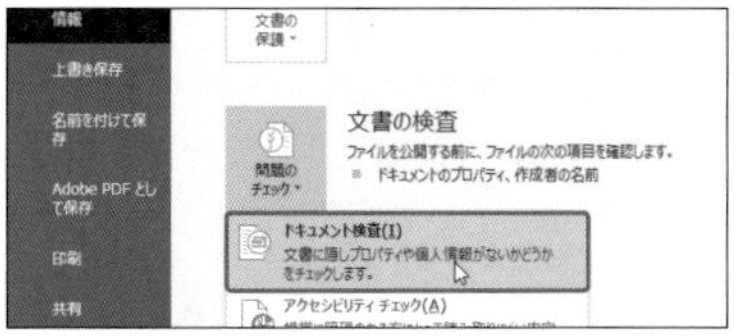

4 「引用」ブロック

ホームページや書籍から文章を引用する場合は「引用」ブロックを使うと便利です。<ブロックの追加>をクリックして、<一般ブロック>の<引用>をクリックして追加できます。

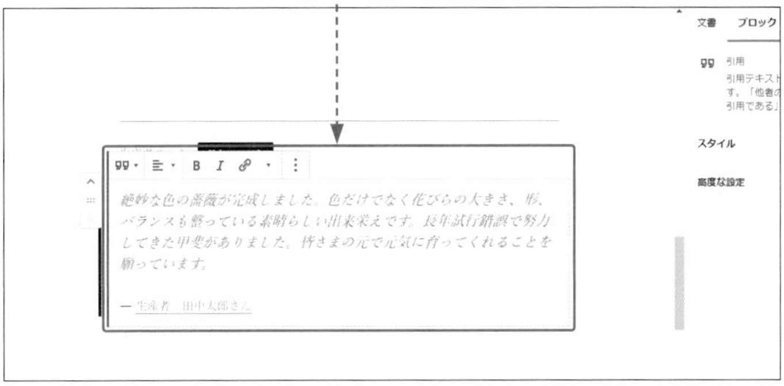

メモ 引用元の記載

どこかのホームページから文章を使いたい場合は、著作権を侵害しないために、サイト名とURLを入力し、リンクを設定します。書籍の場合は、書籍名、著者名、出版社名を入力します。

Section 49

ブロックを複写、移動、削除しよう

覚えておきたいキーワード
- ☑ ブロックの複写
- ☑ ブロックの移動
- ☑ ブロックの削除

Sec.28で、「見出し」ブロックを移動させる方法を説明しましたが、文章や画像が入ったブロックを好きな位置に移動できるのがブロックエディターのメリットです。移動だけでなく、複写や削除も簡単にできます。編集作業に欠かせない操作なので、ここでまとめて確認しておきましょう。

1 ブロックを移動する

ヒント　ブロック移動先が離れている場合

ブロックを移動させたい場所が離れている場合は、＜上に移動＞＜下に移動＞ボタンよりも、＜上に移動＞＜下に移動＞ボタンの間にあるボタンをつまむようにしてドラッグした方が早く操作できます。その際、ドラッグすると青い線が表示されるので、移動先に青い線が表示されたことを確認してからマウスのボタンを離すようにしてください。

1 移動したいブロックの＜上に移動＞または＜下に移動＞をクリックします。

2 ブロックを移動しました。

2 ブロックを複写する

1 コピーしたいブロックをクリックし、

2 ⋮をクリックして、

3 <複製>をクリックします。

4 ブロックをコピーしました。

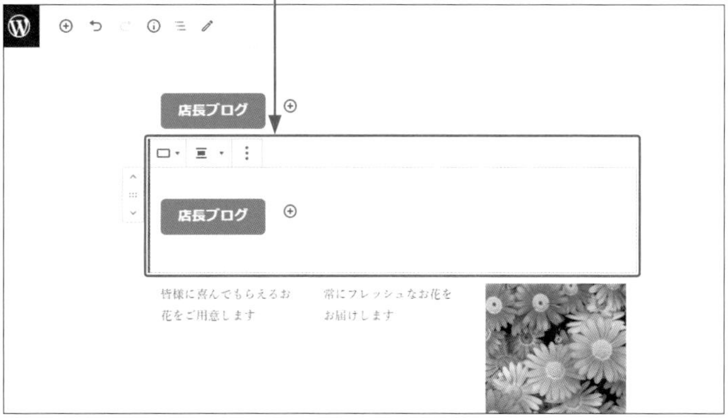

メモ ブロックの複写

見出しなどのブロックは、ページ内で統一した方が綺麗なので複写して使いましょう。もし、サイト内で何度も使う場合はSec.50の再利用ブロックもおすすめです。

3 ブロックを削除する

1 削除したいブロックの⋮をクリックし、

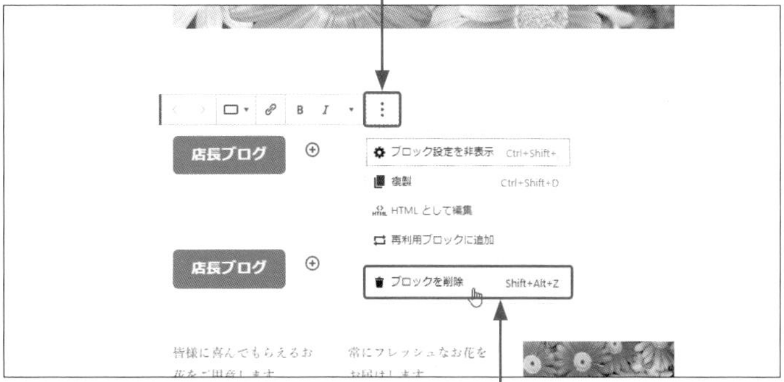

2 <ブロックを削除>をクリックすると、ブロックが削除されます。

メモ ブロックの削除を取り消す

間違えてブロックを削除してしまった場合は、画面上部にある<元に戻す>ボタンをクリックしてください。

Section 50

よく使う内容は「再利用」ブロックで使いまわそう

覚えておきたいキーワード
- 再利用ブロック
- 再利用ブロックの編集
- 再利用ブロックの削除

Sec.34の見出しブロックやSec.43のカラムブロックなどは、1回きりではなく、他のページでも使うかもしれません。そこで、再利用ブロックでブロックを登録しましょう。1つのブロックだけではなく、複数のブロックをまとめて登録することも可能なので、大量のページを作成する場合に便利です。

1 ブロックを再利用ブロックに追加する

メモ 再利用ブロック

再利用ブロックを使うと、一度作成したブロックを登録して他の個所で使うことができます。毎回同じ形式の投稿をしたいときに便利です。

投稿「フラワーアレンジメント教室開催」の編集画面です。

1 再利用ブロックにしたいブロックの⋮をクリックし、

2 <再利用ブロックに追加>をクリックします。

3 わかりやすい名前を入力し、

4 <保存>をクリックします。

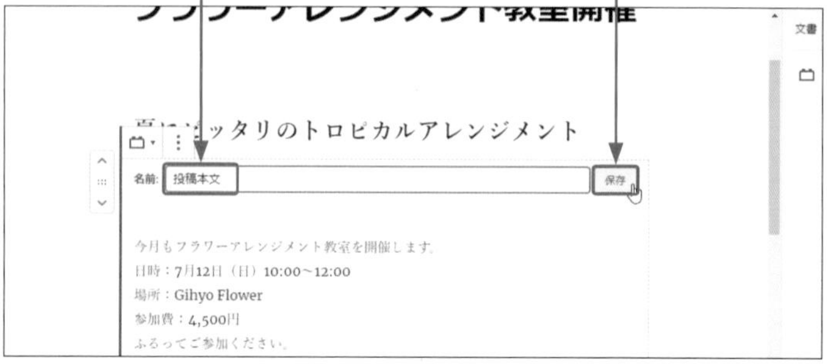

メモ 再利用ブロックに付ける名前

わかりやすい名前を付けておくと、次回使用する際に便利です。たとえば、「商品一覧」と付けた場合、空の段落ブロック内で「/商品一覧」と入力して、Enter キーを押すと追加できます。

5 再利用ブロックに追加されました。

ヒント **複数のブロックを再利用ブロックにグループ化する**

再利用ブロックは、一つのブロックだけではなく複数のブロックを1つの再利用ブロックとして登録することが可能です。その場合は、キーボードの Shift キーを押しながらブロックをクリックして選択し、⋮の<再利用ブロックに追加>をクリックします。

2 再利用ブロックを追加する

1 ブロックを入れる部分をクリックし、<ブロックの追加>をクリックして、

2 <再利用可能>をクリックします。

3 先ほど作成したブロックをクリックします。

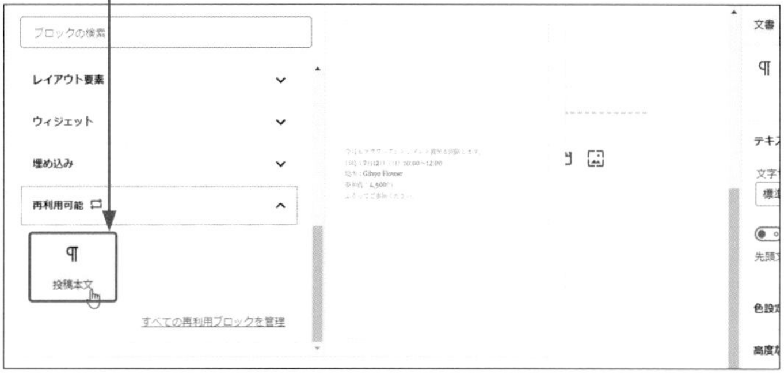

メモ **再利用ブロックの削除**

再利用ブロックとして登録したものを削除したい場合は、画面右上の⋮をクリックし、<すべての再利用ブロックを管理>（または手順**3**の下部にある<すべての再利用ブロックを管理）をクリックします。作成した再利用ブロックの一覧が表示されるので、削除したいブロックをポイントし、<ゴミ箱>をクリックします。ただし、元のブロックを含めてすべてのブロックが削除されるので注意してください。削除を取り消す場合は<ゴミ箱>をクリックして復元してください。

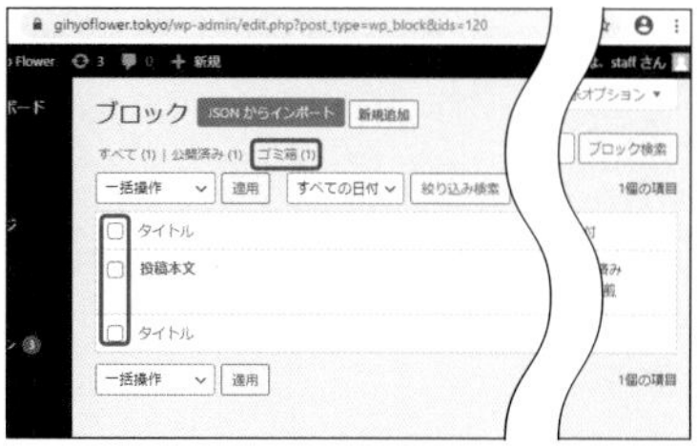

4 再利用ブロックが追加されました。

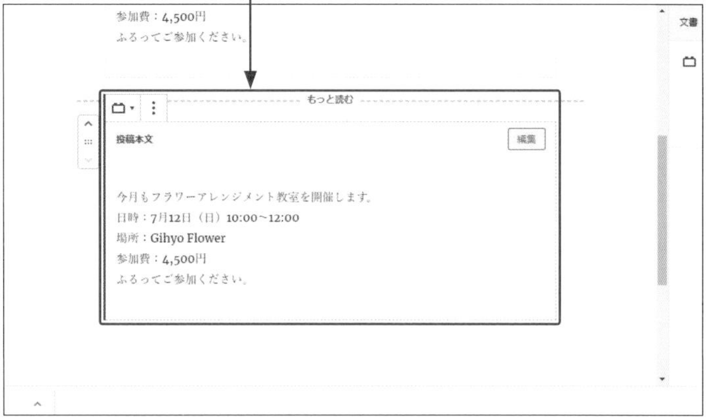
参加費：4,500円
ふるってご参加ください。
文書
もっと読む
投稿本文
編集
今月もフラワーアレンジメント教室を開催します。
日時：7月12日（日）10:00~12:00
場所：Gihyo Flower
参加費：4,500円
ふるってご参加ください。

3 再利用ブロックを編集する

注意 再利用ブロックの編集

再利用ブロックは後から編集できます。ただし、他の場所でその再利用ブロックを使っている場合は、すべての個所に変更内容が反映されるので慎重に操作してください。

1 再利用ブロックの＜編集＞をクリックします。

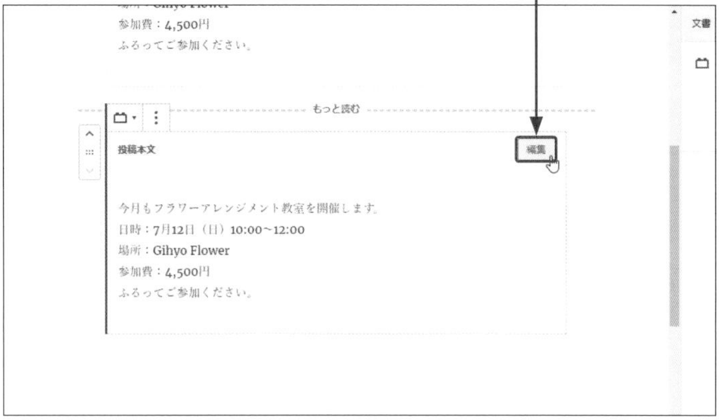
参加費：4,500円
ふるってご参加ください。
文書
もっと読む
投稿本文
編集
今月もフラワーアレンジメント教室を開催します。
日時：7月12日（日）10:00~12:00
場所：Gihyo Flower
参加費：4,500円
ふるってご参加ください。

2 ブロック内を編集して、最後に＜保存＞をクリックします。

続きを読む
名前:
無題の再利用ブロック
保存
今月もフラワーアレンジメント教室を開催します。
日時：7月12日（日）10:00~12:00
場所：Gihyo Flower
参加費：4,000円
ふるってご参加ください。

Chapter 05

第5章

プラグインを使ってホームページを充実させよう

Section 51 プラグインって何？
52 プラグインをインストールしよう
53 お問い合わせフォームを作ろう
54 SNSのボタンをホームページに載せよう
55 手軽にSEO対策をしよう
56 スパムコメントの対策をしよう
57 メンテナンスのお知らせを表示しよう
58 ログイン画面のセキュリティを強化しよう
59 FacebookやTwitterに自動投稿しよう
60 プラグインを無効化・削除しよう
61 プラグインを更新しよう

Section 51 プラグインって何?

覚えておきたいキーワード
- プラグイン
- プラグインのメリット
- 本書で紹介するプラグイン

必要な機能を自由に追加できるのがWordPressのメリットですが、高度な知識がないとなかなか難しいものです。そこで、誰でも機能を追加して使えるようにと豊富なプラグインが用意されています。ここでは、プラグインの基本や、プラグインを使うことのメリットを紹介します。

1 プラグインとは

Sec.1でWordPressのメリットとして紹介しましたが、機能が足りないときにはプラグインという仕組みを使って補うことができます。たとえば、問い合わせフォームを作りたいと思ったとき、自分で作るのは難しいですが、プラグインを使えば高度な知識がなくても容易に作成できます。
使いたい機能があったときは、WordPress内でプラグインを検索してインストールできます。他のサイトで公開されているものもありますが、その場合は安全であることを確認した上で使用してください。

Contact Form 7のプラグインを使うと問い合わせのページを作ることができます。

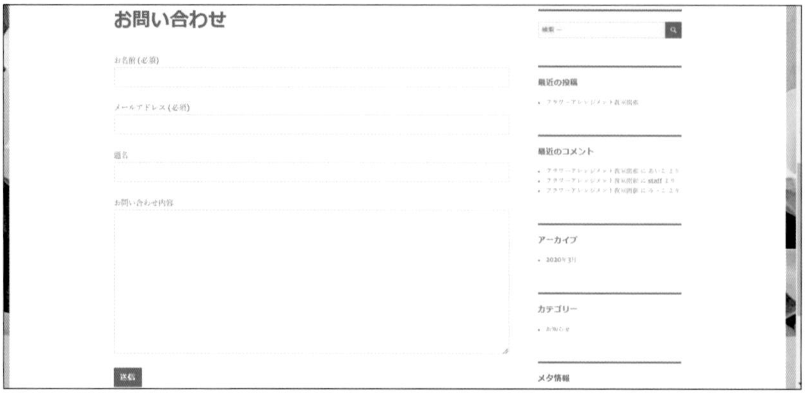

2 プラグインを使うメリット

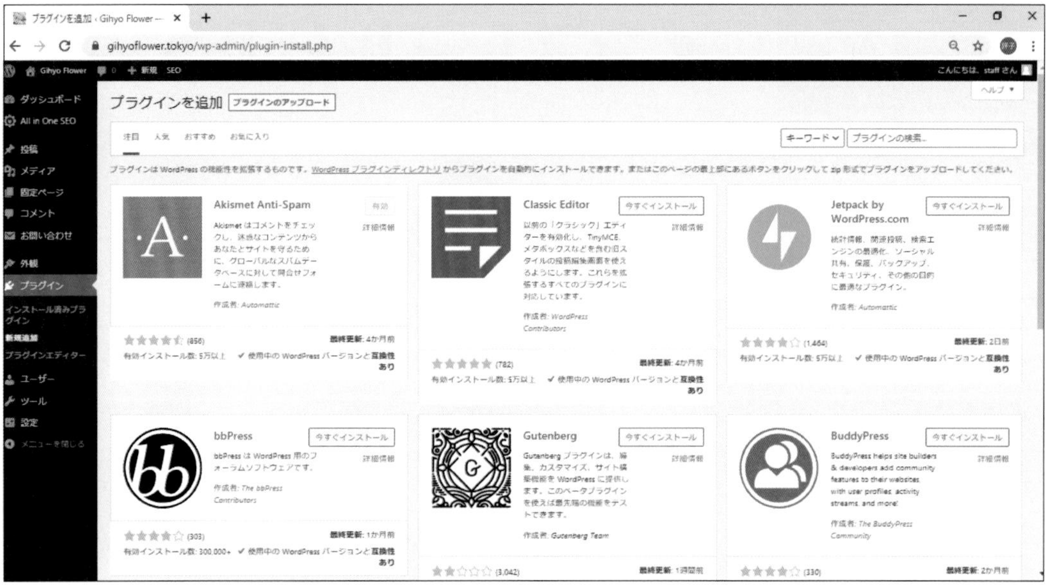

目的に合わせて、さまざまな機能のプラグインが用意されています。
必要な機能のプラグインをWordPress内で検索して探すことでき、インストールも簡単にできます。また、インストールした後も、必要に応じて、有効化・無効化を簡単に切り替えることができます。
さらにWordPress本体とプラグインが別箇になっているので、WordPressがバージョンアップしてもほとんど影響を受けません。
なお、有料のプラグインもありますが、無料で使えるものもたくさんあります。

3 本書で紹介するプラグイン

Contact Form 7	お問い合わせフォームを作成する（Sec.53参照）
AddToAny Share Buttons	SNSボタンを表示する（Sec.54参照）
All in One SEO	SEO対策をする（Sec.55参照）
Akismet	スパム対策をする（Sec.56参照）
WP Maintenance Mode	メンテナンスのお知らせを表示する（Sec.57参照）
SiteGuard WP Plugin	セキュリティを強化する（Sec.58参照）
Jetpack	FacebookやTwitterに自動的に投稿する（Sec.59参照）
Broken Link Checker	リンク切れをチェックする（Sec.73参照）
UpdraftPlus	バックアップを取る（Sec.77参照）
Classic Editor	従来のWordPressの画面で操作できる（Sec.81参照）
Advanced　WordPress Reset	データベースを初期化する（Sec.87）

Section 52 プラグインをインストールしよう

覚えておきたいキーワード
- プラグイン
- インストール
- 有効化

「お問い合わせのページを作成したい」「SEO対策をしたい」といったときには、プラグインを探してみましょう。キーワードで検索すると、さまざまなプラグインが見つかります。ここでは、「お問い合わせ」画面を作成するプラグインをインストールし、使えるようにするまでを説明します。

1 プラグインを追加する

1 <プラグイン>をクリックし、

2 <新規追加>をクリックします。

3 「contact」と入力し、Enterキーを押します。

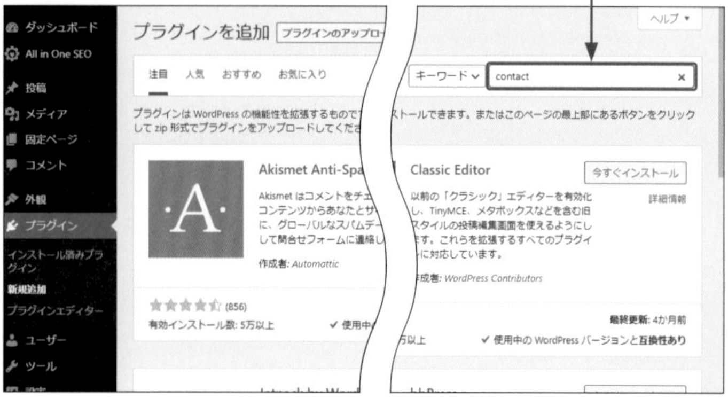

メモ デフォルトでインストールされているプラグイン

「Akismet Anti-Spam」「SiteGuard WP Plugin」「Hello　Dolly」など、はじめからインストールされているプラグインもあります。「Akismet Anti-Spam」についてはSec.56、「SiteGuard WP Plugin」はSec.58で説明します。「Hello Dolly」は、有効化すると管理画面右上にルイ・アームストロングの歌詞が表示されるだけのプラグインなので削除してもかまいません。プラグインの削除方法はSec.60で説明します。

メモ プラグインの更新

Sec.61でプラグインの更新について説明しますが、手順1の画面ではじめからインストールされているプラグインに更新のメッセージが表示されている場合は<更新>をクリックして最新の状態にしてください。

4 <今すぐインストール>をクリックします。

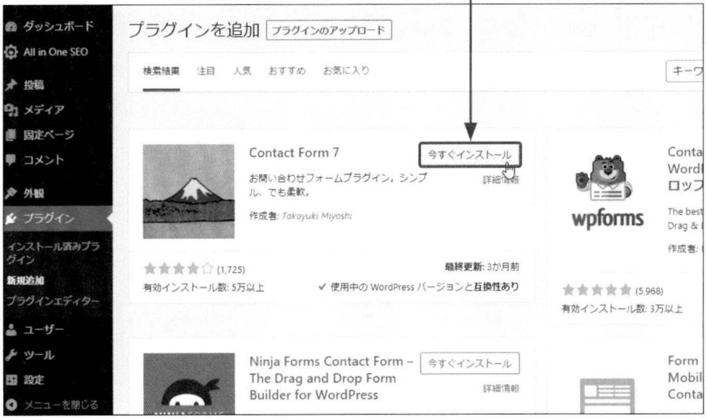

5 インストールが終わりました。<有効化>をクリックします。

6 プラグインが有効化されます。

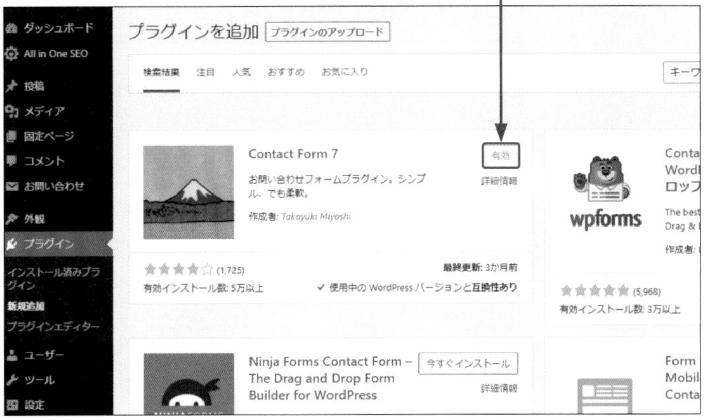

注意 有効化を忘れずに

各プラグインは、インストールしただけでは使えません。有効化するのを忘れないようにしましょう。

メモ 人気やおすすめのプラグイン

手順3の画面上部の「人気」や「おすすめ」をクリックすると、よく使われているプラグインが表示されます。また、各プラグインには評価とインストール数が表示されているので参考にして下さい。

Section 53 お問い合わせフォームを作ろう

覚えておきたいキーワード
- お問い合わせフォーム
- Contact Form 7
- ショートコード

サイトを見て何かを問い合わせたいと思ったとき、わざわざメールで送らなくても、お問い合わせのページがあれば、ブラウザ上からメッセージを送信できます。入力ボックスや選択ボタンの作成が難しそうに思うかもしれませんが、プラグインを使うとかんたんに作成できます。

1 お問い合わせフォームを作成する

メモ Contact Form 7

Contact Form 7は、お問い合わせフォームを作成できるプラグインです。お問い合わせフォームとは、サイトを訪れた人が問い合わせをしたいときに、わざわざメールや電話を使わなくても、サイト上に入力して送信できる形式のことです。WordPressで問い合わせフォームを作成する方法として、Contact Form 7がよく使われています。

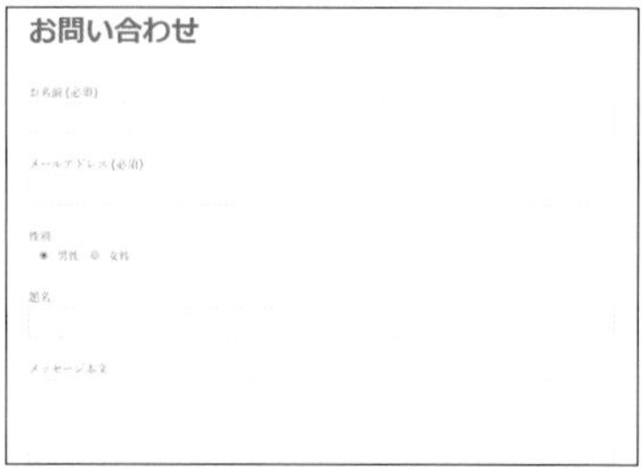

Sec.52でインストールするとサイドメニューに＜お問い合わせ＞が表示されます。

1 ＜お問い合わせ＞をクリックし、

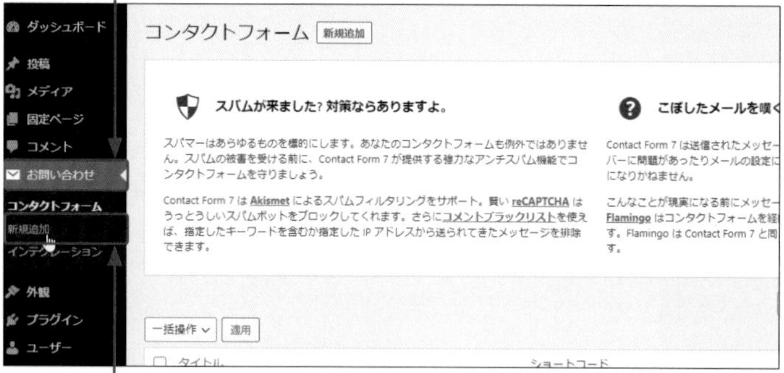

2 ＜新規追加＞をクリックします。

3 フォームの名前を入力します。

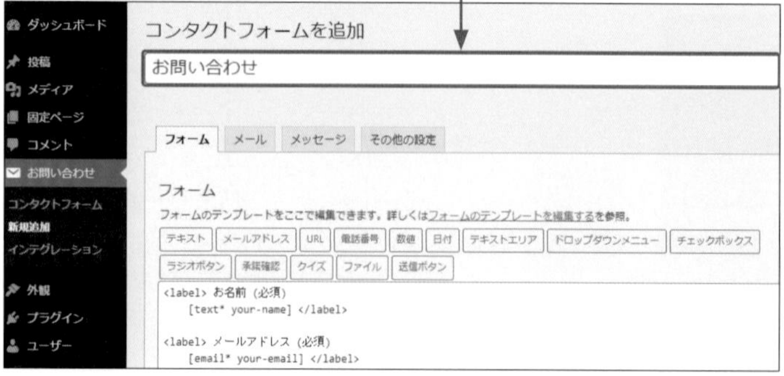

メモ フォームの名前

複数のフォームを作成する場合、お問い合わせ一覧で見分けがつくように名前を付けます。

4 「メッセージ本文」をドラッグします。

5 「お問い合わせ内容」と入力します。

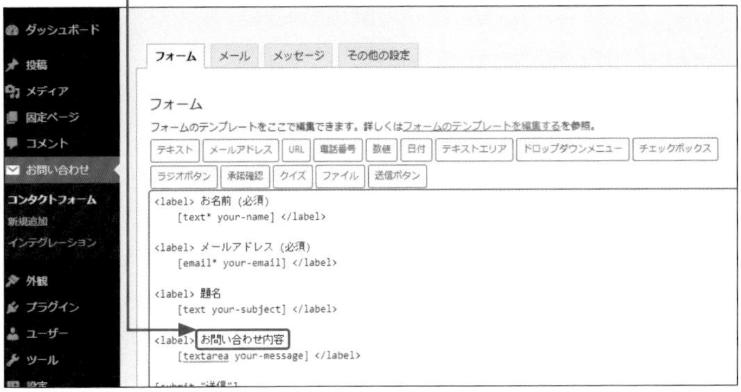

6 ＜メール＞をクリックし、

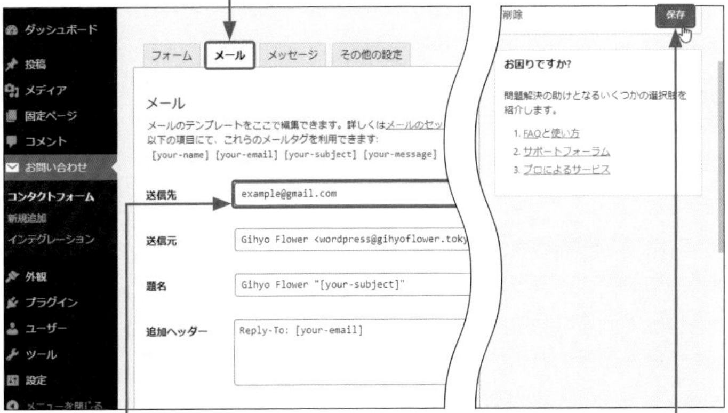

7 メッセージを受け取るメールアドレスを入力します。

8 ＜保存＞をクリックします。

メモ ラベル

＜lavel＞は、フォームの項目名にあたるものです。ここではお問い合わせのフォームなので、「メッセージ本文」を「お問い合わせ内容」に修正します。

メモ 作成したフォームを削除する

サイドメニューの「コンタクトフォーム」をクリックし、削除するフォームにチェックを付けて、「一括操作」をクリックして「削除」にし、＜適用＞をクリックします。

2 固定ページにフォームを設置する

メモ ショートコード

フォームをページに貼り付ける際に使うコードのことです。手順3でコピーする以外に、コンタクトフォームの編集画面上部でもコピーできます。

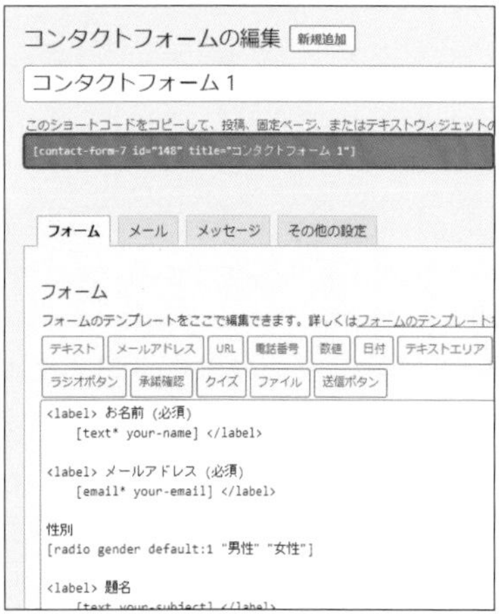

1 <お問い合わせ>をクリックし、

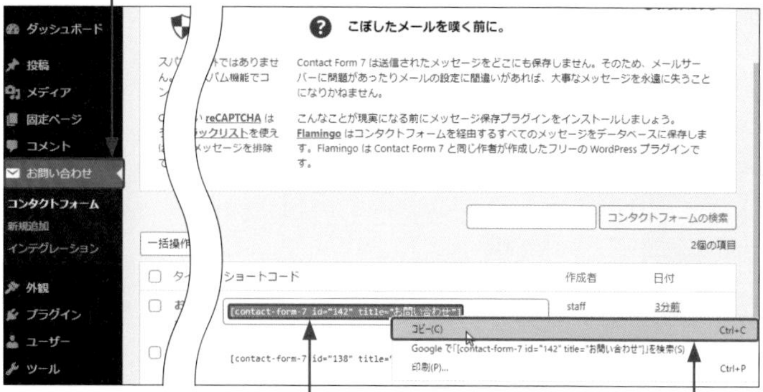

2 「問い合わせ」のショートコードをクリックし、

3 右クリックして、<コピー>をクリックします。

4 <固定ページ>をクリックし、

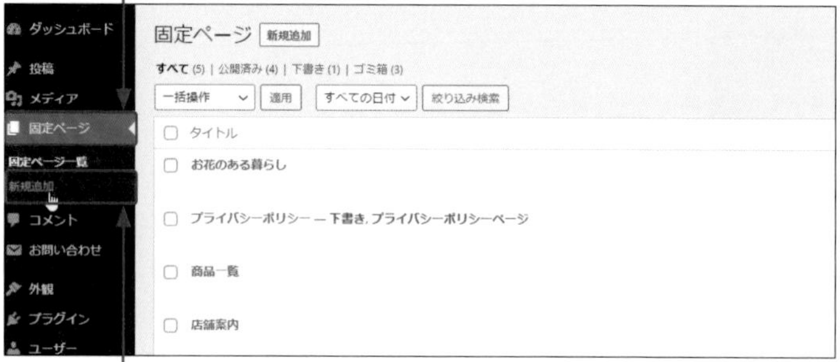

5 <新規追加>をクリックします。

6 タイトルに「お問い合わせ」と入力します。

7 ＜ブロックの追加＞をクリックします。

8 ＜ウィジェット＞をクリックし、

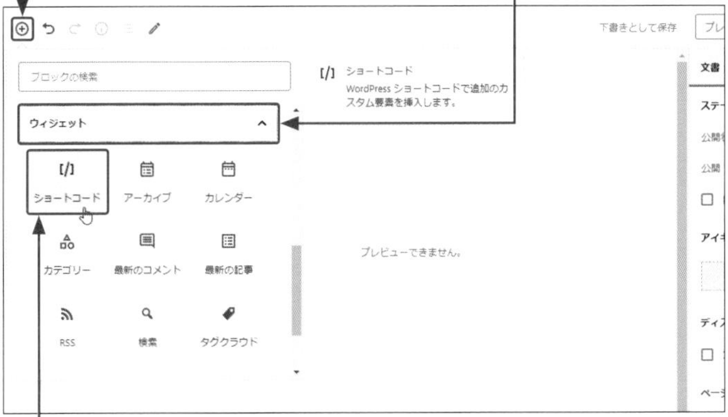

9 ＜ショートコード＞をクリックします。

10 ボックス内を右クリックし、

11 ＜貼り付け＞をクリックします。

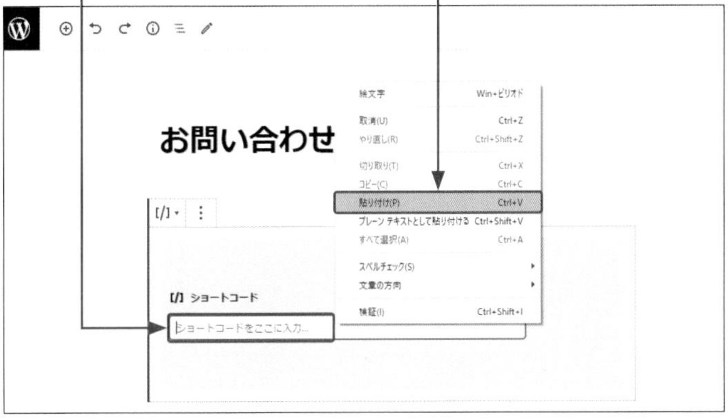

12 ＜下書き保存＞をクリックします。

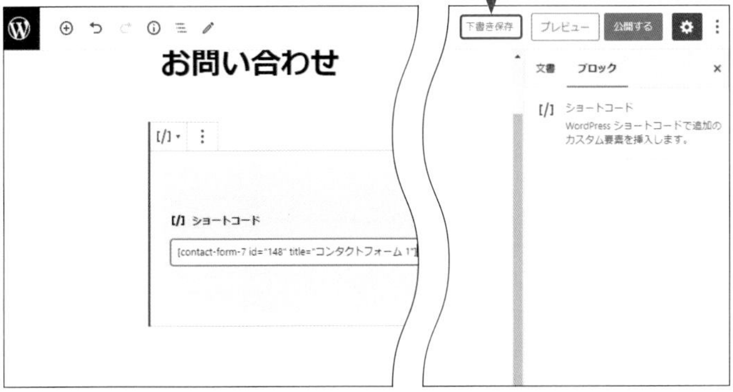

メモ　フォームの動作確認

フォームを作成したら、入力した内容がメールで届くか確認しましょう。公開前のプレビュー画面でも確認できます。もし届かない場合はメールアドレスが間違っている可能性があります。届かない場合は、フォームの編集画面「メール」タブに入力したアドレスを確認してください。

3 フォームから送信する

メモ 送信後のメッセージを変更する

何も設定しないと、「ありがとうございます。メッセージは送信されました。」と表示されます。他のメッセージにしたい場合は、フォームの編集画面の＜メッセージ＞タブで変更できます。大事なお客様からの問い合わせなので、心を込めた文章に変更しましょう。

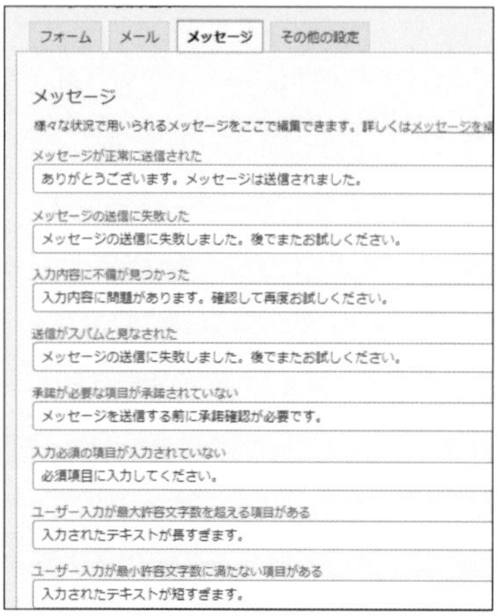

1 ＜プレビュー＞をクリックします。

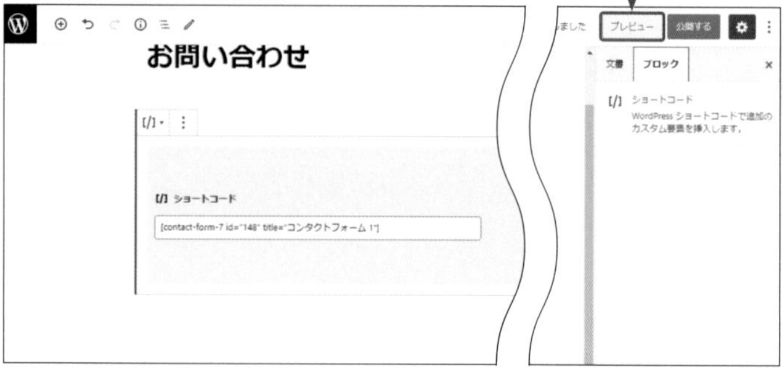

2 フォームに必要事項を入力し、

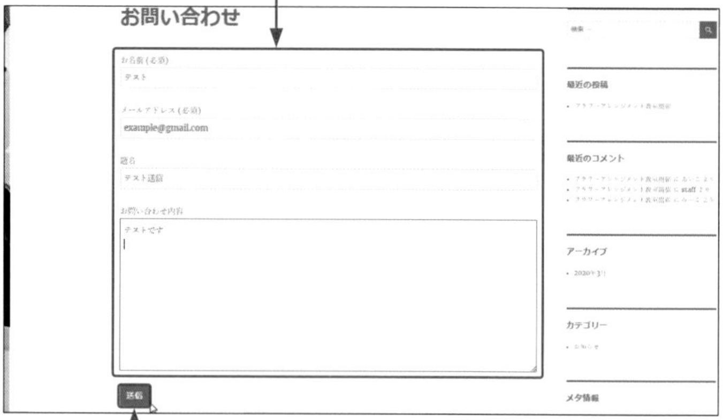

3 ＜送信＞をクリックします。

4 送信されました。

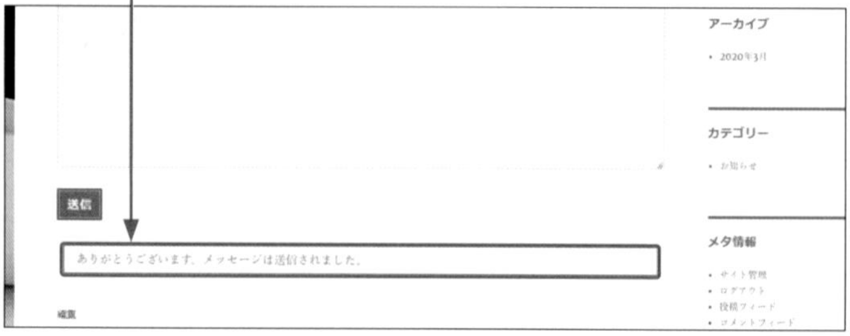

メモ お問い合わせフォームの公開

お問い合わせフォームが完成したら公開しましょう。その際、Sec.26を参考にして、スラッグを英数字に変更してください。

5 指定していたアドレスに、フォームからメールが届きます。

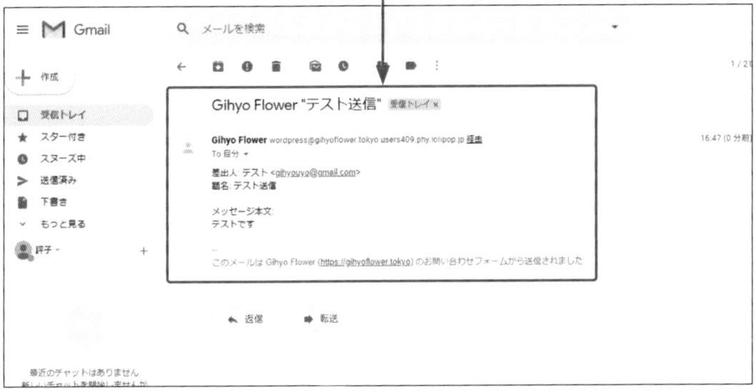

4 フォームを編集する

1 <お問い合わせ>をクリックし、

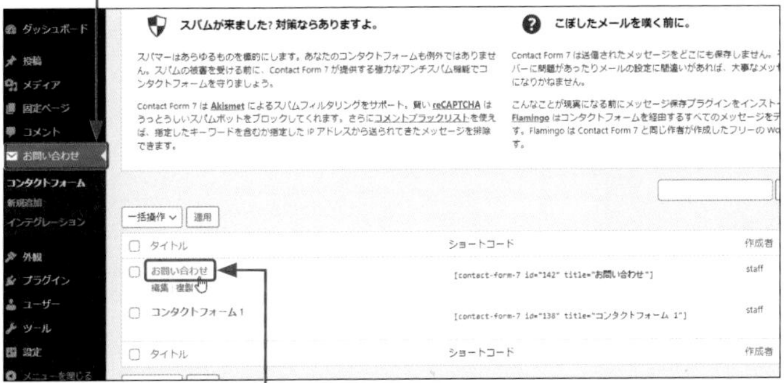

2 「お問い合わせ」のフォームをクリックします。

3 お名前とメールアドレスの間の空白行をクリックします。

4 <ラジオボタン>をクリックします。

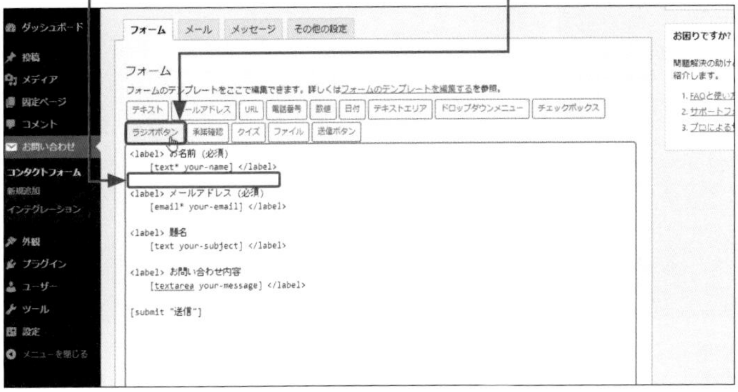

メモ 項目の追加

ここではラジオボタンを使って性別の項目を作成しますが、他にも電話番号やクイズなどもクリックして追加できます。

メモ　選択肢が複数ある場合

選択肢がたくさんある場合や長い単語の場合、ラジオボタンやチェックボックスではスペースを取って邪魔になります。そのような場合は、ドロップダウンメニューを使うとフォーム内がすっきりして見やすくなります。

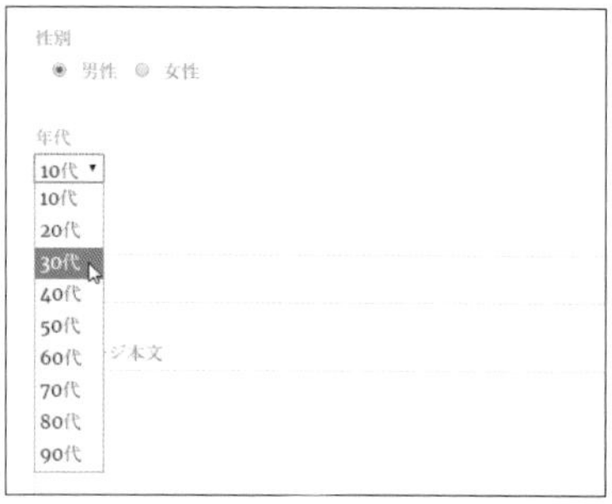

5 「名前」ボックスに項目名を英字で入力します。ここでは「gender」と入力します。

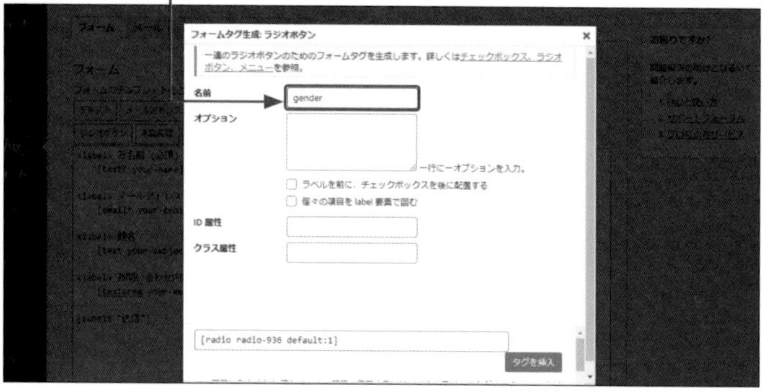

6 「オプション」ボックスに「男性」と入力し、Enter キーを押します。

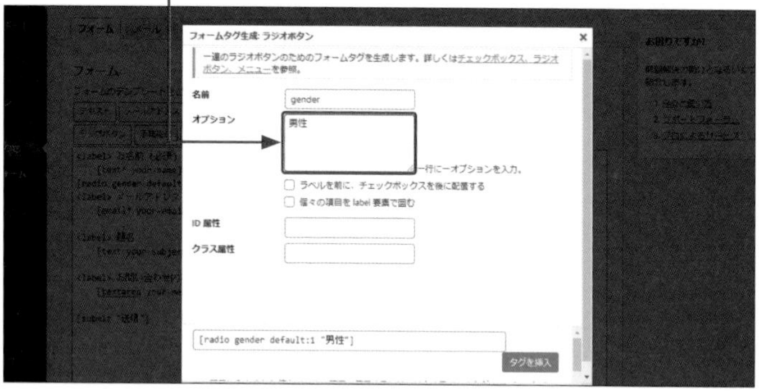

7 「女性」と入力します。

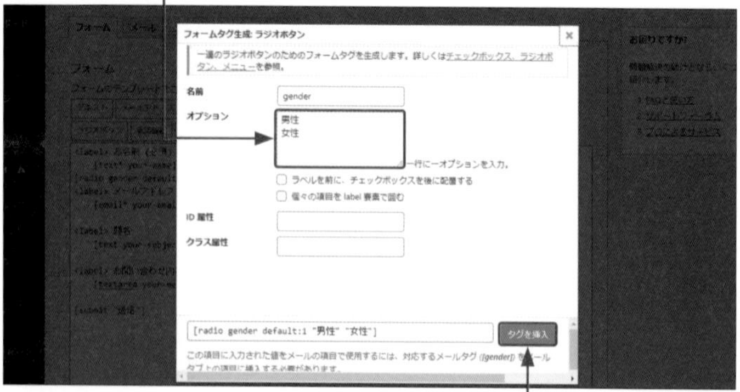

8 ＜タグを挿入＞をクリックします。

9 [radio gender default:1 "男性" "女性"]の前に、「性別 (必須)」と入力し、前後に空白行を入れます。

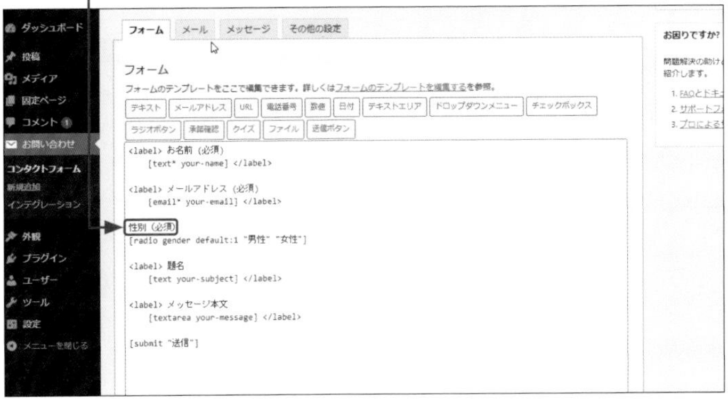

10 <メール>をクリックします。

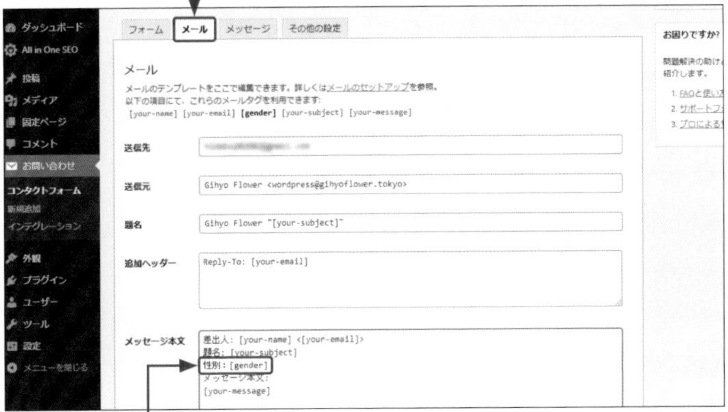

11 「性別 : [gender]」と入力します。

12 <保存>をクリックします。

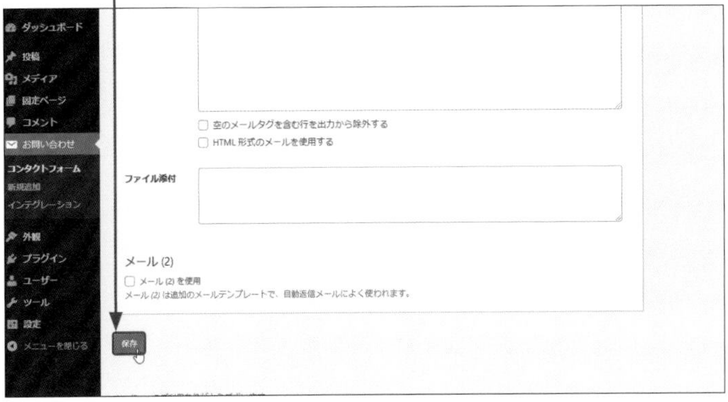

メモ　ラジオボタンとチェックボックスの違い

チェックボックスは複数選択することができますが、ラジオボタンは1つだけの選択です。たとえば、好きな食べ物の選択は複数あるのでチェックボックスを使いますが、性別の選択は男性か女性のいずれかの選択なのでラジオボタンを使います。

注意　メッセージ本文の編集

<フォーム>タブで編集したら、<メール>タブの<メッセージ本文>も編集しましょう。追加したタグを入力しないと、メールに表示されないので注意してください。

ステップアップ　入力必須項目にする

手順9で、「radio」の後ろに半角のアスタリスク「*」を入れると、入力必須の項目となり、入力しないと送信できないようにできます。

Section 54 SNSのボタンをホームページに載せよう

覚えておきたいキーワード
- AddToAny Share Buttons
- SNS ボタン
- ユニバーサルボタン

今やSNSはビジネスに欠かせないツールとなっています。投稿記事や店舗案内のページをSNSで拡散してもらえば、注目されて、店舗に来る人が増えたり、商品が売れたりします。SNSに投稿してもらいやすくするために、SNSボタンを設置しましょう。「AddToAny Share Buttons」プラグインで設置できます。

1 「AddToAny Share Buttons」を設定する

メモ SNSボタン

ボタンをクリックすると、TwitterやFacebookに投稿してもらうことができるボタンです。たとえば、Twitterの場合、投稿者がサイトの感想などを投稿したいときに、サイトの名前やURLを入力してからツイートすることになりますが、このボタンを設置しておけば、入力しなくてもクリックでかんたんに投稿できます。

1 Sec.52の方法で「addtoany」と入力して検索します。

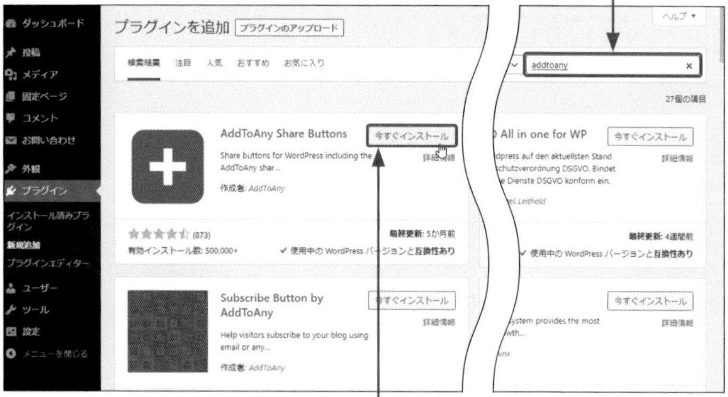

2 <今すぐインストール>をクリックします。

3 <有効化>をクリックします。

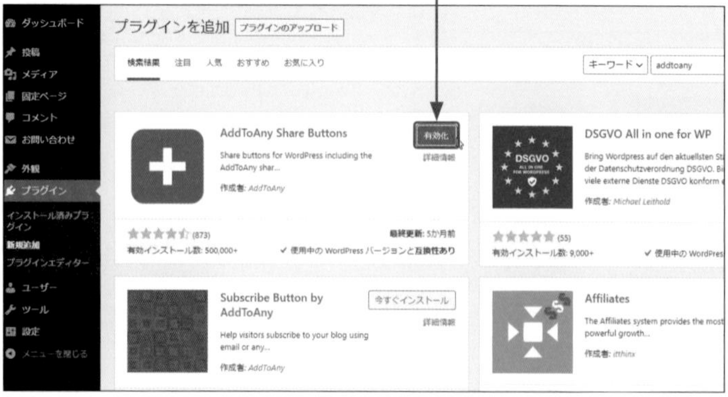

メモ AddToAny Share Buttons

SNSのボタンをサイト上にかんたんに表示させられるプラグインです。Twitterのツイートボタン、Facebookのいいね!ボタン、LINEのLINEで送るボタンなどさまざまなボタンを設置できます。

4 サイドメニューの<設定>をクリックし、

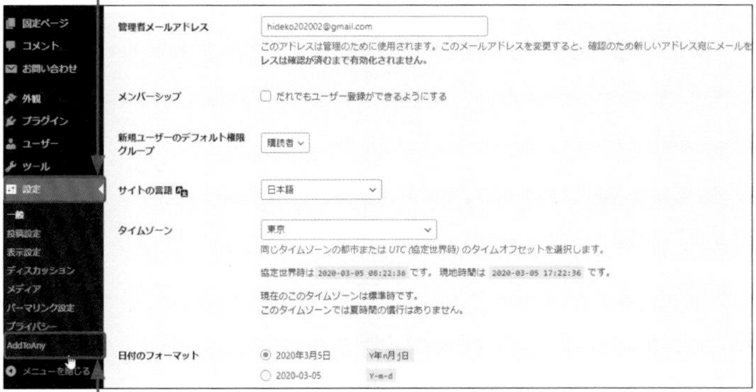

5 <AddToAny>をクリックします。

6 デフォルトでは「Facebook」「Twitter」「メール」のボタンが表示されています。

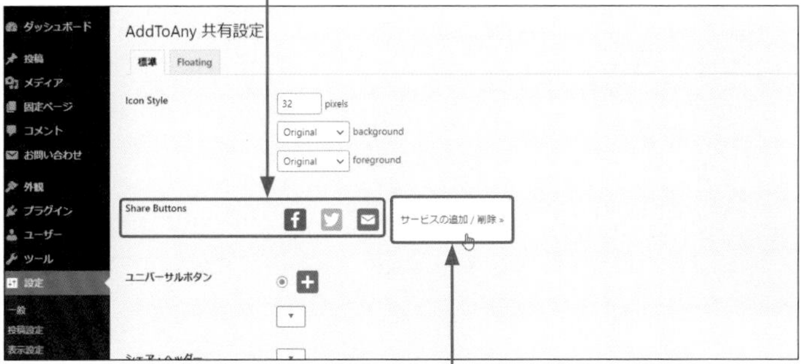

7 <サービスの追加/削除>をクリックします。

8 追加するボタン(ここでは「Line」)をクリックします。

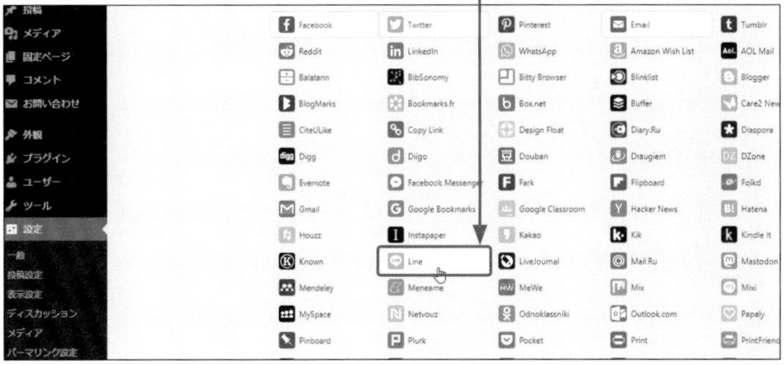

メモ いろいろなSNSボタンを追加する

FacebookとTwitter、メールのボタンははじめから追加されていますが、その他のボタンを追加したい場合は<サービスの追加/削除>をクリックして設定します。

メモ ユニバーサルボタン

すべてのSNSボタンを表示させるボタンのことです。デフォルトでは「+」のボタンですが、画像を用意して使用することも可能です。不要な場合は手順10の下にある▼をクリックして「なし」を選択します。

9 ボタンを追加しました。

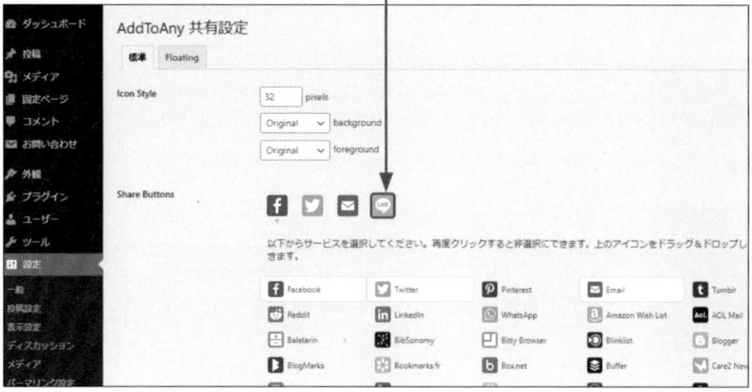

10 ユニバーサルボタンの「+」が選択されていることを確認します。

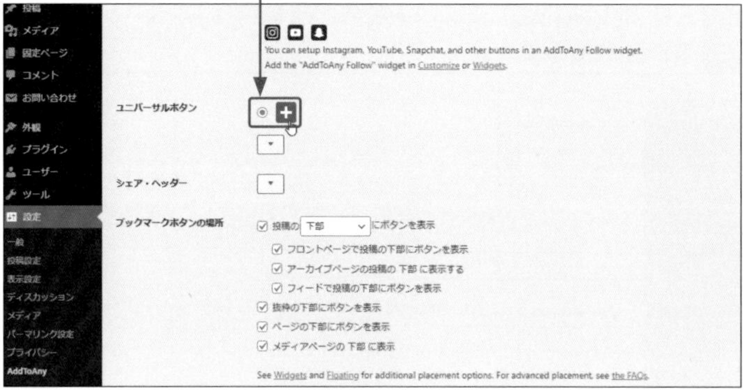

11 <投稿の下部にボタンを表示>にチェックを付け、

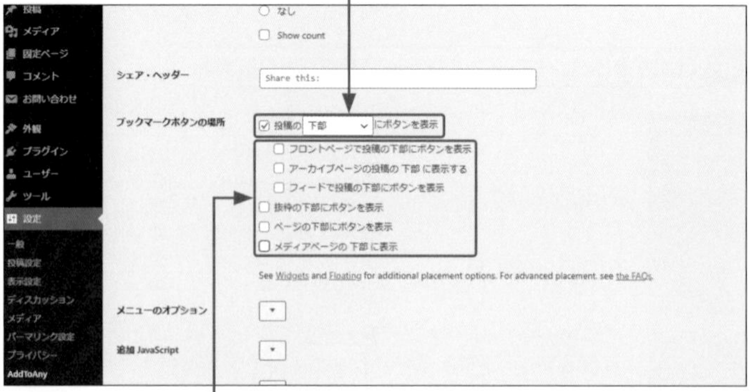

12 他のチェックをはずします。

13 画面を下にスクロールして、<変更を保存>をクリックします。

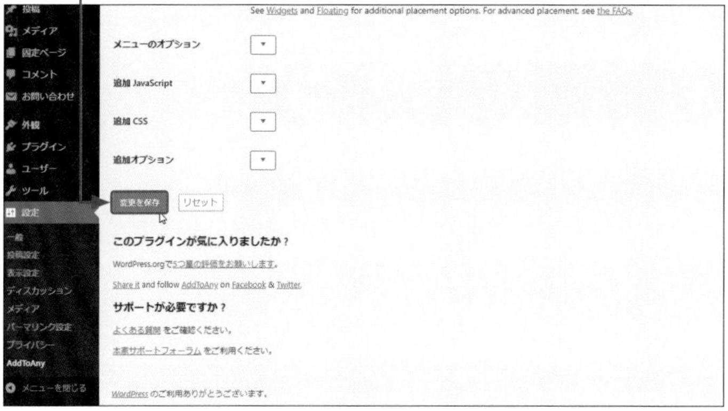

14 投稿すると自動的にボタンが表示されます。

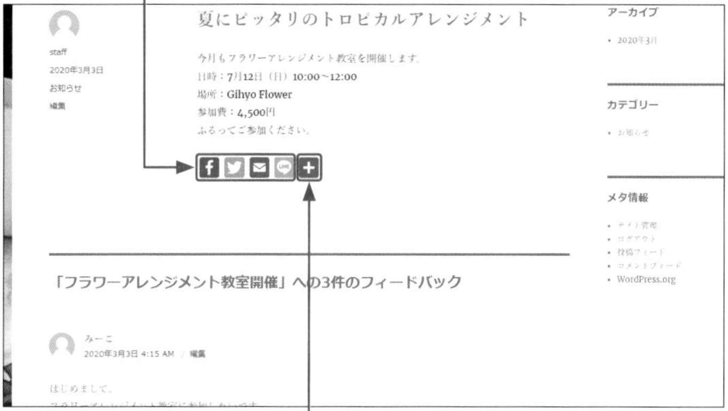

15 ユニバーサルボタンをクリックします。

16 クリックするとさまざまなSNSボタンを選択できます。

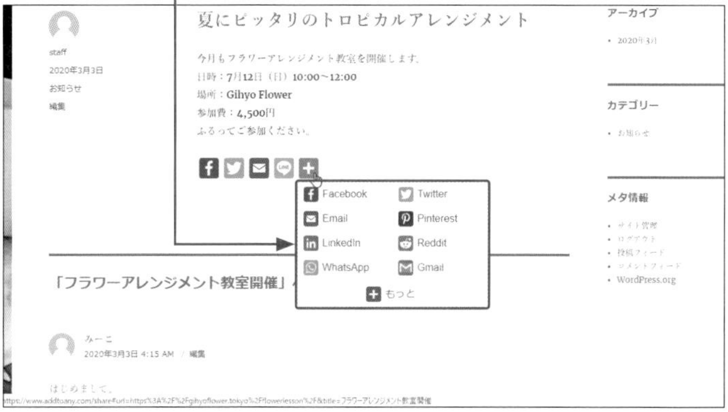

メモ　ボタンの削除

不要なボタンを削除する場合は、手順**7**の画面で<サービスの追加 / 削除>をクリックし、選択しているボタンをクリックしてオフにします。

メモ　設置したSNSボタンを確認する

SNSボタンの設置が済んだら試してみましょう。たとえば、Twitterにログインした状態でツイートボタンをクリックすると、投稿画面が表示され、ページタイトルとURLが表示されます。

Section 55
手軽にSEO対策をしよう

覚えておきたいキーワード
- All in One SEO
- SEO 対策
- noindex

ネットで調べものをするとき、通常はGoogleなどで検索し、上位に表示されているページをクリックします。つまり、検索結果の上位にある方が、たくさんの人がサイトに来てくれるのです。その上位に表示させるために工夫することがSEOです。プラグインを使ったSEO対策があるので紹介します。

1 All in One SEOを設定する

キーワード SEO

SEOは、「Search Engine Optimization」の略であり、「検索エンジン最適化」のことです。検索エンジンの検索結果で、サイトが上位に表示させるように工夫することをSEO対策と言います。SEO対策にはいろいろありますが、WordPressではプラグインを使うと簡単にできます。

1 Sec.52の方法で「all in one seo」と入力して検索します。

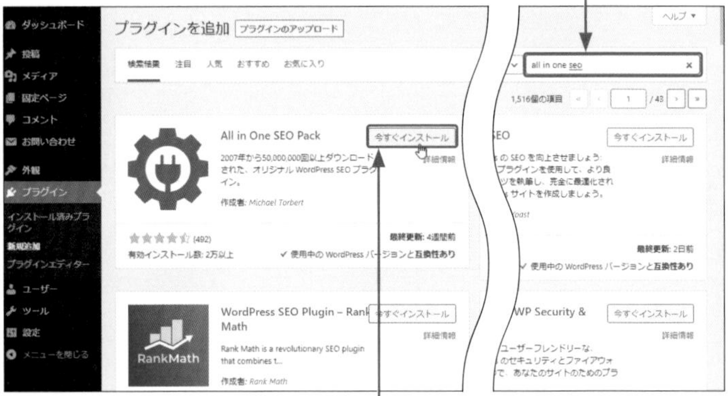

2 <今すぐインストール>をクリックします。

3 <有効化>をクリックします。

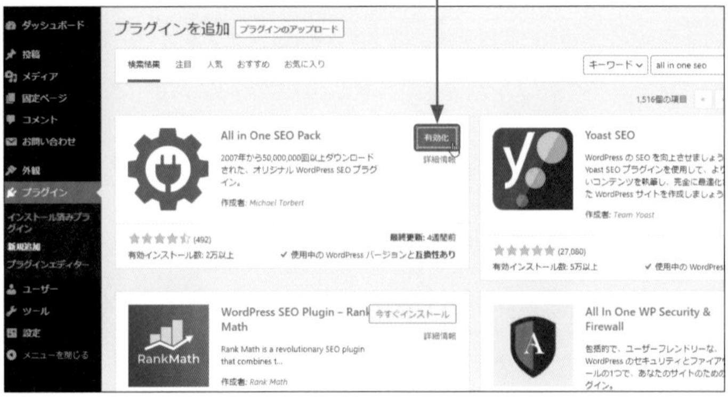

メモ All in One SEO Pack

All in One SEO Packは、WordPressサイト用のSEO対策として人気のプラグインです。

4 サイドメニューの<All in One SEO>をクリックし、

5 <一般設定>をクリックします。

6 「ホームタイトル」にサイトのタイトルを入力します。

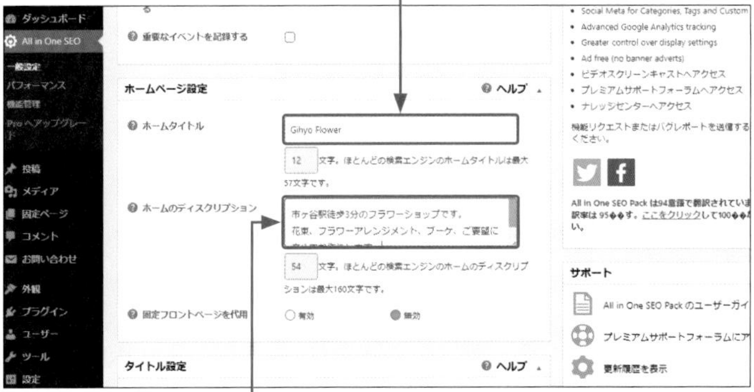

7 「ホームディスクリプション」にサイトの説明を入力します。

8 「Noindex設定」は「カテゴリー」のみオフにして、それ以外はnoindexにします。

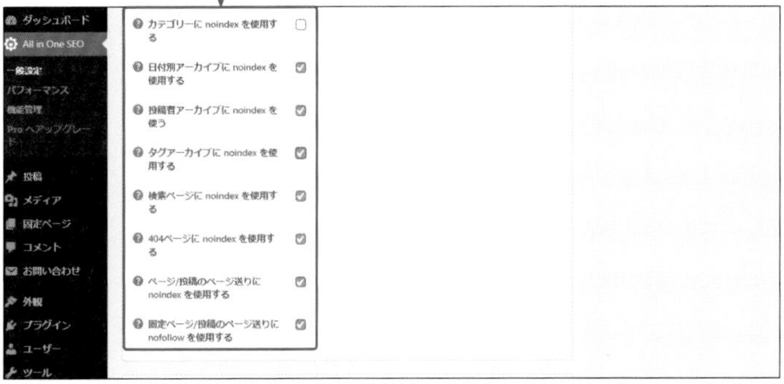

メモ ホームタイトル

ホームタイトルはサイトのタイトルのことで、検索エンジンの検索結果に表示されます。ここで入力しない場合は、WordPressに設定したタイトルとなります。

メモ ホームのディスクリプション

検索結果に表示される説明文で、何のサイトであるかの説明を160字以内で入力します。

メモ Noindex設定

Noindex設定は、検索結果に表示させないようにする設定です。検索エンジンが巡回してきたときに重要性の低いページを登録しないようにすることで、重要なページを認識してもらいやすくなります。ここでは、「カテゴリー」のみオフにして、それ以外はnoindexにします。

2 ページごとにSEOを設定する

メモ All in One SEO Packの設定の変更

＜プラグイン＞をクリックし、「All in One SEO Pack」の＜SEO設定＞をクリックします。

P.165からの続きです。

1 画面をスクロールして、＜キーワードを使用する＞の＜有効＞を選択し、

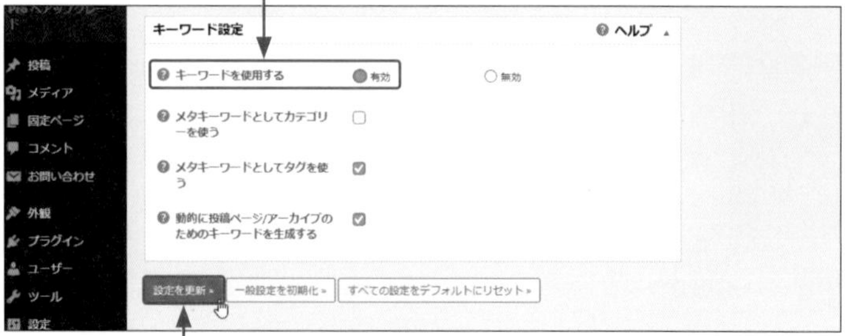

2 ＜設定を更新＞をクリックします。

3 ＜固定ページ＞をクリックし、

4 SEOを設定するページをクリックします。

5 編集画面下部に「All in One SEO Pack」の入力項目が表示されます。

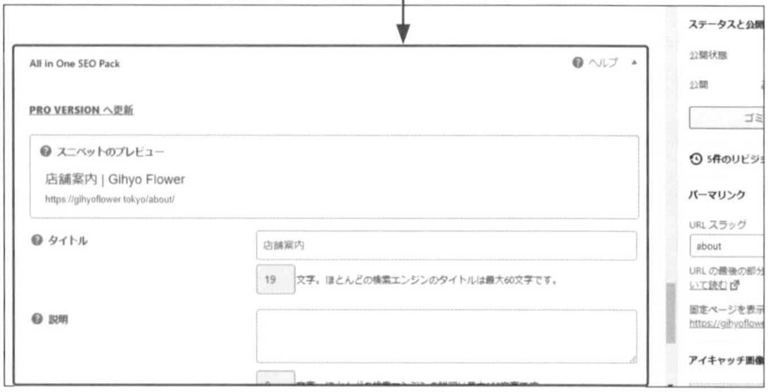

メモ 「All in One SEO Pack」が見当たらない

ページや投稿画面の下部に「All in One SEO Pack」の入力画面が見当たらない場合はクリックすると展開されます。また、プラグインが有効になっているか確認してください。

6 「説明」にページの説明を入力します。

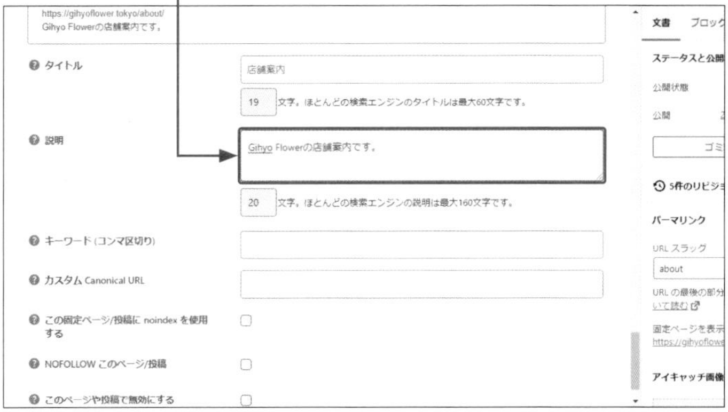

7 「キーワード」にページの重要ワードを「,」で区切って入力します。

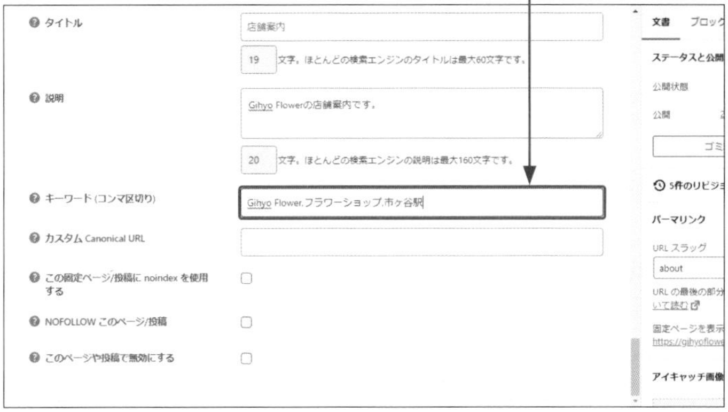

8 スニペットプレビューを確認し、

9 「更新」をクリックします。

メモ　ページの説明

各ページの検索エンジンの結果には、ページの冒頭文やキーワードの前後の部分が自動的に表示されますが、重要なことが表示されないことがあるので、適切な説明文にするためにAll in One SEOを使って入力します。

メモ　キーワード

ページのキーワードを入力します。たくさん入力すると検索エンジンからペナルティを課せられるので、重要な単語をピックアップして入力しましょう。

メモ　スニペットのプレビュー

設定した内容が検索エンジンの結果にどのように表示されるかをスニペットのプレビューで確認できます。

Section 56

スパムコメントの対策をしよう

覚えておきたいキーワード
- ☑ Akismet Anti-Spam
- ☑ スパム
- ☑ 商用サイトは有料

サイトを公開したばかりのときはほとんどないですが、他のサイトにリンクしてもらったり、SNSで拡散されたりすると、投稿記事への無意味なコメントが付くこともあります。そこで、スパムコメントを自動的に分類する方があるので紹介します。

1 Akismet Anti-Spamを有効化する

メモ Akismet Anti-Spam

Akismet Anti-Spamは、Wordpress.comが作成したプラグインで、はじめからインストールされています。サイトへの訪問者が増えてくると、投稿した記事にはさまざまなコメントが付き、なかにはスパムと呼ばれる迷惑なコメントが付くことがあります。Akismet Anti-Spamを使うと、そのようなコメントを自動的にスパムフォルダへ移動させることができます。なお、Akismetは基本的に無料で使えますが、商用サイトで使う場合は有料となるので注意してください。

1 ＜プラグイン＞をクリックします。

2 「Akismet Anti-Spam」の＜有効化＞をクリックします。

3 有効化しました。

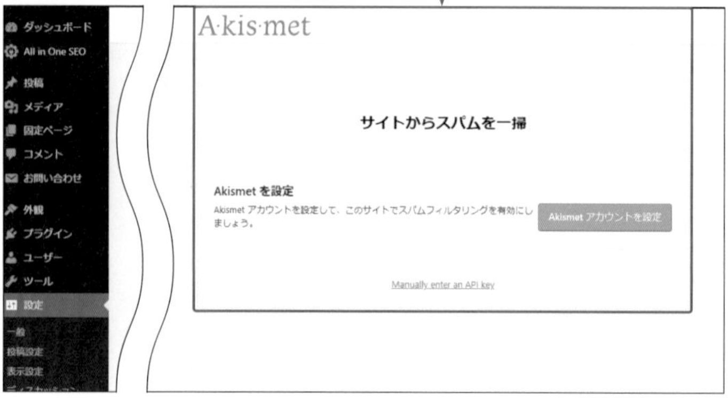

メモ Akismetが見当たらない

Akismetを削除してしまった場合は、Sec.52の方法で検索してインストールしてください。なお、インストールしたプラグインがたくさんある場合は、手順1の画面右上の検索ボックスに＜Akismet＞と入力して抽出できます。

4 <設定>をクリックします。

5 <Akismet Anti-Spam>をクリックします。

6 <Akismet アカウントを設定>をクリックします。

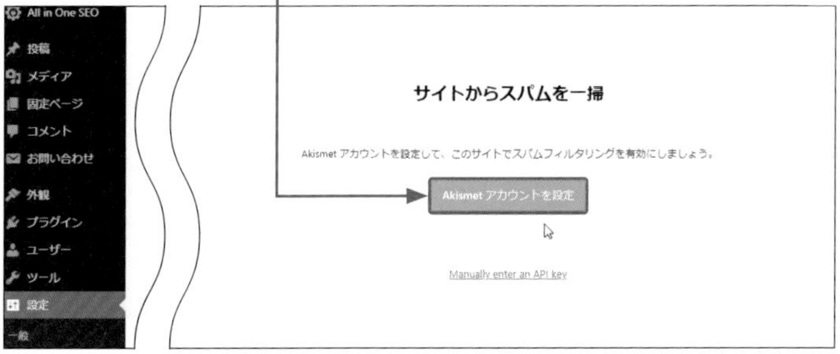

7 「PERSONAL」プランの<Get started with Personal>をクリックします。

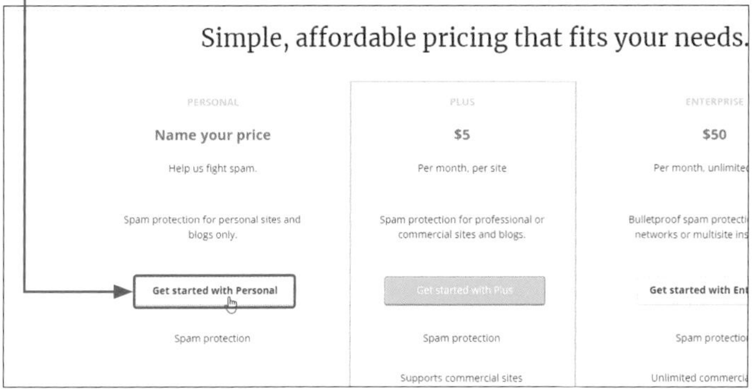

メモ Akismet Anti-Spamを使えるようにするには

Akismet Anti-Spamを使うには、APIキーを取得する必要があります。手順8で入力したメールアドレス宛にキーが送られてくるので、WordPressの画面に入力してください。

メモ Akismet Anti-Spam無料で使うには

手順9に金額が表示されているので、ドラッグで0円にします。

注意 無料で使える条件

Akismetを無料で使うには、手順12で「サイトに広告はありません」「商品やサービスを販売していません」「サイトでビジネスを宣伝していません」の3つにチェックを付ける必要があります。チェックを付けられない項目が1つでもあると無料では使えません。

8 メールアドレスを入力します。

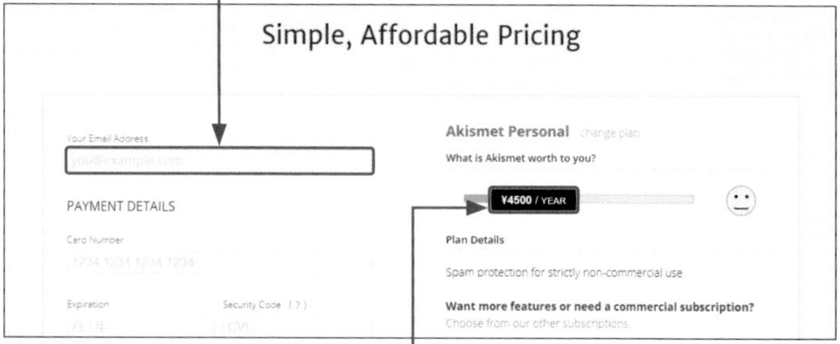

9 <¥4500/YEAR>を左までドラッグします。

10 「¥0/YEAR」になります。

11 名前を入力し、

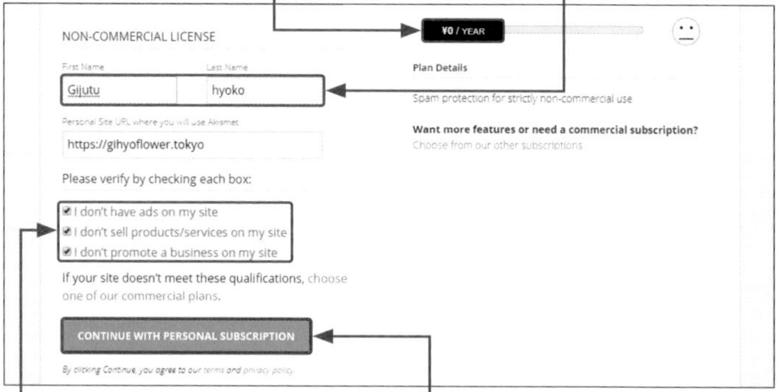

12 チェックを付けて、

13 <CONTINUE～>のボタンをクリックします。

14 メールに届いた番号を入力し、

15 <Continue>をクリックします。

16 <Manually enter an API key>をクリックします。

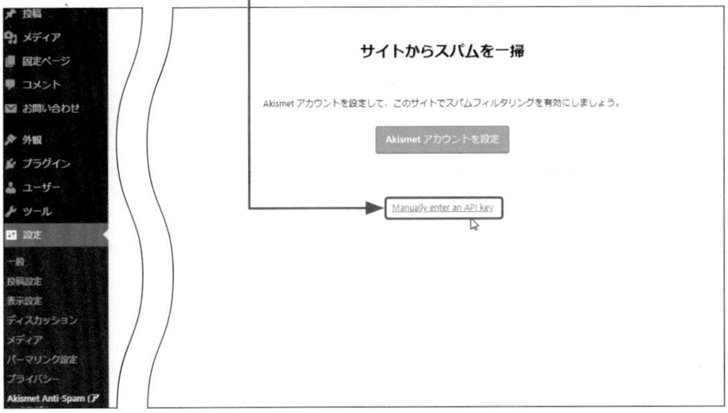

17 メールに送られて来たAPIキーを入力します。

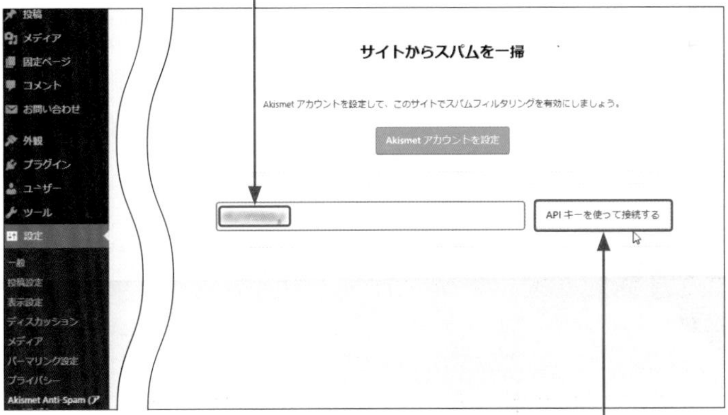

18 <APIキーを使って接続する>をクリックします。

19 Akismet Anti-Spamを使えるようになります。

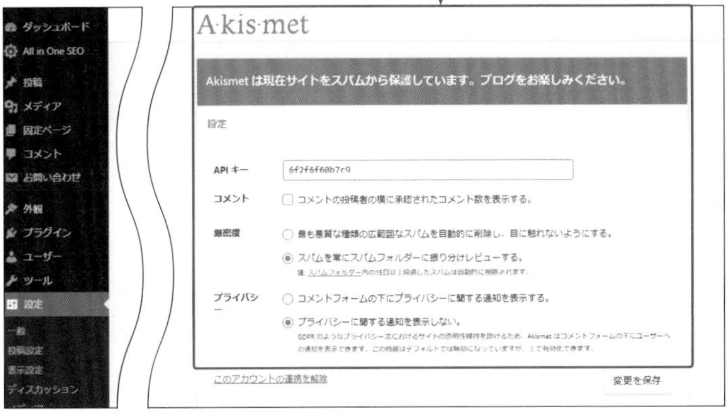

メモ 画面が表示されない

Akismetの画面を閉じてしまった場合は、<設定>をクリックし、Akismet Anti-Spam(アンチスパム)をクリックします。

メモ スパムを確認する

スパムと判断されたコメントは、サイドメニューの<コメント>をクリックし、<スパム>タブに移動します。

Section 57 メンテナンスのお知らせを表示しよう

覚えておきたいキーワード
- WP Maintenance Mode
- メンテナンス中
- メンテナンスモードの解除

サイトのページを入れ替えたり、デザインを変更したりなどの修正をすることがありますが、ちょうどそのときに訪問者が見に来ると、うまく表示されず困る場合があります。そのようなときには、メンテナンス中であることを表示させておき、訪問者に知らせましょう。

1 WP Maintenance Modeを設定する

メモ WP Maintenance Mode

サイトを修正しているときや準備をしているときに、メンテナンス中であることを表示できるプラグインです。訪問者にはメンテナンス画面が表示されますが、ログインしている人は通常通り編集ができ、プレビューで確認することもできます。

1 Sec.52の方法で「wp maintenance mode」と入力して検索します。

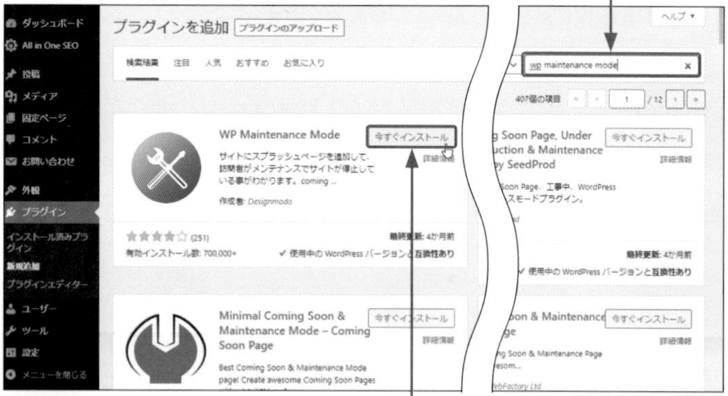

2 ＜今すぐインストール＞をクリックします。

3 ＜有効化＞をクリックします。

4 サイドメニューの<設定>をクリックし、

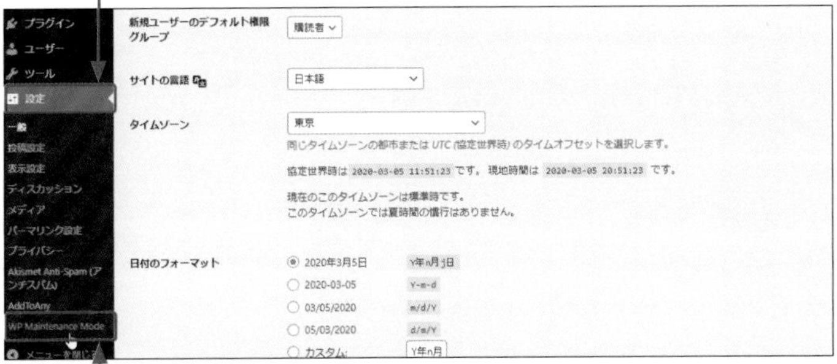

5 <WP Maintenance Mode>をクリックします。

6 <デザイン>タブをクリックします。

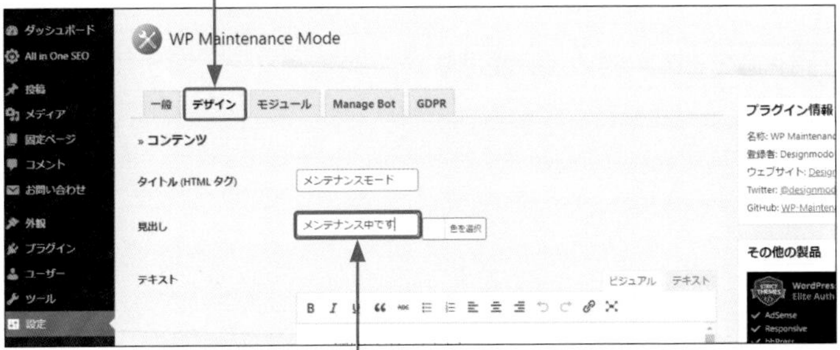

7 「見出し」に<メンテナンス中です>と入力します。

8 見出しの<色を選択>をクリックし、

9 <赤>をクリックします。

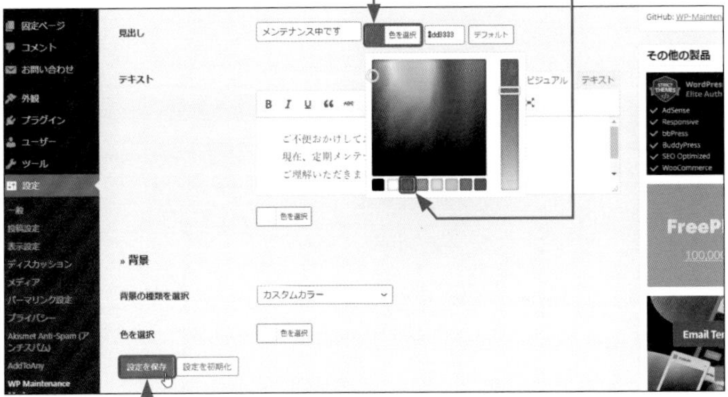

10 <設定を保存>をクリックします。

ヒント カウントダウンの表示

手順**6**の画面の<モジュール>タブで、<カウントダウンを表示しますか？>を「はい」にし、開始日とカウントダウン（残り時間）を設定するとメンテナンス中の画面にカウントダウンを表示させることができます。また、<問い合わせを表示しますか？>を「はい」にすると、メンテナンス画面にお問い合わせボタンを表示させることができ、訪問者はボタンをクリックして問い合わせることができます。

メモ　メンテナンスモードを有効化する

WP Maintenance Modeをインストールして有効化にしましたが、手順12の有効化はメンテナンスモードにする有効化です。<有効化>をオンにして設定を保存すると、訪問者が見に来たときに「メンテナンス中」と表示され、サイト内のページを見えないようにできます。

11 <一般>タブをクリックし、

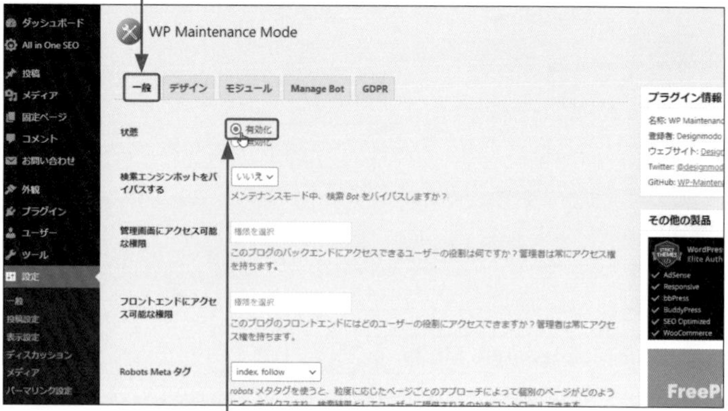

12 「状態」の<有効化>をクリックします。

13 <設定を保存>をクリックします。

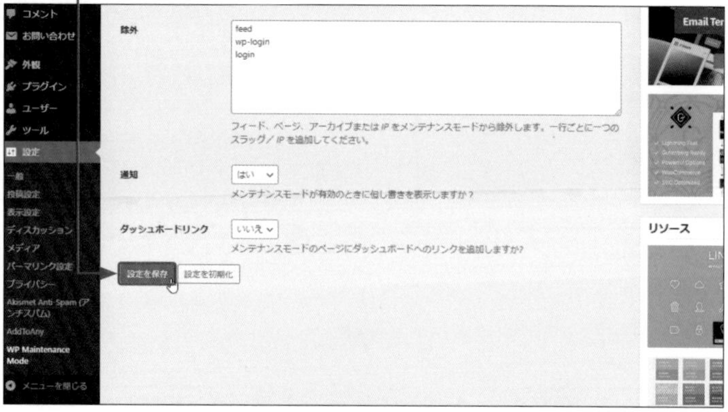

14 WordPressからログアウトしてサイトにアクセスすると「メンテナンス中」と表示されます。

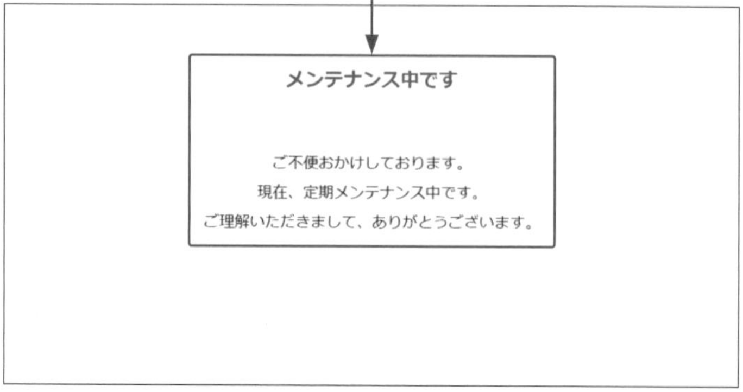

メモ　メンテナンスモードのページデザイン

メンテナンスモードに表示する文字や色は<デザイン>タブで変更できます。ここでは文字を目立たせるために赤にしますが、背景の色を変えたり、画像をアップロードして使用したりもできます。

2 メンテナンスモードを解除する

1 WP Maintenance　Modeの設定画面で、「一般」タブをクリックします。

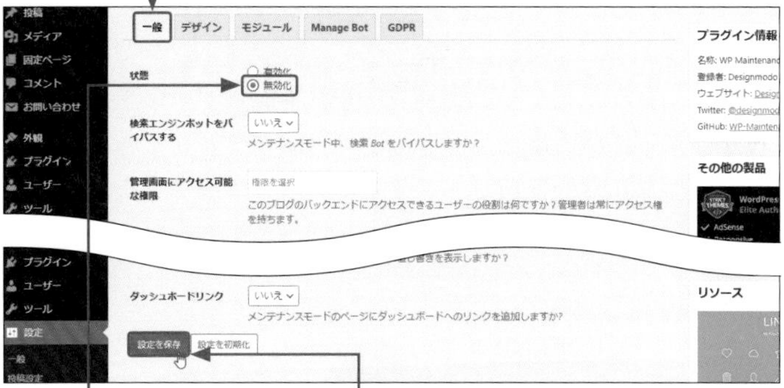

2 <無効化>をクリックし、

3 下部の<設定を保存>をクリックします。

4 無効化にしました。

5 <プラグイン>をクリックし、

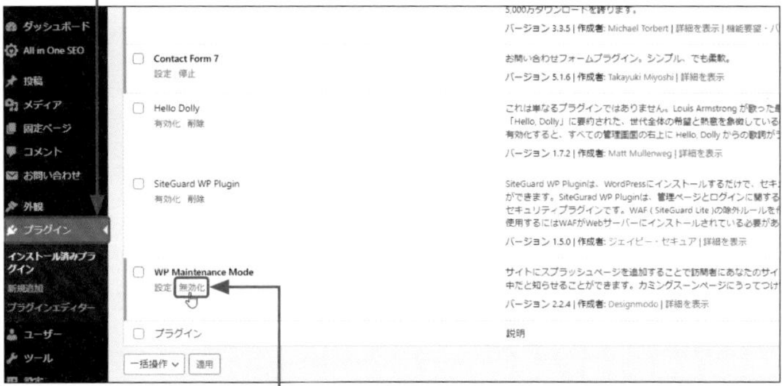

6 「WP Maintenance　Mode」の<無効化>をクリックします。

メモ　実際のサイトで確認する

ログインしていると、メンテナンス画面の確認ができません。別のブラウザを使うか、ブラウザのプライベートモードを使うなどで表示を確認してください。

注意　メンテナンスが終わったら解除する

メンテナンスが終わったら、WP Maintenance　Modeを無効化にするようにしましょう。忘れると、メンテナンス画面のままになり、リニューアルしたサイトを見てもらえません。また、WP Maintenance Modeのプラグインも停止しておきましょう。

Section 58

ログイン画面のセキュリティを強化しよう

覚えておきたいキーワード
- SiteGuard WP Plugin
- ロック
- ロック通知

Sec.01で説明したように、WordPressはオープンソースであることがメリットですが、その分セキュリティホールを狙われやすいとも言えます。大事なサイトを改ざんされないようにするにはセキュリティ対策が欠かせません。不正アクセスを防ぐために、かんたんにログインできないように設定しましょう。

1 SiteGuard WP Pluginを設定する

メモ SiteGuard WP Plugin

第三者による不正ログインを防ぐために、ログイン画面でのパスワード入力を何度も間違えた場合にロックをかけるプラグインです。何回まで試せるかは指定することができ、ロックされたときにメールで通知することも可能です。

Sec.52の方法で「SiteGuard WP Plugin」をインストールしておきます。

1 <プラグイン>をクリックし、

2 「SiteGuard WP Plugin」の<有効化>をクリックします。

3 サイドメニューの「SiteGuard」が表示されるのでクリックし、

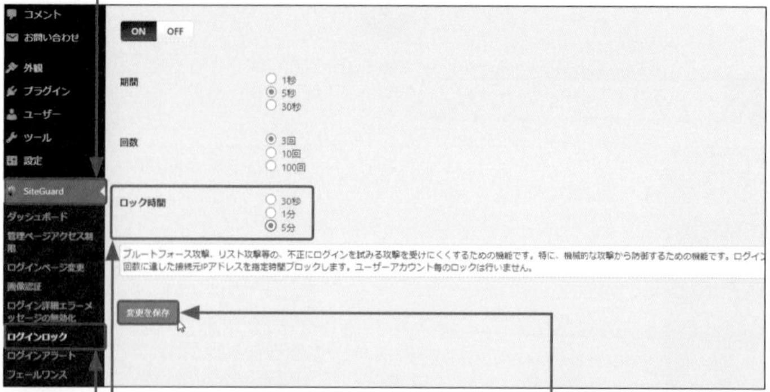

4 <ログインロック>をクリックします。

5 ロック時間の「5分」をクリックし、

6 <変更を保存>をクリックします。

メモ ロックの設定

ログインの期間と回数、ロック解除について設定できます。ここでの場合、5秒の間に3回までログインを試すことができ、4回目にはロックがかかり、5分間ログインできないようにしています。

7 <画像認証>をクリックします。

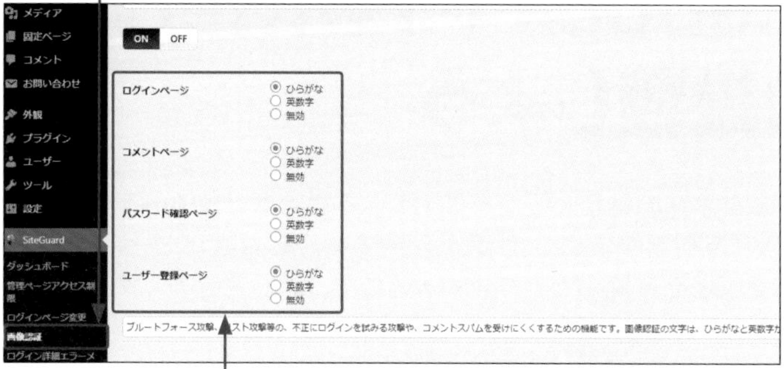

8 ログイン画面に表示する画像認証の表示を指定できます。

9 <ログインアラート>をクリックします。

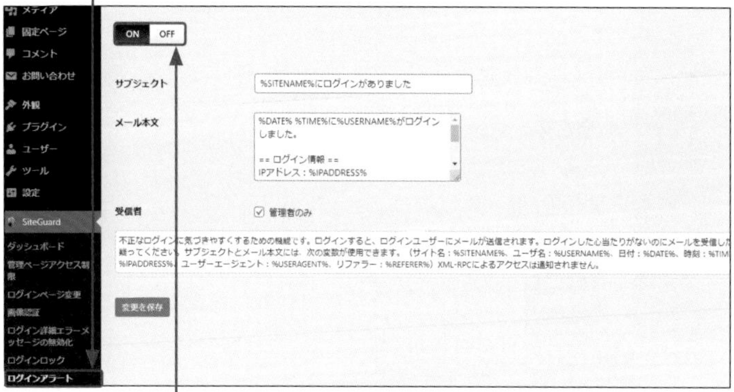

10 ログインがあったときにメールで通知するにはオンにします。

11 メニューから<ログイン履歴>をクリックすると、ログインの形跡を確認できます。

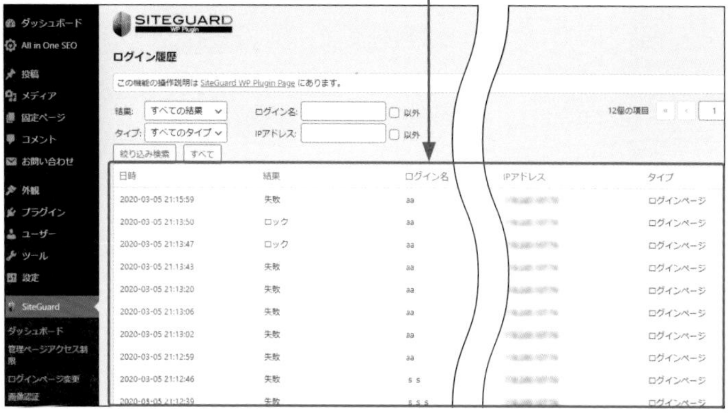

メモ 画像認証

手順8では、ログイン画面に表示させる文字の種類を選択できます。手入力を必須にすることで、コンピュータを使った悪質なログインを防ぐことができます。

メモ ログインアラート

手順10でオンにすると、不正アクセスによりロックされたときにメールで通知が届きます。

メモ ログイン履歴

いつだれがどのIPアドレスでログインしたのかがわかります。見知らぬ人がログインしている形跡があったら注意です。早急にパスワードの変更をし、SiteGuard WPの設定を強化するなどセキュリティ面を見直してください。

Section 59 FacebookやTwitterに自動投稿しよう

覚えておきたいキーワード
☑ Jetpack
☑ SNS
☑ 同時投稿

ネットを使ってビジネスの集客・販促を考えている場合は、サイトを開設するだけでなく、SNSを利用することもポイントです。とは言っても、複数のSNSに投稿するとなると手間がかかります。そこで、WordPressに投稿した記事を自動的にFacebookページやTwitterに投稿する方法があるので紹介します。

1 Jetpackプラグインを設定する

メモ Jetpackプラグイン

Sec.56「Akismet Anti-Spam」と同様に、WordPress.comが開発したプラグインです。ここではSNSへの自動投稿機能を紹介しますが、他にもセキュリティ対策、パフォーマンスの向上、アクセス解析などさまざまな機能が備わっている便利なプラグインです。

1 Sec.52の方法で「Jetpack」をインストールし、

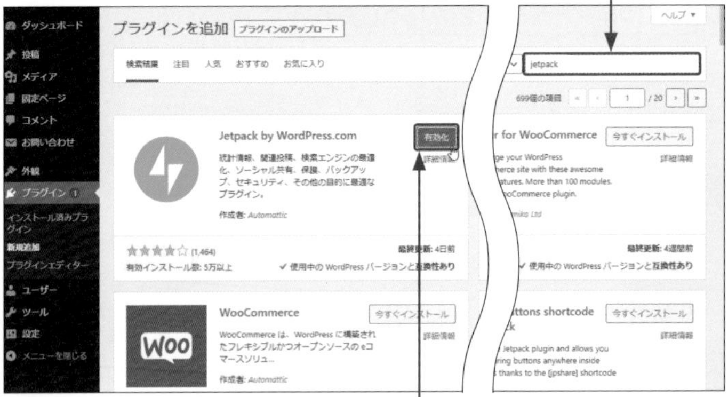

2 <有効化>をクリックします。

3 <Jetpackを設定>をクリックします。

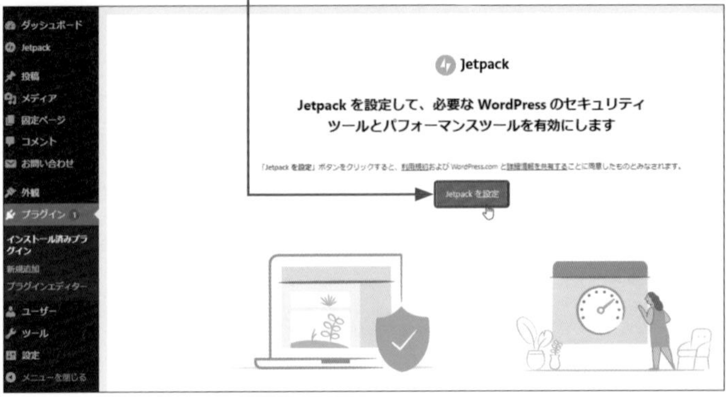

4 <WordPress.comで続ける>をクリックします。

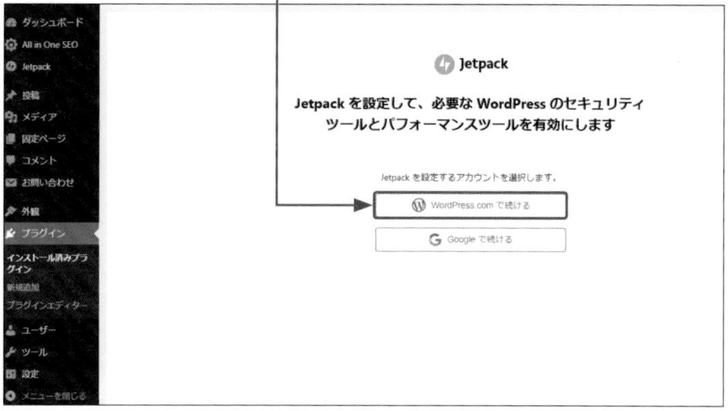

5 Wordpress.comのアカウントにログインします。

6 WordPressの画面に戻り、メニューの<Jetpack>をクリックするとと「完了しました!」と表示されます。

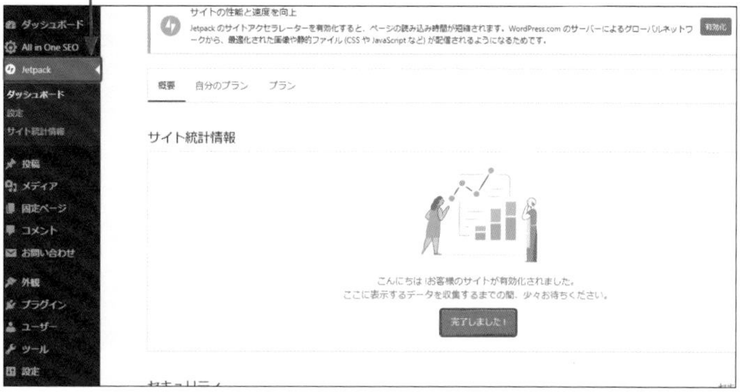

メモ Jetpackを使うには

Wordpress.comのアカウントまたはGoogleアカウントが必要です。WordPress.comのアカウントは手順5で「アカウントを新規作成」をクリックして作成できます。Googleアカウントを使う場合はGmailのアドレスに送られきたリンクをクリックします。

メモ Jetpackの有料プラン

Jetpackの有料プランを使うと、自動スパムフィルターやセキュリティの自動修正、自動マルウェアスキャンなどが使えます。SNSへの自動投稿は無料プランでも利用可能です。プランの確認は手順6の<自分のプラン>タブをクリックして確認できます。

2 Facebookページに自動投稿できるようにする

メモ 自動ソーシャルメディア投稿

ここで解説する自動ソーシャルメディア投稿を使うと、WordPressに投稿した記事をFacebookページやTwitterにも投稿させることができます。それぞれのSNSに投稿する手間を省くことができるので便利です。

メモ 画面が異なる

ここでは執筆時点での画面で解説しています。機能のアップデートなどの関係で、今後変更になる場合もあります。

注意 Facebookページへの自動投稿

ここでの場合、Facebookの個人アカウントの投稿ではなく、Facebookページへの投稿です。Facebookページは、企業や団体が使用するホームページのようなものです。Facebookにログインし、Facebookページの作成画面（https://ja-jp.facebook.com/pages/create）で作成できます。

1 サイドメニューに＜Jetpack＞が表示されるのでクリックし、

2 ＜設定＞をクリックします。

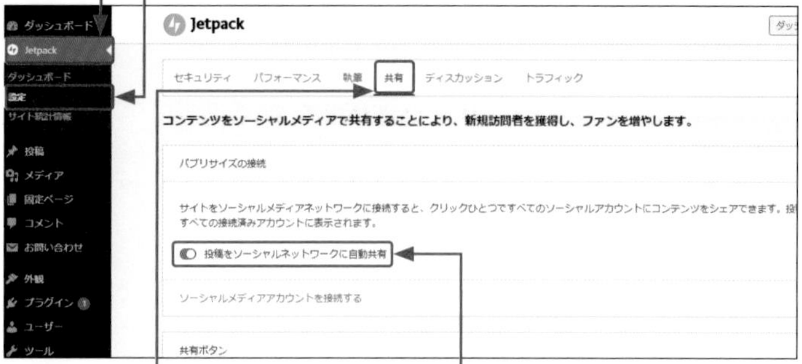

3 ＜共有＞タブをクリックし、

4 ＜投稿をソーシャルネットワークに自動共有＞をオンにします。

5 ＜ソーシャルメディアアカウントを接続する＞をクリックします。

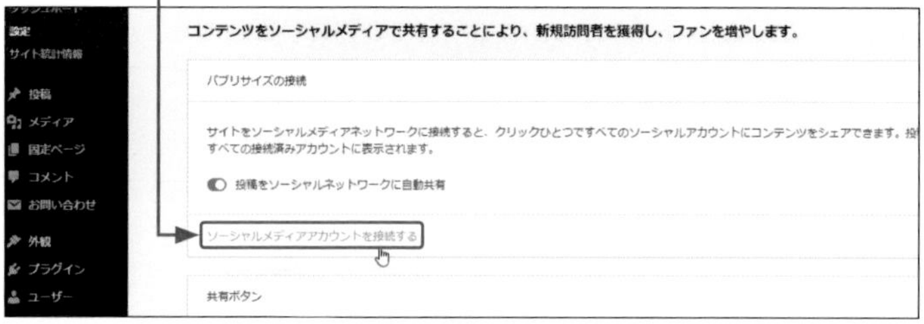

6 ＜マーケティング＞をクリックし、

7 ＜接続＞タブをクリックして

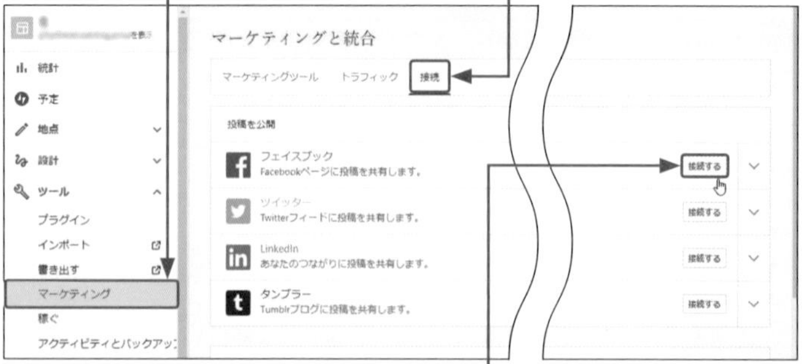

8 「Facebook」の＜接続する＞をクリックします。

9 Facebookにログインします。

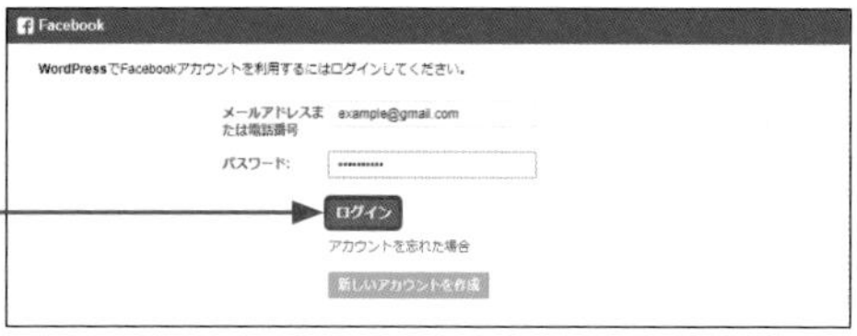

10 <○○としてログイン>をクリックします。

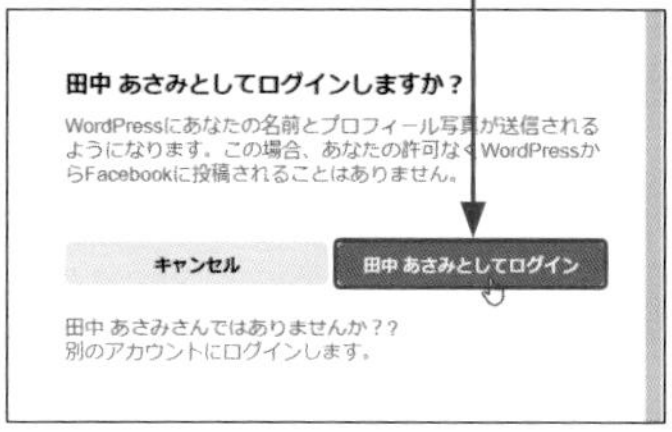

11 連携するFacebookページにチェックを付け、

12 <接続する>をクリックします。

13 「接続する」が「切断する」に変わり、Facebookとの自動投稿の設定が完了します。

メモ Twitterの連携

Twitterの場合も手順**8**の画面で<接続する>をクリックし、アカウントへの許可のメッセージが表示されるので、<連携アプリを認証>をクリックして設定します。

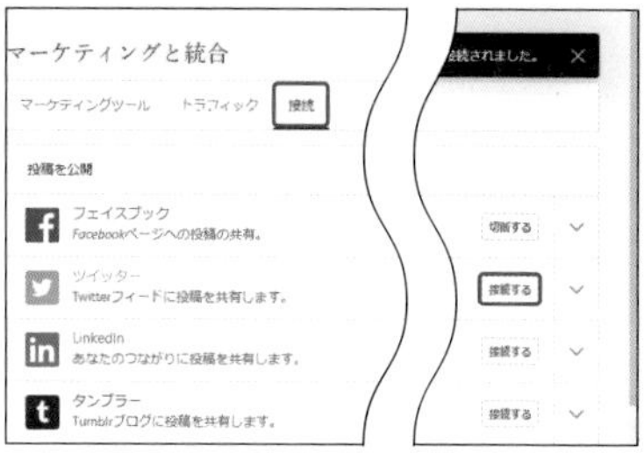

メモ 連携の解除

連携したFacebookを解除する場合は、手順**13**の画面の<切断する>をクリックします。

Section 60 プラグインを無効化・削除しよう

覚えておきたいキーワード
- ☑ プラグインの無効化
- ☑ プラグインの停止
- ☑ プラグインの削除

プラグインは便利ですが、たくさん使用しているとサイトの動作が不安定になることもあります。普段使わないものは停止しておきましょう。有効化・無効化は簡単に切り替えることができます。また、インストールしたものの、使う予定がないプラグインは削除することも可能です。

1 プラグインを停止する

メモ プラグインの無効化と有効化

インストールしたプラグインを使わない場合は<無効化>をクリックします。再度使用する場合は<有効化>をクリックします。

1 <プラグイン>をクリックし、

2 停止するプラグインの<無効化>をクリックします。

3 プラグインが無効になります。

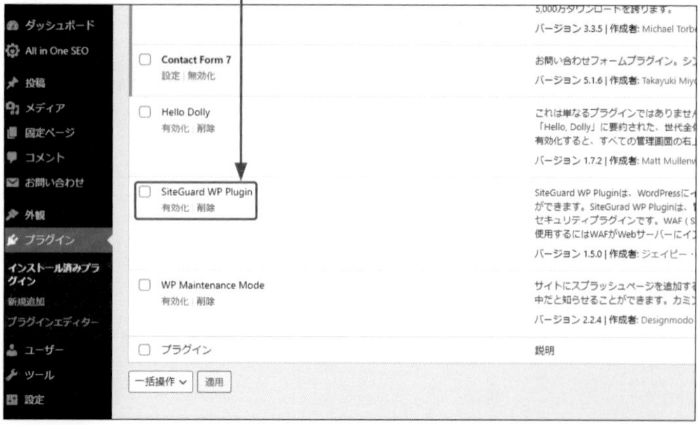

2 プラグインを削除する

1 削除したいプラグインの<削除>をクリックします。

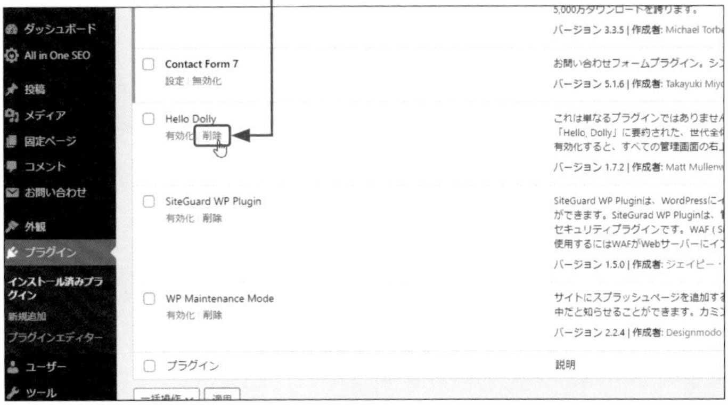

2 <OK>をクリックします。

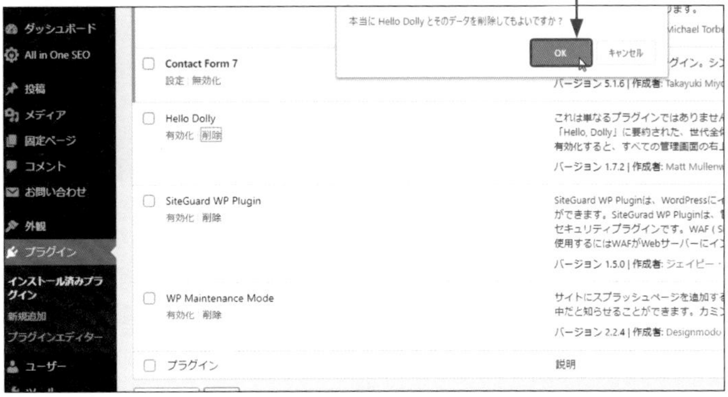

3 プラグインが削除されました。

注意 使用中のプラグインの削除

現在使っているプラグインを削除する場合は、<無効化>をクリックしてから<削除>をクリックします。

メモ 不要なプラグインの削除

インストールしたものの使わないプラグインは削除しましょう。使っていないのに有効化にしていると動作が重くなることがあります。ただし、一旦プラグインを削除すると一から設定することになり、複雑な設定のプラグインの場合は、元に戻すまでに時間がかかるので慎重に削除してください。

Section 61 プラグインを更新しよう

覚えておきたいキーワード
- ☑ プラグイン
- ☑ 今すぐ更新
- ☑ 不具合

プラグインに不具合が見つかった場合や機能が追加された場合は、配布元が新しいバージョンを公開します。インストール済みのプラグインの場合、サイドメニューの「プラグイン」に数字が表示されるので必ず更新しましょう。配布元にアクセスしなくてもクリックするだけで更新できます。

1 プラグインを更新する

メモ プラグインの更新メッセージ

プラグインは、不具合があったり、機能が追加されたりしたときに更新のお知らせがあり、サイドメニューのプラグインに表示されます。

1 <プラグイン>をクリックします。

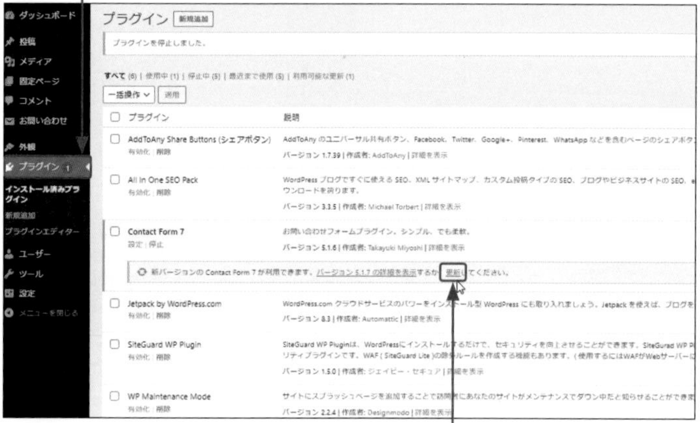

2 更新の表示が出ているプラグインの<更新>をクリックします。

3 更新されました。

注意 プラグインの更新頻度

Sec.52の手順3の画面にある各プラグインに最終更新日が表示されています。しばらく更新されていないプラグインは脆弱性に注意してください。

Chapter 06

第6章

ホームページの見た目をカスタマイズしよう

Section 62 WordPressのメニューの仕組みを知ろう

63 メニューを作成して表示しよう

64 メニューに階層を作ってまとめよう

65 サイドバーの表示を変更しよう

66 サイドバーに画像を表示しよう

67 各ページの下部にメニューを表示しよう

68 フッターにコピーライトを入れよう

69 固定ページをトップページに表示しよう

70 Facebookページをホームページに載せよう

Section 62 WordPressのメニューの仕組みを知ろう

覚えておきたいキーワード
- メニューの仕組み
- メニューの作成
- 本書で作成するメニュー

ここまでいろいろなページや投稿を作成しましたが、この時点ではトップページから移動することができない状態になっています。訪問者が他のページへ移動できるようにするには、案内するためのメニューが必要です。まずはメニューの仕組みを確認しておきましょう。

1 メニューの仕組み

メモ　メニューの位置

本書で使用するテーマは、ページの上部にメニューが表示されますが、テーマによって位置が異なります。左部やトップ画像の下に表示させているテーマもあります。

訪問者は、何か欲しい情報を探しているはずです。どのサイトも複数のページで構成されているので、どこに何があるかわからないと迷ってしまい、あきらめて他のサイトへ移動してしまうかもしれません。そこで、サイトのトップページにメニューを設置して、訪問者を案内してあげましょう。他のページにもメニューが表示されていれば、毎回トップページに戻らなくても、他のページへ自由に移動することができます。

トップページの上部にメニューがあると目的のページにたどりやすくなります。

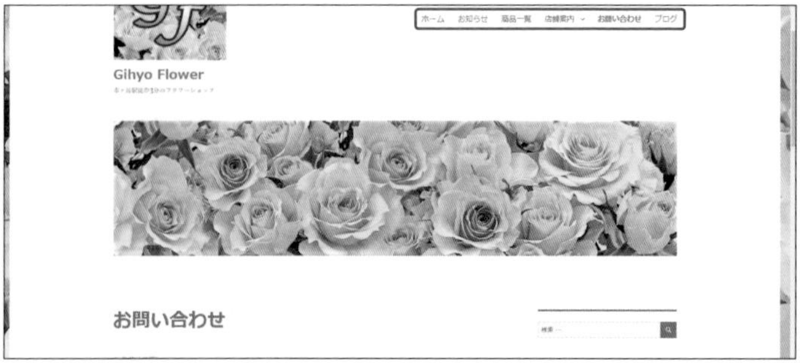

各ページの上部にもメニューがあれば、わざわざトップページに戻らなくても移動できます。

2 本書で作成するサイトのメニュー

本書では、「ホーム」を含めてサイト内のページ5つと、ブログサービスへのリンクを入れます。さらに、「店長のご挨拶」は一緒に並べず、「店舗案内」の下に子メニューとして作成します。

メモ　ブログとは

ブログは、Weblog（Webにlogする）の略で、日記のように時系列に投稿するWebサイトのことで、代表的なブログサービスに、Amebaブログやgooブログなどがあります。多くの人が利用しているので、WordPressサイトとリンクさせれば集客アップを期待できます。

3 ウィジェットでメニューを表示する

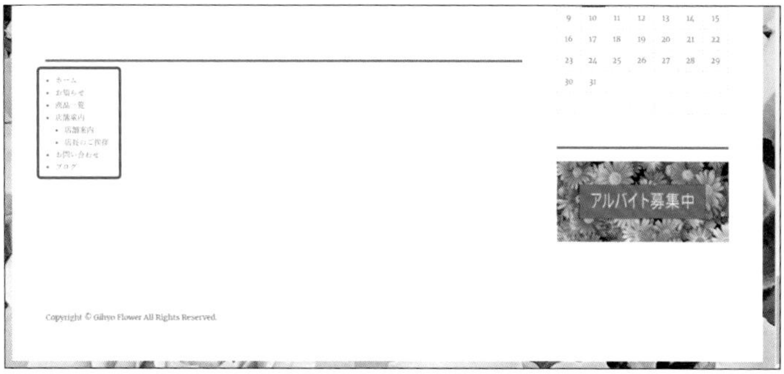

Sec.67では、作成したメニューを各ページの下部に表示させます。1ページが縦に長い場合、メニューをクリックするためにスクロールして先頭に戻らなければなりませんが、下部にもメニューがあれば楽にクリックできます。

Section 63

メニューを作成して表示しよう

覚えておきたいキーワード
- メインメニュー
- カスタムリンク
- メニューの削除

テーマによっては、はじめからメニューが表示されている場合もありますが、本書で使用するテーマは作成する必要があります。ただし、一から作成しなくても、公開しているページを選択することでかんたんに作れます。サイト内のページだけでなく、他のサイトへ移動できるようにすることも可能です。

1 メニューにページを表示する

メモ ナビゲーションメニュー

トップページの上部や左部に表示されているメニューがナビゲーションメニューです。テーマによっては、はじめからメニューが表示されている場合もありますが、本書で使用しているテーマ「Twenty Sixteen」では、メニューを表示するには設定が必要です。

1 <外観>をクリックし、

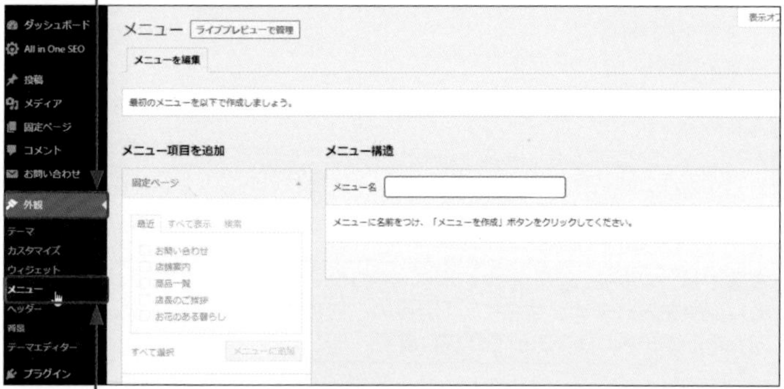

2 <メニュー>をクリックします。

3 メニューの名前を入力し、

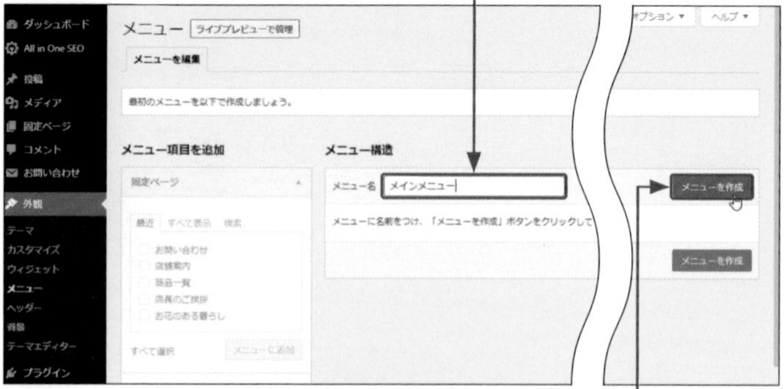

4 <メニューを作成>をクリックします。

メモ メニューの名前

手順3で入力する名前は、他のメニューと区別するために付ける名前です。実際のサイトには表示されません。

5 <固定ページ>の<すべて表示>をクリックします。

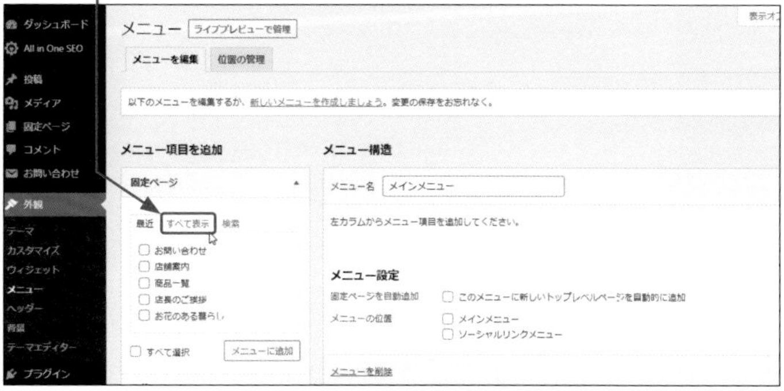

6 メニューに載せるページにチェックを付けます。ここでは、「ホーム」「お問い合わせ」「商品一覧」「店舗案内」「店長のご挨拶」にチェックを付けます。

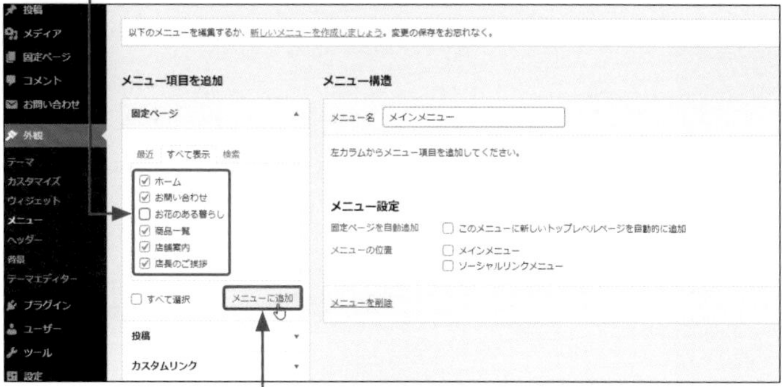

7 <メニューに追加>をクリックします。

8 右側のメニュー構造に追加されます。

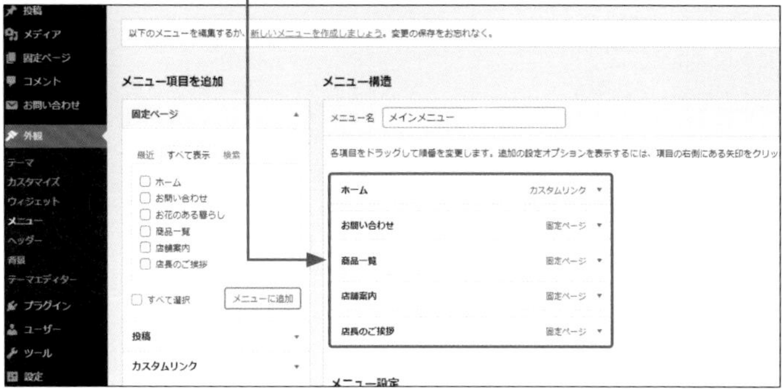

メモ メニューに表示する名前を変更する

メニューにはページタイトルが表示されますが、別の名前にすることも可能です。メニュー構造に追加したメニューの▼をクリックし、「ナビゲーションラベル」ボックスに入力します。特に、長いページタイトルの場合はスペースを取るので変更することをおすすめします。

メモ 間違えてメニューに追加した場合

メニューに表示させないページを追加したり、重複したりして削除したい場合は、メニュー構造に追加したページの▼をクリックし、<削除>をクリックします。なお、メニューに追加できるのは公開しているページです。ここに表示されていない場合は公開してから操作してください。

メモ メニューの削除

作成したメニュー自体を削除するには、下部にある<メニューを削除>をクリックします。

メモ　特定のカテゴリーのみメニューに追加する

投稿記事の特定のカテゴリーのみを表示させることができます。ここでは「お知らせ」カテゴリーを設定した記事をメニューから開けるようにします。

9 「カテゴリー」をクリックし、

10 ＜お知らせ＞にチェックを付け、

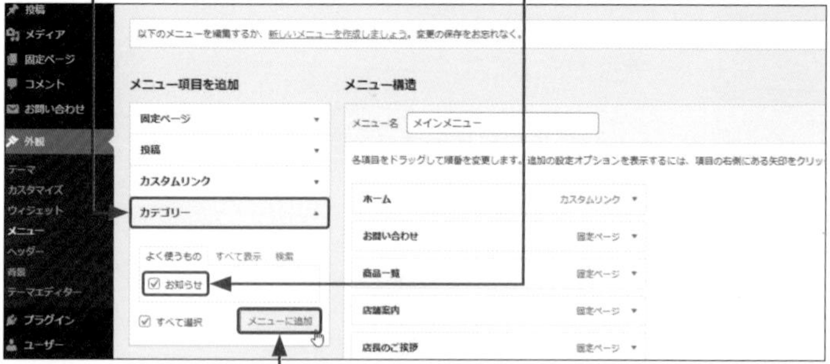

11 ＜メニューに追加＞をクリックします。

12 ドラッグして位置を移動します。ここでは、＜ホーム＞＜お知らせ＞＜商品一覧＞＜店舗案内＞＜店長のご挨拶＞＜お問い合わせ＞の順にします。

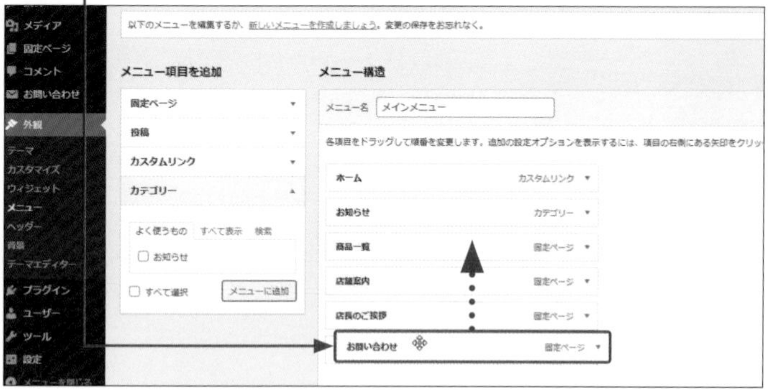

注意　メニューの順序変更

ドラッグしたときに子メニューにしてしまうことがないように、真上あるいは真下に向かってドラッグするようにしてください。

13 ＜このメニューに新しいトップレベルページを自動的に追加＞にチェックを付け、

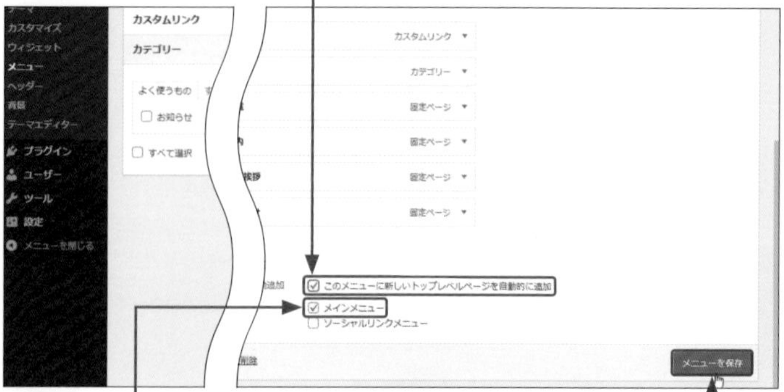

14 ＜メインメニュー＞にチェックを付けます。

15 ＜メニューを保存＞をクリックします。

メモ　このメニューに新しいトップレベルページを自動的に追加

手順13でチェックを付けると、新しくページを作成して公開した場合に自動的にメニューに表示させることができます。

2 カスタムリンクを追加する

1 <カスタムリンク>をクリックします。

2 「URL」ボックスにURLを入力します。

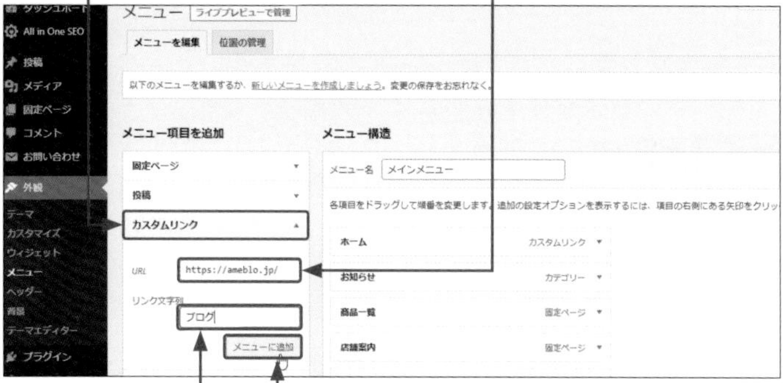

3 テキストを入力し、

4 <メニューに追加>をクリックします。

5 カスタムリンクが追加されました。

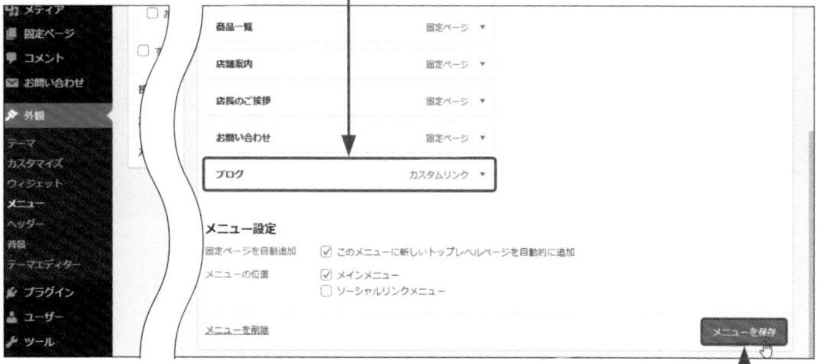

6 <メニューを保存>をクリックします。

7 サイトを表示すると右上にメニューが追加され、クリックで移動できます。

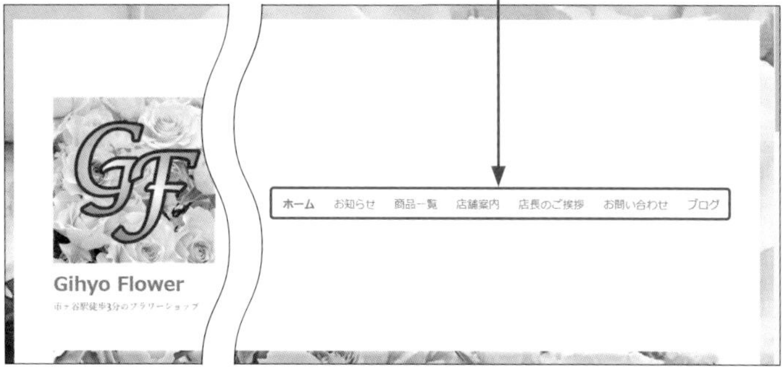

メモ カスタムリンク

メニューには、ブログや他サイトなど、サイト内のページ以外も追加できます。カスタムリンクでURLを指定してメニューに追加します。

メモ メニュー名の入力

手順3の「リンク文字列」ボックスには、メニューに表示させる文字を入力します。

Section 64 メニューに階層を作ってまとめよう

覚えておきたいキーワード
- メニューの階層化
- 親メニュー
- 子メニュー

Sec.63でメニューを作成しましたが、メニューの項目が多いとスペースを取りますし、かえって探すのが大変です。そこで、関連のあるメニュー項目をひとまとめにして、サブメニューにしてみましょう。ポイントしたときに一連のメニュー項目が表示されるのでわかりやすく、見た目もすっきりします。

1 子メニューを作成する

メモ メニューの階層化

たとえば、「商品一覧A」「商品一覧B」「商品一覧C」のページがあったとき、すべてのページをメニューに表示させるとなるとスペースが必要になり、メニューが複数行になってしまうこともあります。そのような場合は、「商品一覧」を親メニューとし、「商品一覧A」「商品一覧B」「商品一覧C」を子メニューすれば、すっきりまとまり、探しやすくなります。

Sec.63の画面で、＜外観＞→＜メニュー＞をクリックした状態です。

1 「店長のご挨拶」を右方向へドラッグします。

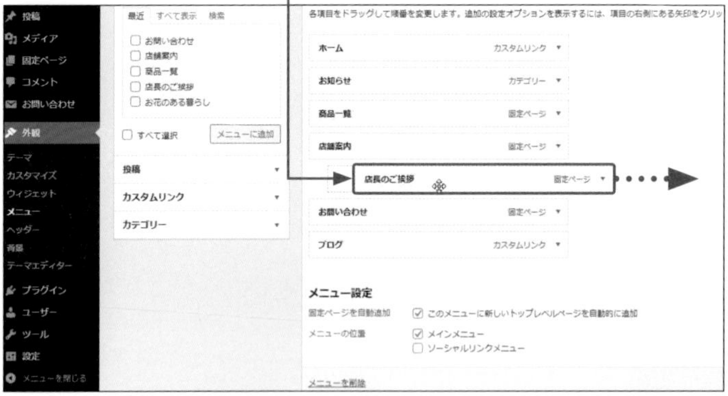

2 「店長のご挨拶」が子メニューになりました。

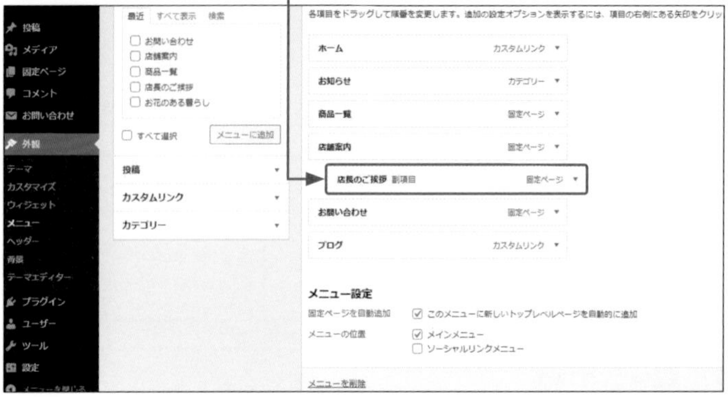

3 <店舗案内>にチェックを付けて、

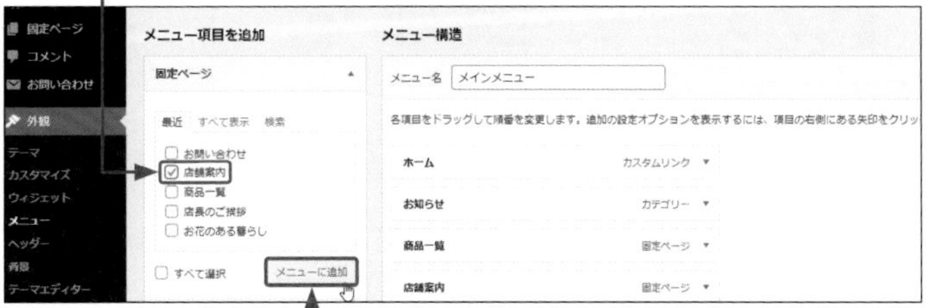

4 <メニューに追加>をクリックします。

5 店舗案内のメニューが追加されました。

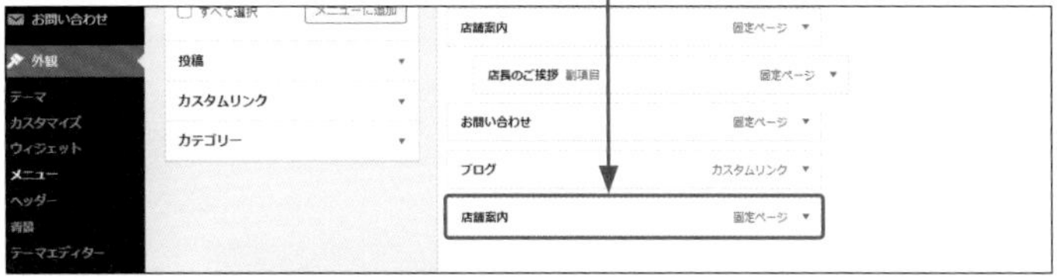

6 <店舗案内>の下にドラッグして子メニューにします。

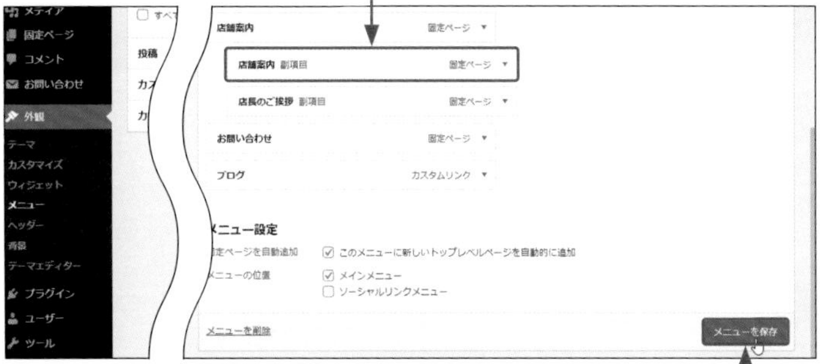

7 <メニューを保存>をクリックします。

8 サイトを表示させメニューをポイントすると子メニューが表示されます。

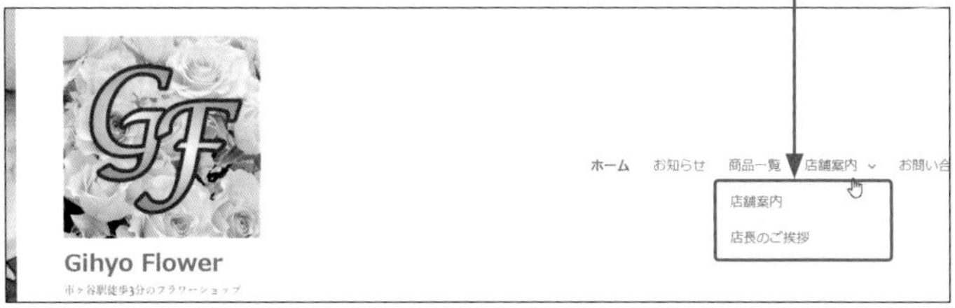

メモ メニューを2つ追加する理由

「店長のご挨拶」を子メニューにしましたが、「店舗案内」をポイントしたときに「店舗案内」のページも選べるように、もう1つ「店舗案内」を追加して子メニューにします。

メモ さらに下層にする

子メニューの下にドラッグしてさらに下層にすることもできます。3階層まで可能です。

注意 必ずメニューを保存する

メニューを配置しただけでは反映されません。必ず<メニューを保存>をクリックして保存しましょう。

Section 65 サイドバーの表示を変更しよう

覚えておきたいキーワード
- ウィジェット
- サイドバー
- 外観

ほとんどのブログには、ページの右側や左側に「最近の投稿」や「最近のコメント」へのリンクがあります。その部分をサイドバーと言いますが、WordPressサイトでもサイドバーを設置できます。本書で使用するテーマの場合、最初からサイドバーが表示されているので必要に応じて項目を追加してください。

1 カレンダーウィジェットをサイドバーに追加する

キーワード ウィジェット

ウィジェットは、サイドバーやフッターに入れるパーツのことです。「カテゴリー」や「最近の投稿」「最近のコメント」などのパーツを、必要に応じて追加や削除することができます。

1 <外観>をクリックし、

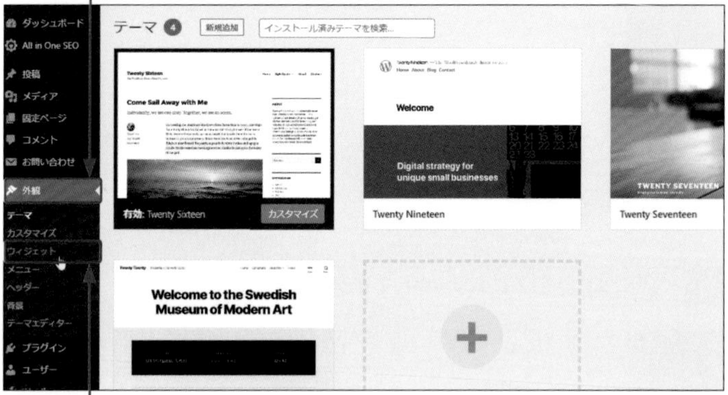

2 <ウィジェット>をクリックします。

3 「カレンダー」の▼をクリックします。

メモ ウィジェットエリア

ウィジェットエリアは、ウィジェットを設定するときに使う領域です。解説の方法の他、ウィジェットをサイドバーウィジェットエリアにドラッグしても追加できます。

4 <サイドバー>を選択して、

5 <ウィジェットを追加>をクリックします。

6 サイドバーウィジェットエリアにカレンダーが追加されます。

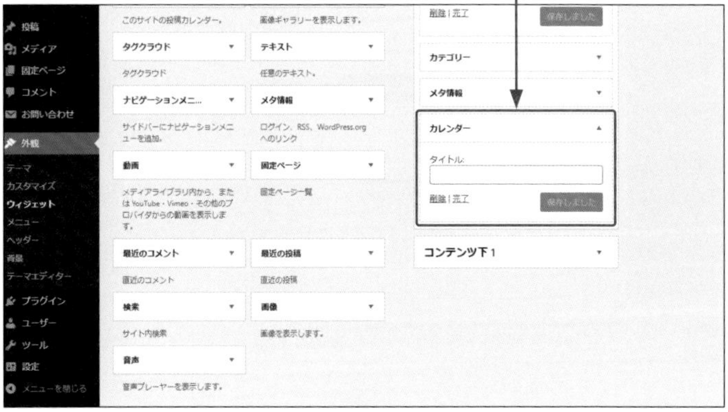

7 サイトを表示してウィジェットが追加されたことを確認します。

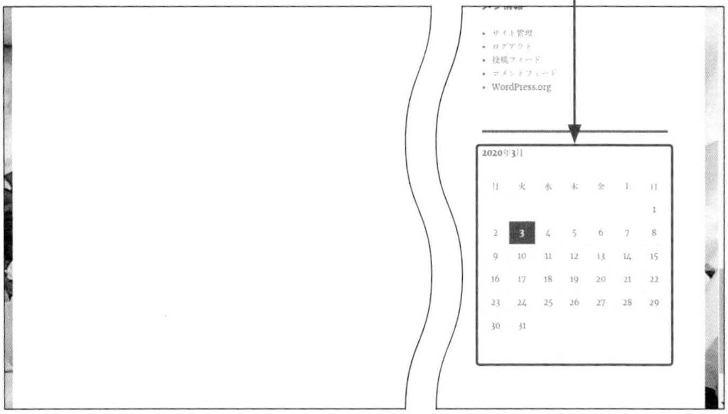

メモ ウィジェットを非表示にする

サイドバーエリアに追加したウィジェットの▼をクリックし、<削除>をクリックするとサイドバーに表示されなくなります。

メモ ウィジェットの順序を入れ替える

追加したウィジェットをドラッグすると順序を入れ替えることができます。

メモ ウィジェットを一時停止する

ウィジェットを一時的に載せたくないときには、ウィジェットを左下の<使用停止中のウィジェット>にドラッグします。この場合、設定が維持されるので、再度使用する場合に最初から設定せずにそのまま使うことができます。

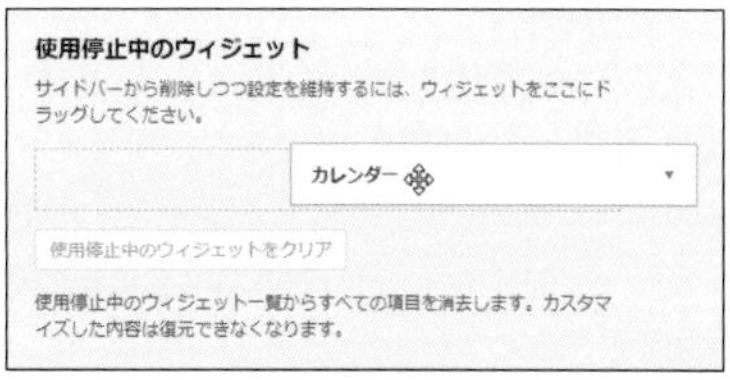

Section 66 サイドバーに画像を表示しよう

覚えておきたいキーワード
- ウィジェット
- サイドバー
- メディアライブラリ

サイドバーには画像を入れることもできるので、「アルバイト募集」などのバナーを入れて告知できます。バナーだけでなく、お店の写真やプロフィール写真を入れてもよいでしょう。ただし、たくさんの画像を入れるとデザイン性に欠けてしまうので必要なものだけを入れるようにしてください。

1 画像ウィジェットをサイドバーに追加する

メモ 間違えてウィジェットをドラッグした場合

間違えて別のウィジェットをドラッグした場合は、ドラッグしてサイドバーウィジェットエリアからはずします。

Sec.65の手順2の画面です。

1 <画像>をクリックし、

2 サイドバーにチェックを入れて、

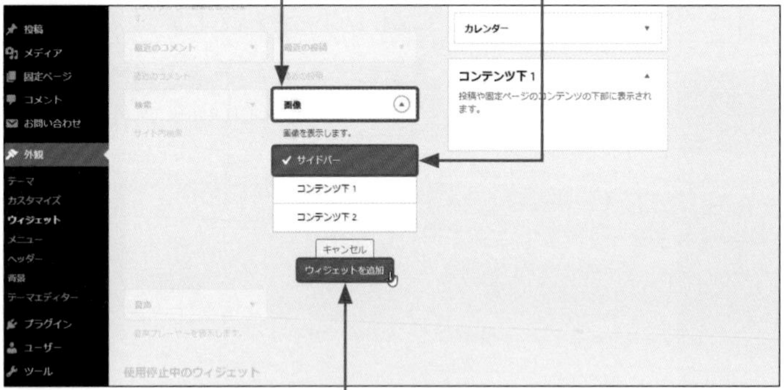

3 <ウィジェットを追加>をクリックします。

4 <画像を追加>をクリックします。

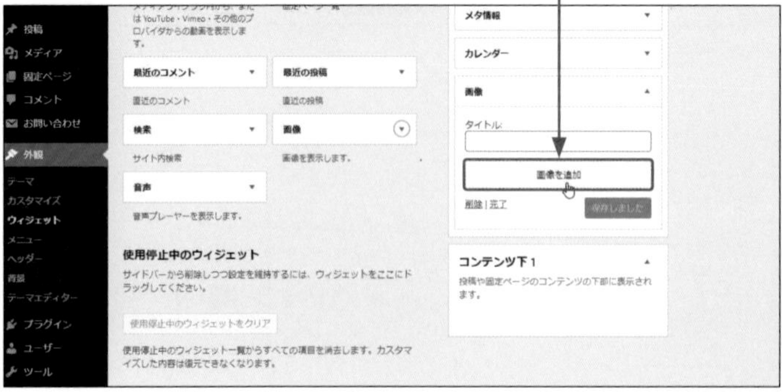

メモ 画像を用意する

サイドバーに載せる画像はあらかじめ用意しておきましょう。プロフィールなら顔写真、お店のイメージならお店の外観を撮影した写真を載せると訪問者に安心感を与えることができます。

5 <ファイルをアップロード>タブをクリックし、

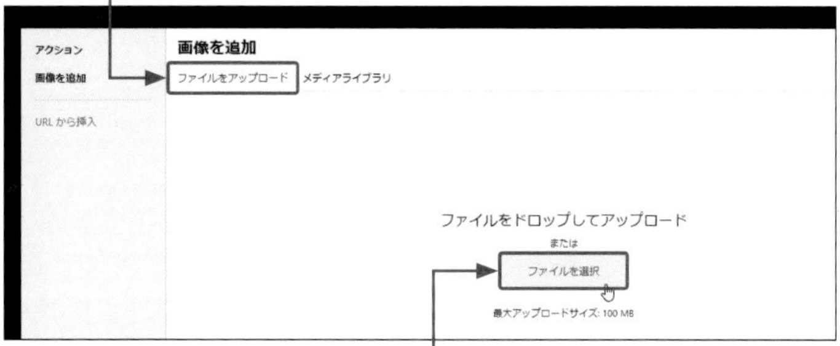

6 <ファイルを選択>をクリックして画像を追加します。

7 画像を選択します。

8 <リンク先>をクリックして<カスタムURL>を選択し、

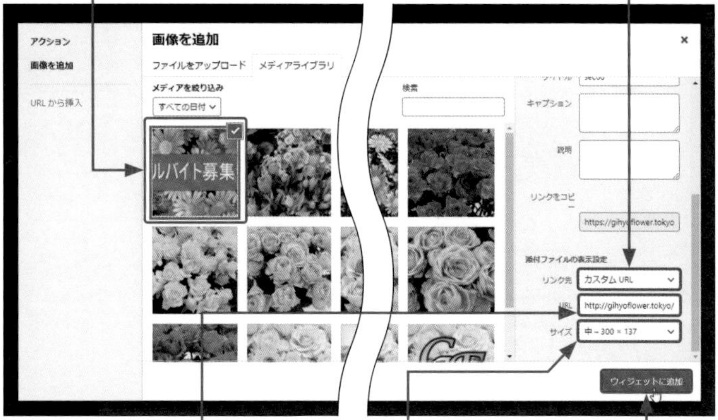

9 URLを入力します。

10 サイズを<中>にし、

11 <ウィジェットに追加>をクリックします。

12 <保存>をクリックします。サイトにアクセスすると、画像が追加されたことを確認できます。

メモ 先に画像アップロードする場合

先にメディアライブラリにアップロードしておくには、サイドメニューの<メディア>をクリックし、<新規追加>をクリックした画面で追加できます（Sec.76参照）。サイドバーに使用する際は、手順5の画面で<メディアライブラリ>タブをクリックして画像を選択します。

メモ 画像の説明

「タイトル」ボックスに入力した文字は画像の上に表示されます。「キャプション」は画像の下に表示します。「代替テキスト」は、画像が表示されなかったときや音声読み上げで閲覧するときに使われます。

Section 67

各ページの下部にメニューを表示しよう

覚えておきたいキーワード
- ナビゲーションメニュー
- ウィジェット
- コンテンツ下

Sec.63でページの上部にメニューを表示させました。ウィジェットを使うとページの下部にも簡単に表示できるので紹介します。ここでの方法を使うと、メニュー以外にもテキストや画像を入れることもできるので、各ページに表示させて発信したい情報があれば入れておくとよいでしょう。

1 「コンテンツ下1」にメニューを追加する

メモ コンテンツ下1とコンテンツ下2

コンテンツは、固定ページや投稿の内容部分のことで、コンテンツ下はコンテンツの下にあたる部分ということです。本書で使用しているテーマの場合、コンテンツの下にウィジェットを配置でき、コンテンツ1とコンテンツ2の両方を使用して2段組にもできます。

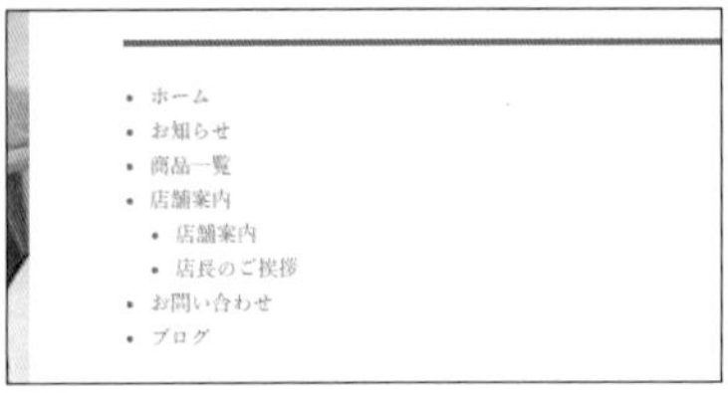

1 <外観>をクリックし、

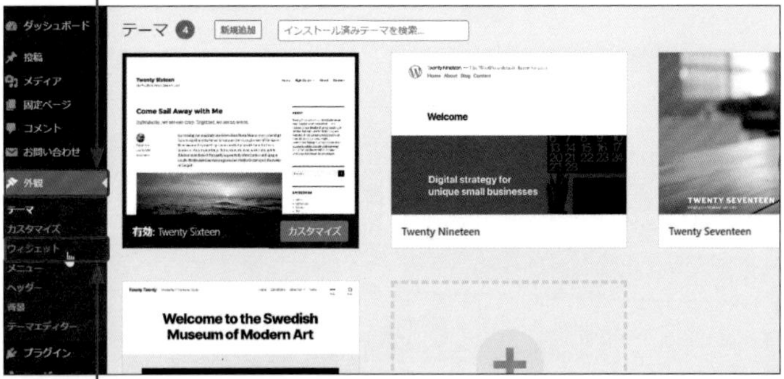

2 <ウィジェット>をクリックします。

3 <ナビゲーションメニュー>をクリックし、

4 <コンテンツ下1>をクリックして、

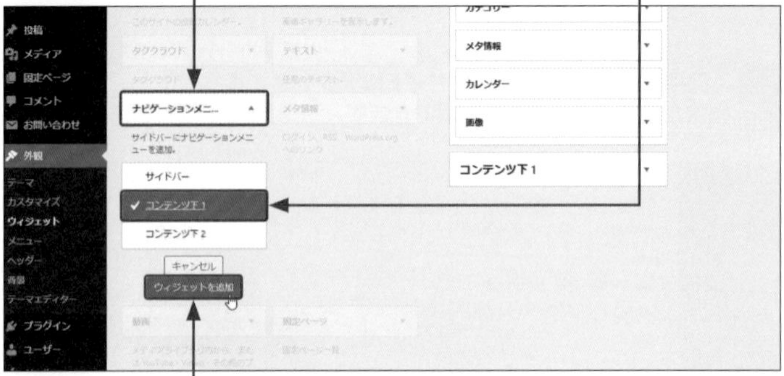

5 <ウィジェットを追加>をクリックします。

6 コンテンツ下1ウィジェットエリアに追加されました。

7 <メニューを選択>をクリックし、

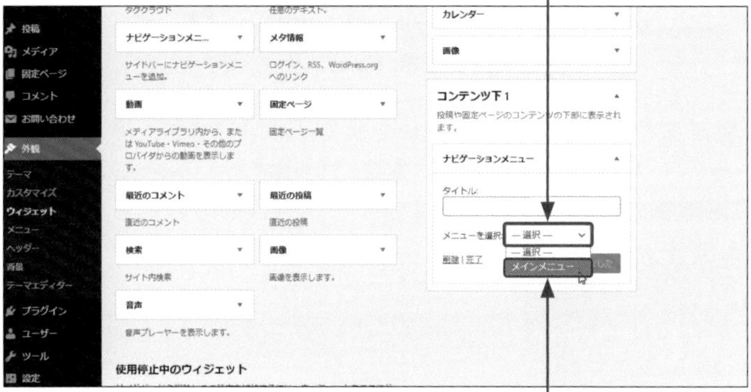

8 <メインメニュー>をクリックします。

9 <保存>をクリックします。

10 「商品一覧」などのページにアクセスし、下部にメニューが表示されたことを確認します。

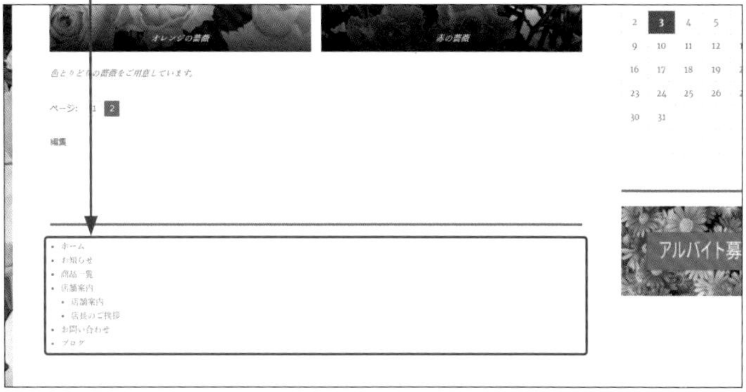

注意 投稿ページに反映されない

投稿のタイトルをクリックすると全文が表示され、設定したウィジェットが表示されます。コメントが付いている場合は、コメントの下にウィジェットが表示されます。

ヒント 「コンテンツ下」に文字や画像を追加する

ここではメニューを入れましたが、「テキスト」や「画像」ウィジェットを追加して、文字や画像などを入れることができるので、アフィリエイトのバナーや新製品の紹介など自由に表示させてください。

メモ フッター

ここでのウィジェットは、固定ページあるいは投稿の下部に表示させます。次のSectionでは、さらにその下に位置するフッター部分に文字を入れます。

Section 68 フッターにコピーライトを入れよう

覚えておきたいキーワード
- フッター
- 追加 CSS
- コピーライト

サイトにも著作権があります。著作権表記は必須ではないですが、多くのサイトが記載しているので入れてみましょう。本書で使用する「Twenty Sixteen」の場合は、CSSを編集する必要がありますが、ここでは初心者にもわかりやすい方法で紹介します。

1 追加CSSでコピーライトを追加する

1 <外観>をクリックし、

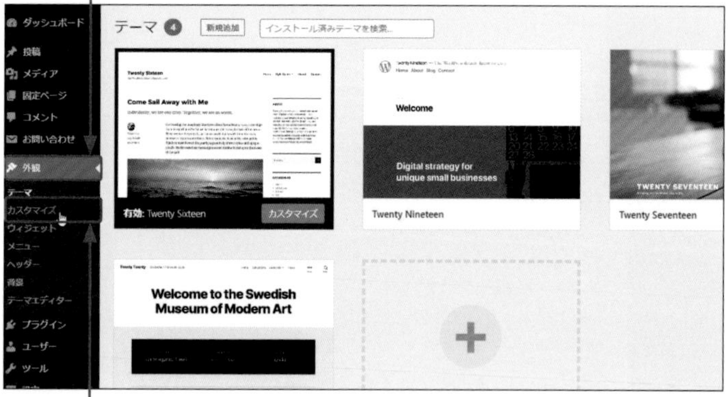

2 <カスタマイズ>をクリックします。

3 <追加CSS>をクリックします。

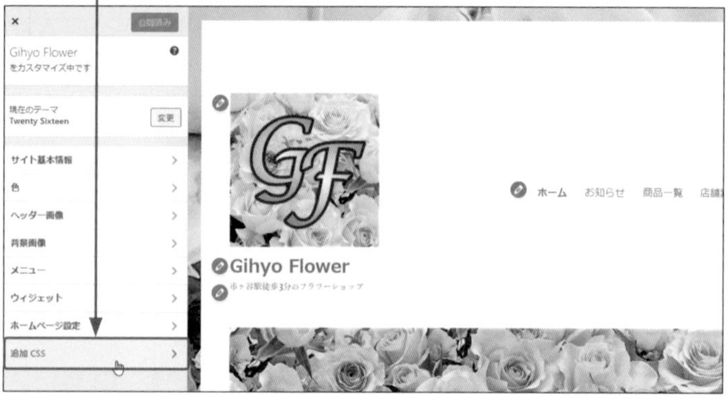

メモ 追加CSS

追加CSSを使うと、右側のプレビューを見ながらCSSの編集ができ、サイトの外観やレイアウトをカスタマイズすることができます。また、記述にミスがあったときに、エラーメッセージが表示されるようになっています。

注意 CSSの操作は慎重に

入力を間違えると正しく表示されないので、正確に入力してください。特にCSSの編集がはじめての人は慎重に操作してください。半角スペースを入れる位置にも気を付けましょう。

ステップアップ テーマエディターでのCSS編集

サイドメニューの<外観>→<テーマエディター>をクリックし、<テーマフッター>をクリックして編集することも可能です。ただし、テーマの更新があった場合に上書きされて元に戻る場合があるので、追加CSSを使用することをおすすめします。

4 右のメモを参照して、コードを入力します。

5 プレビューに表示されたことを確認します。

6 ＜公開＞をクリックします。

7 サイトにアクセスして確認します。

メモ　入力するコード

手順**4**では、下記のようにコードを入力します。

```
.site-info .site-title::before{
content:"© 2020 "
}
```

キーワード　コピーライト

コピーライトは著作権のことで、サイトが著作権で保護されていることを示すため入れます。必須ではないですが、多くのサイトで記載しています。さまざまな記述法がありますが、ここでは最初から記載されているサイト名の前にコピーライトマークの「©」と年号を入れて表記します。

ヒント　元に戻すには

手順**4**で追加したコードをドラッグして削除して、＜公開＞をクリックすると元の状態に戻ります。

Section 69 固定ページをトップページに表示しよう

覚えておきたいキーワード
- トップページ
- トップページに固定ページを表示する
- ページタイトルを非表示にする

何も設定しないと、投稿の記事がトップページに表示されます。トップページから入ってくる訪問者が多いので、インパクトのあるサイトにしたいのなら、オリジナルのページをトップページに表示させましょう。ここでは、第3章で作成した「お花のある暮らし」を表示させます。

1 作成した固定ページをトップに表示する

メモ トップページに表示するもの

本書で使用しているテーマ「Twenty Sixteen」は、何も設定しないと投稿がトップページに表示されますが、設定を変えると固定ページを載せることもできます。トップページをインパクトのあるページにしたい場合は、ページを作成して、ここでの方法で表示させましょう。

1 <設定>をクリックし、

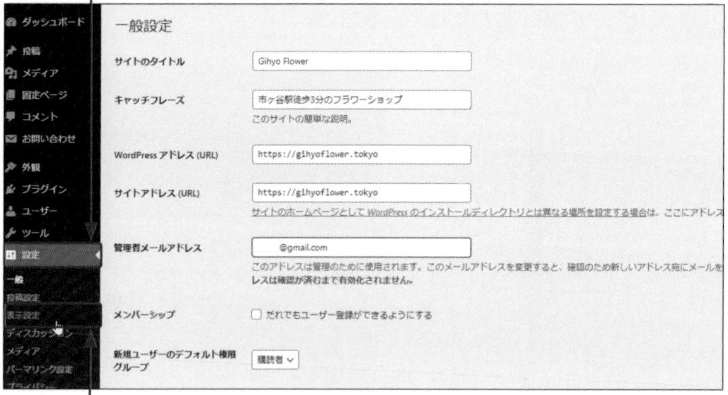

2 <表示設定>をクリックします。

3 <固定ページ>をクリックします。

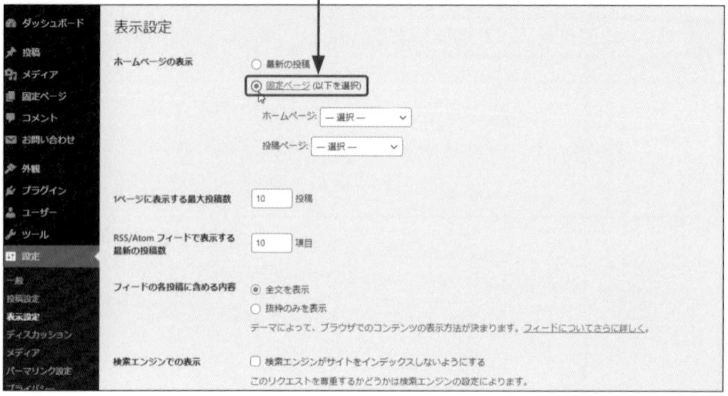

ヒント 1ページに表示する投稿数の設定

手順3で<最新の投稿>を選択して、トップページに投稿を表示させた場合、「1ページに表示する最大投稿数」でページに表示する投稿の数を指定することができます。

4 「ホームページ」の<選択>をクリックし、

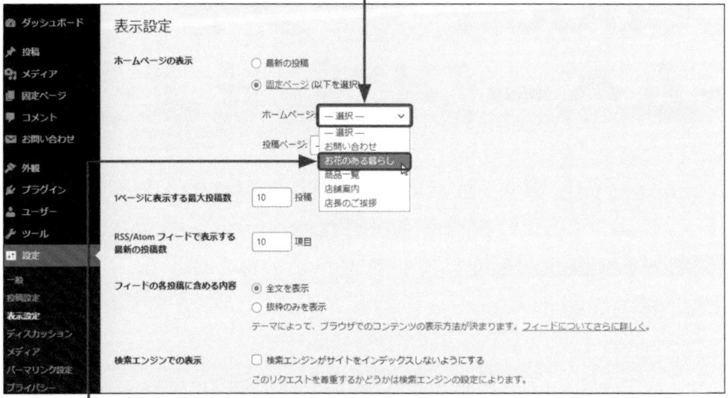

5 トップページにしたいページを選択します。
ここでは「お花のある暮らし」を選択します。

6 <変更を保存>をクリックします。

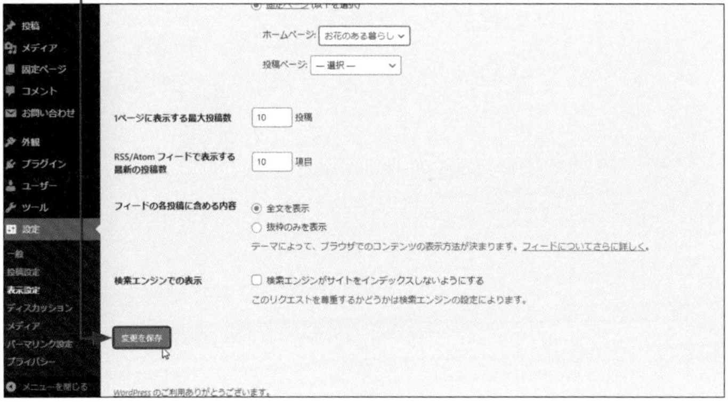

7 サイトを表示させてトップページに表示されたことを確認します。

ステップアップ ページタイトルを非表示にする

固定ページをトップページに表示させましたが、タイトルも表示されています。もし、タイトルを入れたくない場合は、「Hide Page And Post Title」というプラグインで非表示にできます。ページの編集画面の「文書」パネル下部に表示される「Hide the title.」にチェックを付けて公開して下さい。

Section 70 Facebookページをホームページに載せよう

覚えておきたいキーワード
- Facebook ページ
- Facebook for developers
- JavaScript SDK

Sec.59では、WordPressの記事をFacebookページに自動投稿する方法を解説しましたが、Facebookページの投稿をWordPressサイトに表示させることもできます。訪問者がFacebookを使っていれば、いいね！やシェアして広めてくれます。WordPressとSNSを併用して集客アップにつなげましょう。

1 Facebookページを埋め込む

メモ WordPressにFacebookページを載せる

Facebookのページプラグインを使うと、WordPressにFacebookページを載せることができます。ここで解説する方法で載せれば、サイトを移動せずにその場で「いいね!」を付けたり、「シェア」したりができます。なお、Facebookページを作成していない場合は、Facebookにログイン（未登録の場合は新規登録）して、https://ja-jp.facebook.com/pages/createから作成してください。

あらかじめ、埋め込みたいFacebookページのURLを確認しておきます。

1 「FACEBOOK for Developers」https://developers.facebook.com/docs/plugins/　にアクセスします。

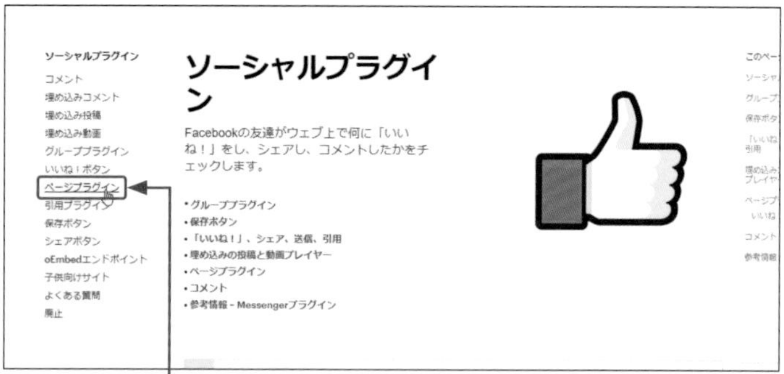

2 左のメニューの<ページプラグイン>をクリックします。

3 FacebookページのURLを入力します。

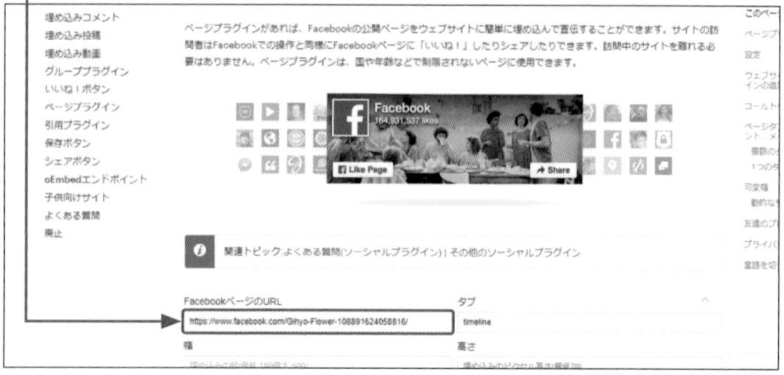

メモ Facebookページ

Sec.46でも説明しましたが、個人のFacebookアカウントの投稿ではなく、Facebookページなので間違えないようにしましょう。

4 ＜コードを取得＞をクリックします。

5 コードが表示されます。「Step1」のコードをクリックし、

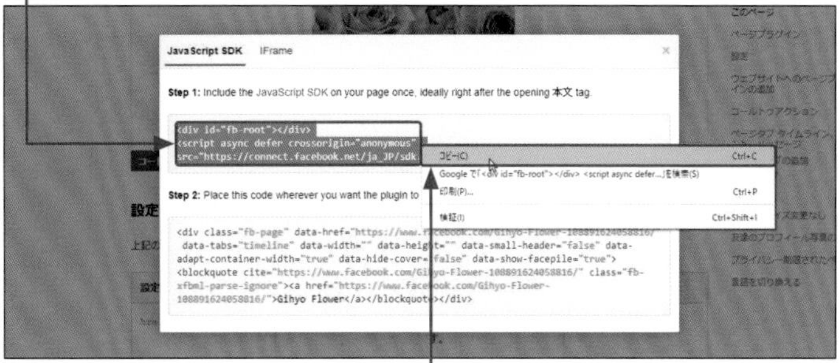

6 反転した上で右クリックし、＜コピー＞をクリックします。

WordPressのダッシュボードを表示し、Facebookページを埋め込むページを開きます。

7 Facebookページを追加する箇所をクリックし、

8 ＜ブロックを追加＞をクリックし、

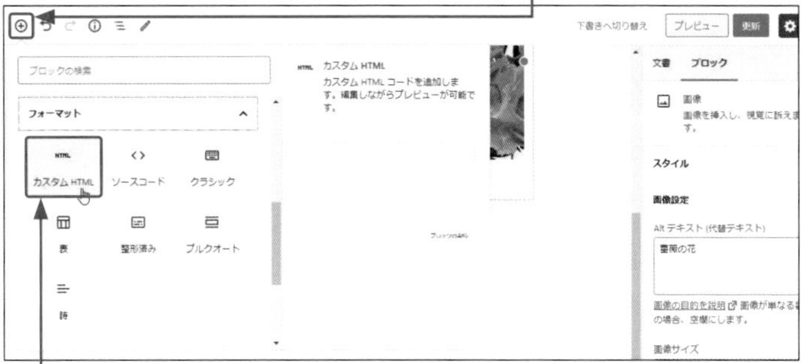

9 ＜フォーマット＞にある＜カスタムHTML＞をクリックします。

メモ　Facebookの表示サイズの変更

表示させるFacebookページの幅と高さを指定することも可能です。その場合は手順**4**の画面で、「幅」と「高さ」を指定してください。

キーワード　JavaScript SDK

JavaScript SDK は、JavaScriptを使ってデータを呼び出すプログラムです。Step1とStep2のコードがありますが、両方をコピーして貼り付けないと表示されません。

メモ コードをコピーする方法

コードをクリックすると選択した状態になり、キーボードの Ctrl キーを押しながら C キーを押してもコピーできます。貼り付けるときには Ctrl キーを押しながら V キーを押します。

10 ボックス内を右クリックし、

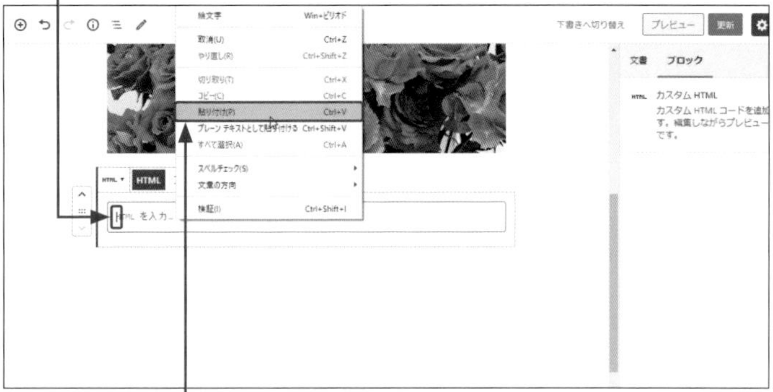

11 ＜貼り付け＞をクリックします。

12 JavaScript SDKのコードの画面に切り替えます。

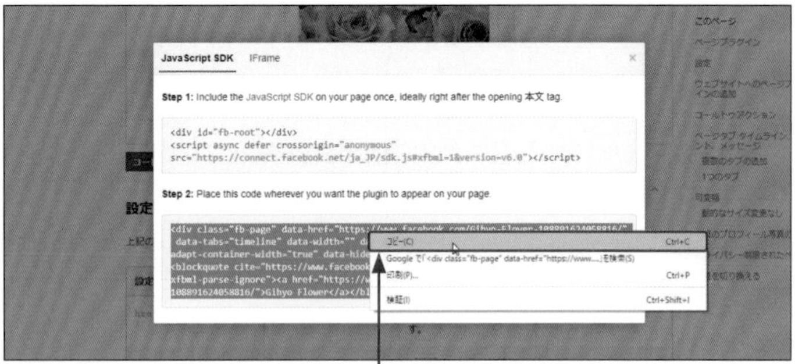

13 「Step2」のコードをコピーします。

14 WordPressの画面に戻り、先ほどのコードの下に「カスタムHTML」ブロックを追加して貼り付けます。

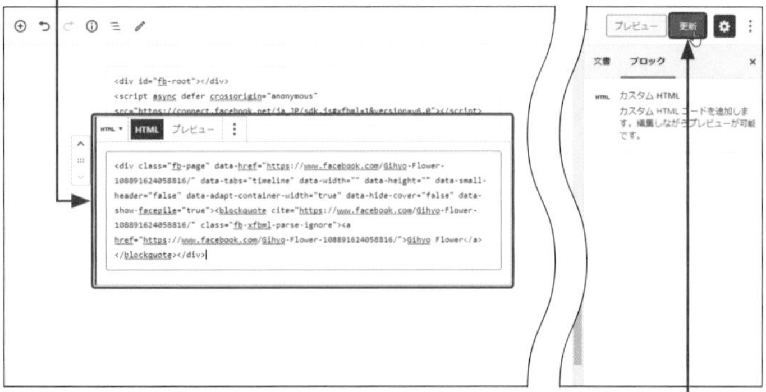

15 ＜更新＞をクリックします。

メモ 埋め込みの表示を確認する

埋め込んだら、正しく表示されているかをサイトにアクセスして確認しましょう。表示されない場合はコードの貼り付け場所が間違えていないか確認してください。

Chapter 07

第7章

ホームページを運用・管理しよう

Section 71 アクセス解析ツールを設置しよう
72 検索エンジンに検索してもらえるようにしよう
73 リンク切れがないか確認しよう
74 サイト管理者を追加しよう
75 スマートフォンやタブレットからも投稿しよう
76 メディアライブラリで写真や動画を確認しよう
77 ホームページのバックアップと復元について知ろう

Section 71

アクセス解析ツールを設置しよう

覚えておきたいキーワード
- Google アナリティクス
- アクセス解析
- リアルタイム

アクセス解析を使うと、何日に何人来たのか、どこから来たのか、どんな言葉に興味があるのかなどがわかります。それを見て、サイトの内容を改善すれば、アクセスアップに繋がります。プラグインもありますが、ここではよく使われているGoogleアナリティクスを解説します。

1 Googleアナリティクスを始める

メモ Googleアナリティクス

Googleアナリティクスは、Googleが提供するアクセス解析サービスです。無料ながらも高機能なので多くのサイト運営者が利用しています。

1 Googleアナリティクスのページ（https://analytics.google.com/analytics/web/provision/）にアクセスし、

2 Googleアカウントのメールアドレスを入力します。

3 パスワードを入力し、

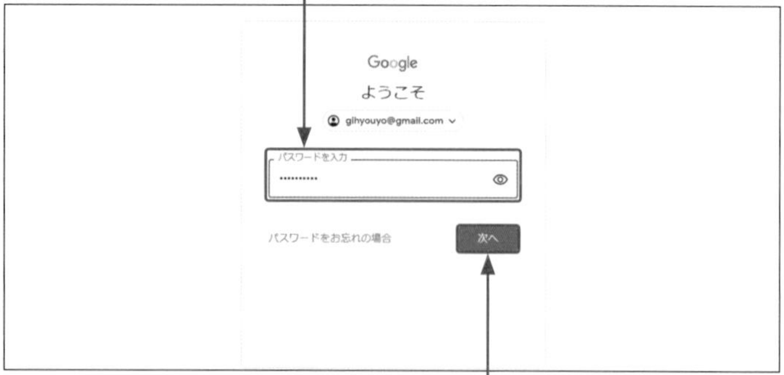

4 <次へ>をクリックします。

メモ Googleアカウント

Googleアナリティクスを使用するには、Googleアカウントが必要です。まだ取得していない場合は手順1の画面で<アカウントを作成>をクリックして登録してください。Androidの場合は、Google Playを利用するためにすでに取得済みなのでそのアカウントを使用してもかまいません。

5 ＜無料で設定＞をクリックします。

6 ＜アカウント名＞を入力し、

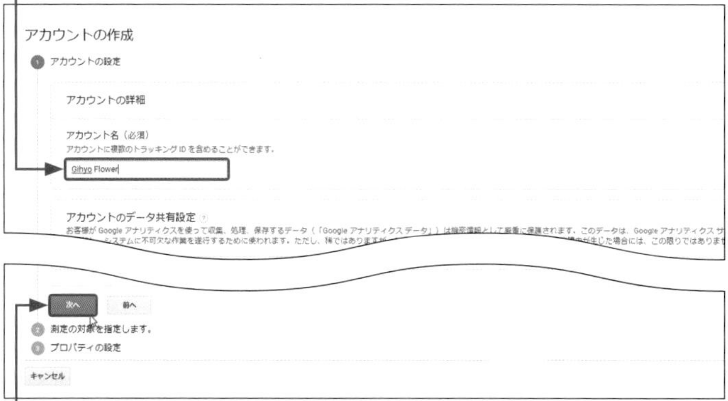

7 ＜次へ＞をクリックします。

8 ＜ウェブ＞をクリックし、

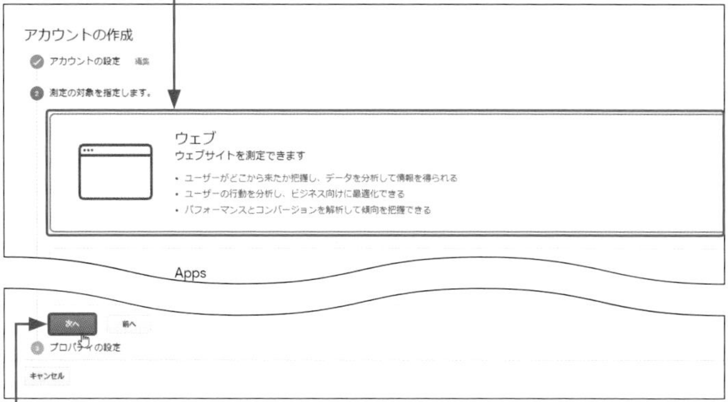

9 ＜次へ＞をクリックします。

ステップアップ　Google アナリティクスの有料版

Google アナリティクスには、アナリティクス360という有料版もあります。高度な解析やサポート、データ量無制限など、無料版にない機能やサービスがありますが、通常は無料版でも十分です。

メモ　スマホサイトの解析

ここでは、パソコンサイトでのアクセス解析法を説明しますが、手順8で＜Apps＞をクリックしてスマホサイトを解析できます。また、執筆現在ベータ版ですが、＜アプリとウェブ＞をクリックすると、パソコンとスマホの両方のサイトを一緒に分析できます。

メモ　ウェブサイトのURL

手順11では、https://」または「http://」以降のアドレスを入力します。SSL化したサイト（Sec.07参照）の場合は、httpsを選択してください。

10 サイト名を入力し、

11 ウェブサイトのURLを「https」または「http」に設定して、URLを入力します。

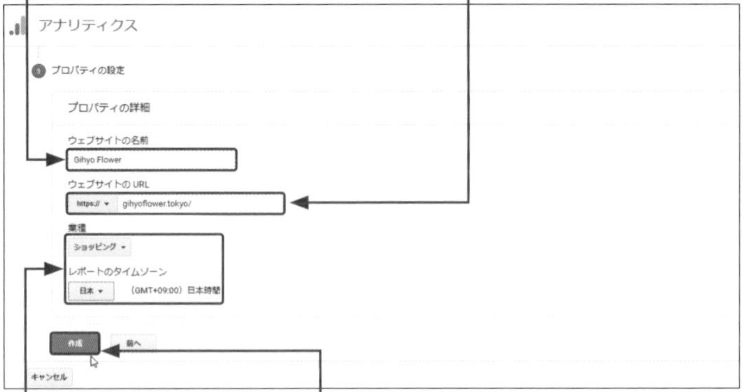

12 業種と国名を選択し、

13 <作成>をクリックします。

14 2か所にチェックを付け、

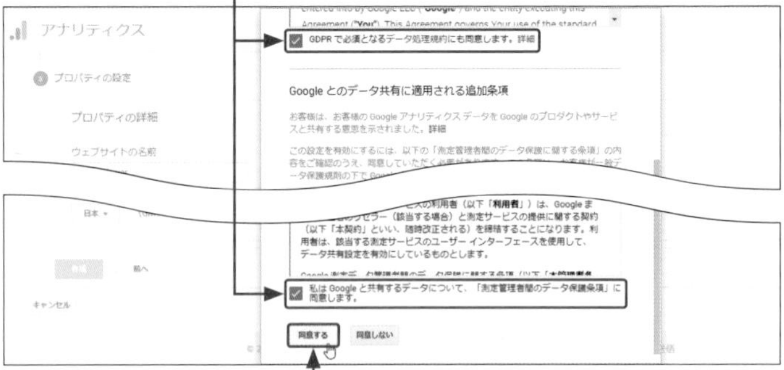

15 <同意する>をクリックします。

16 必要なメールの配信を選択し、

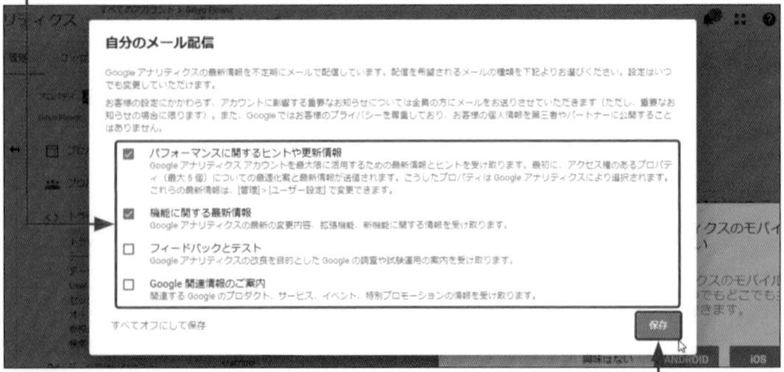

17 <保存>をクリックします。

メモ　プライバシーポリシーを記載する

Googleアナリティクスを利用するには、プライバシーポリシー（収集したデータをどのように使うのかなど）を記述しておく必要があります。テーマにはじめからプライバシーポリシーのページが用意されている場合は修正して使用するとよいでしょう。

2 WordPressサイトにコードを貼り付ける

1 Googleアナリティクスの画面の<グローバルサイトタグ>をクリックし、

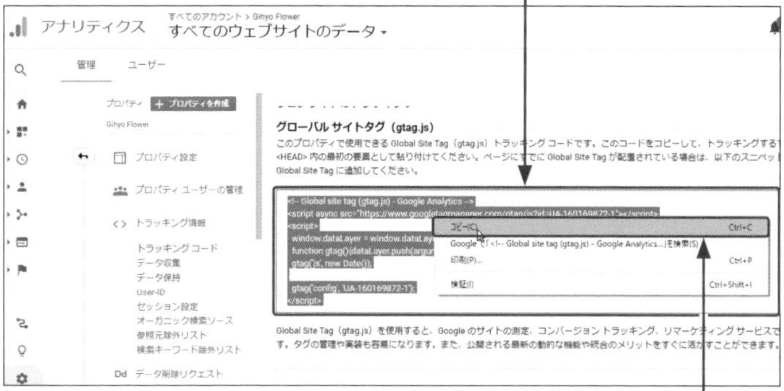

2 反転した上で右クリックし、<コピー>をクリックします。

3 WordPressの編集画面に戻り、<外観>をクリックし、

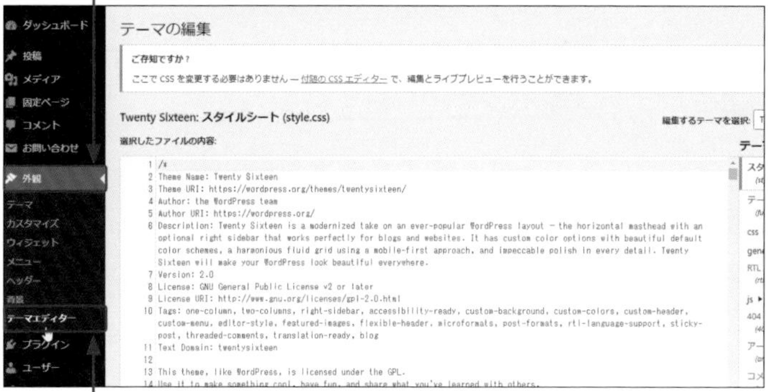

4 <テーマエディター>をクリックします。

5 <テーマヘッダー>をクリックします。

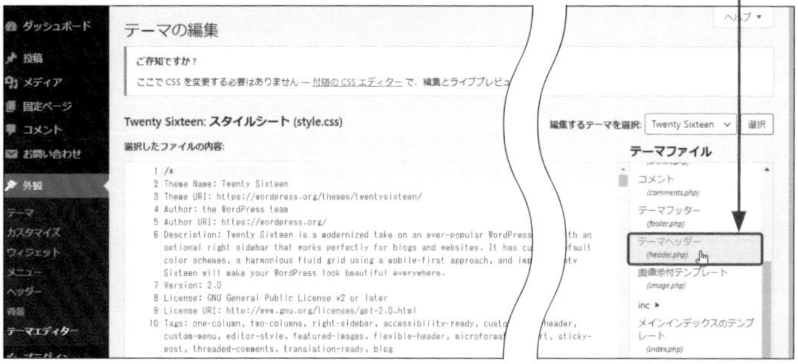

メモ グローバルサイトタグ

グローバルサイトタグは、解析するページへ埋め込むコードのことです。タグが表示されていない場合は、画面左の<管理>をクリックし、「トラッキング情報」の<トラッキングコード>をクリックすると表示できます。

注意　テーマエディターを使うときの注意

テーマエディターは、コードを直接編集する機能です。間違えて入力すると、サイトが正常に表示されなくなる場合があるので注意してください。
特に初心者は慎重に操作するようにしましょう。

6 </head>の前を右クリックし、

7 <貼り付け>をクリックします。

8 手順2でコピーした<!-- Global site～>～</script>が記述されたことを確認します。

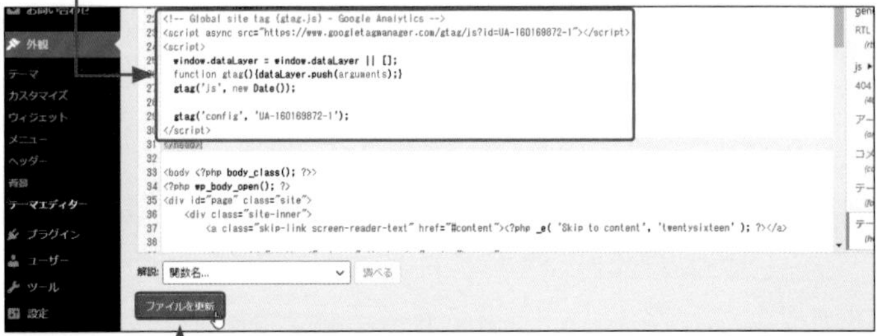

9 <ファイルを更新>をクリックします。

3 アクセス解析をする

メモ　Googleアナリティクスの見方

左のメニューから選択して、訪問者の数やページが開かれた回数、どこから来たのかなどさまざまなデータを見ることができます。

1 Googleアナリティクスに切り替えます。

2 <リアルタイム>をクリックし、

3 <概要>をクリックします。

4 現在アクセスしているユーザー数や閲覧しているページなどがわかります。

第7章 ホームページを運用・管理しよう

5 <ユーザー>をクリックし、

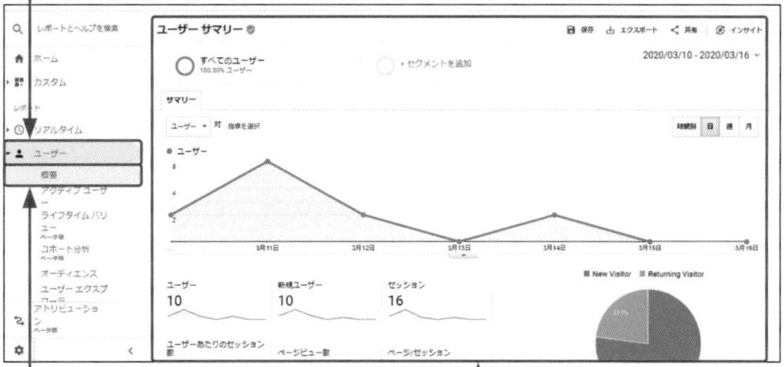

6 <概要>をクリックします。

7 訪問者数やページビュー数（ページが開かれた回数）を確認できます。

8 <集客>をクリックし、

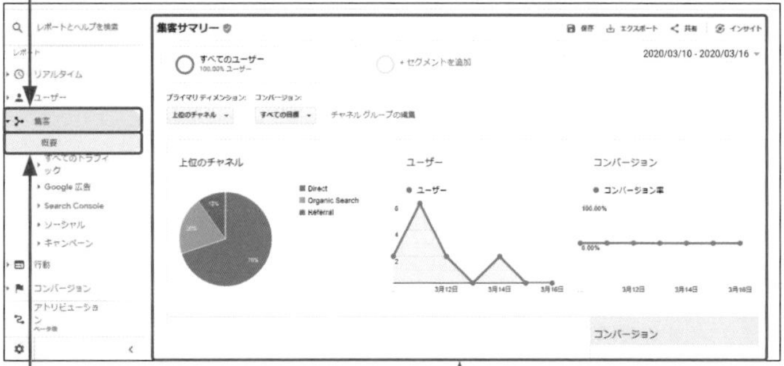

9 <概要>をクリックします。

10 どうやってたどり着いたかがわかります。

11 <行動>をクリックし、

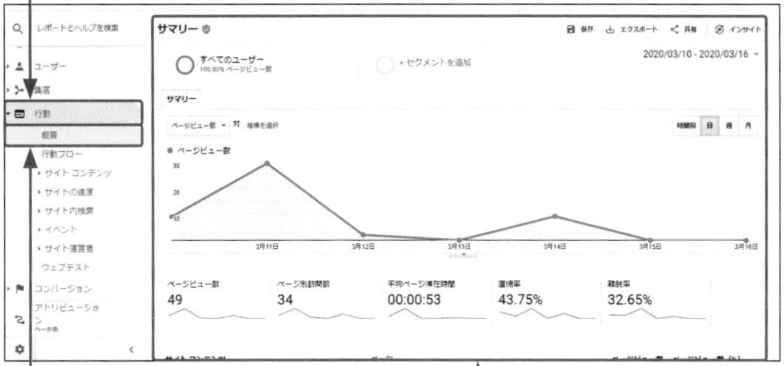

12 <概要>をクリックします。

13 ページ別の訪問数や平均ページ滞在時間などを見ることができます。

メモ　訪問者の年齢や性別

<ユーザー>の<ユーザー属性>→<概要>をクリックし、<有効化>をクリックすると、訪問者の年齢や性別などを詳しく把握できます。特定の年齢層をターゲットにしたサイトの場合は参考にしてください。

メモ　訪問者の地域

手順**7**の画面下にある「市区町村」をクリックするとユーザーがどこからアクセスしているかがわかります。実店舗のサイトの場合は、チラシを配布する地域や看板を設置する場所の参考にもなります。

Section 72 検索エンジンに検索してもらえるようにしよう

覚えておきたいキーワード
- Google Search Console
- 所有権の確認
- XML サイトマップ

検索サイトに表示する順位を決めるために、検索エンジンというロボットがネット上を巡回しています。できるだけ早く検索エンジンに来てもらい、サイトの内容を正確に把握してもらうことが検索結果の上位に表示させるコツです。Google Search Console を使って対策をしましょう。

1 HTMLファイルで所有権を確認する

1 Google Search Console（https://search.google.com/search-console/about?hl=ja）にアクセスします。

2 <今すぐ開始>をクリックします。

3 <URLプレフィックス>をクリックし、

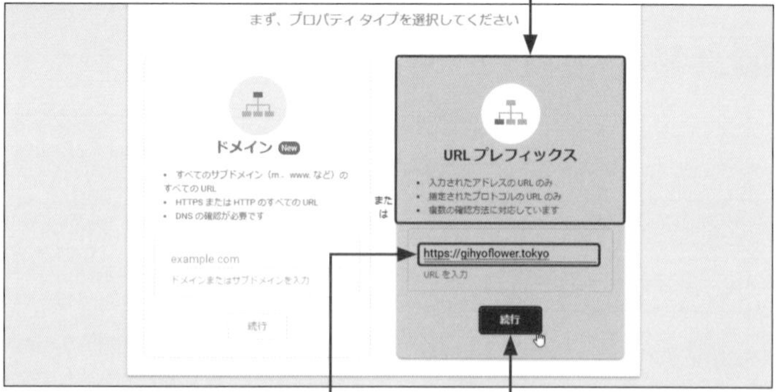

4 サイトのURLを入力します。

5 <続行>をクリックします。

メモ Google Search Consoleとは

Google の検索結果で表示されるサイトの順位を監視、管理、改善するためのサービスです。Sec.71 の Google アナリティクスは、サイトに訪れた人の行動を解析するサービスですが、Google Search Console は、サイトに来てもらうために検索サイトでの順位を監視・管理するサービスです。

メモ Google Search Consoleを利用するための手順

まずは、サイトの所有者であることを証明するための手続きをします。所有権の確認方法は複数ありますが、ここではファイルをダウンロードして自分のサイトにアップロードする方法を解説します。次に、サイトマップを作成し、Google Search Console に送信します。

メモ Google アカウントにログインする

Google アカウントにログインしていない場合は、手順**1**の後にログイン画面が表示されるので、取得しているアカウントとパスワードを入力してログインしてください。

6 ＜ファイルをダウンロード＞ボタンをクリックします。

7 Chromeの場合は左下にファイルのボタンが表示されます（Edgeの場合は＜保存＞ボタンをクリック）。

メモ　所有権の確認

Google Search Consoleを使うには、実際にそのサイトの所有者であることを確認する作業が必要です。Sec.71のGoogle アナリティクスを同じGoogleアカウントで使用している場合は、手順**6**の画面で「所有権を自動確認しました」と表示され簡単に所有権の確認ができます。Googleアナリティクスを使わない場合は、ここでのようにHTMLファイルをアップロードするか、ページにメタタグを貼り付ける方法で行ってください。

2 ダウンロードしたファイルをサーバーに転送する

1 ロリポップ！（https://lolipop.jp/）にアクセスしログインします。

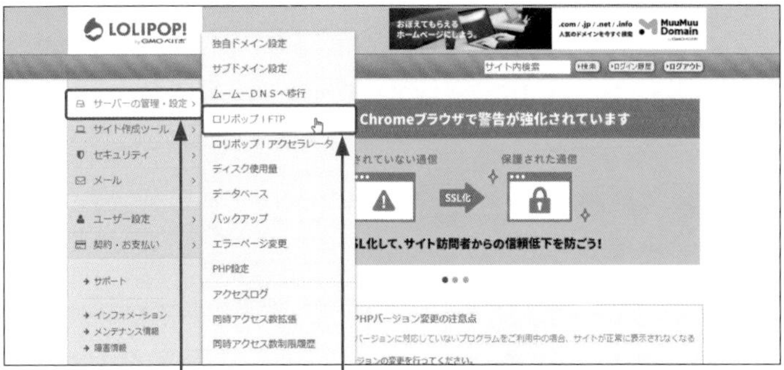

2 ＜サーバーの管理・設定＞をポイントし、

3 ＜ロリポップ！FTP＞をクリックします。

メモ　ロリポップ!のログイン方法

ロリポップ！（https://lolipop.jp/）にアクセスし、右上の＜ログイン＞をクリックして、＜ユーザー専用ページ＞をクリックします。ドメインとパスワード入力して＜ログイン＞をクリックします。

4 ＜アップロード＞をクリックします。

メモ　HTMLファイルの転送

通常、ダウンロードしたファイルをアップロードするには、FTP転送ツールが必要ですが、ロリポップ!では、別途ソフトを使用しなくても、管理画面から転送することができます。

注意 ファイルのアップロード先

ダウンロードしたファイルは、WordPressのファイル一式がある場所にアップロードします。通常はそのままアップロードできますが、もしWordPressをインストールする際にフォルダーを作成した場合はそのフォルダーの中にアップロードしてください。

5 <ファイルを選択する>をクリックします。

6 先ほどダウンロードしたファイルをクリックし、

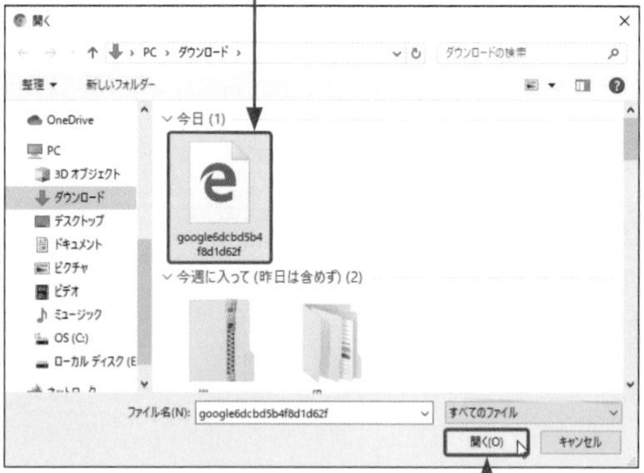

7 <開く>をクリックします。

8 <アップロードする>をクリックします。

メモ アップロードするファイルの見分け方

ダウンロードしたHTMLファイルは、「google」ではじまるファイル名です。

9 ファイルがアップされたことを確認します。

3 Google Search Console で所有権を確認する

1 Google Search Consoleの画面に戻り、所有権の確認画面で<確認>をクリックします。

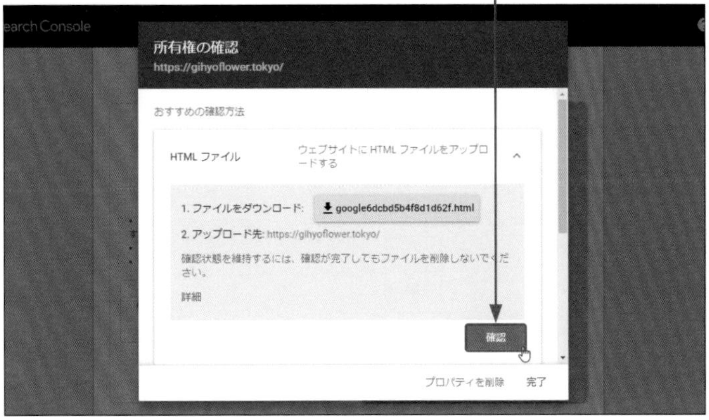

2 <完了>をクリックします。

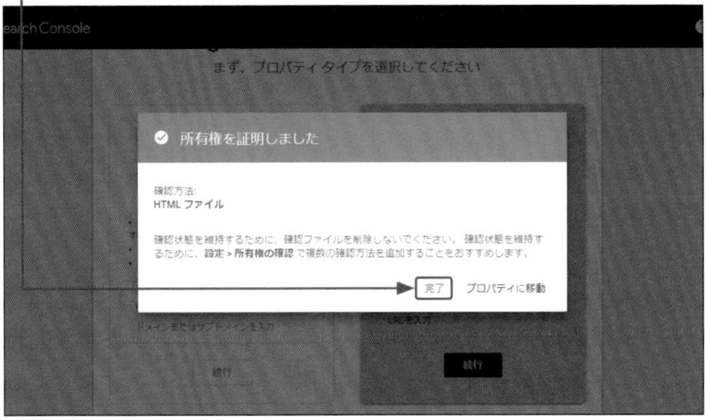

メモ 所有権の確認を完了する

ダウンロードしたHTMLファイルをサーバーにアップロードしたので、Google Search Consoleに確認してもらいます。確認できたら「所有権を確認しました」のメッセージが表示されます。

4 サイトマップを作成する

キーワード XMLサイトマップ

所有権の確認が完了したら、XMLサイトマップを作成します。XMLサイトマップは、サイト内にどのようなページがあるかをリストにしたもので、検索エンジンが巡回してきたときの参考になるように作成します。そうすることで、検索結果の上位に表示されやすくなります。Sec.55で説明した「All In One SEO」には、XMLサイトマップを作成・管理できる機能があります。

1 WordPress画面でSec.55のAll in One SEOを有効化します。

2 サイドメニューの＜All in One SEO＞をクリックして、

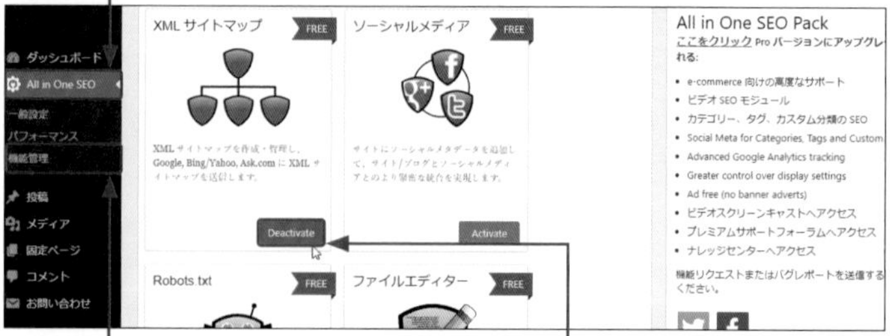

3 ＜機能管理＞をクリックします。

4 ＜XMLサイトマップ＞の＜Deactivate＞になっていることを確認します。

5 All in One SEOの＜XMLサイトマップ＞をクリックし、

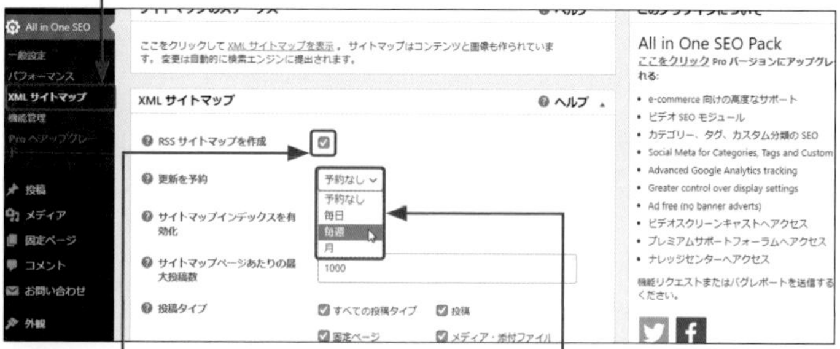

6 RSSサイトマップを作成にチェックを付け、

7 ＜更新を予約＞をクリックして「毎週」を選択します。

8 スクロールして＜サイトマップを更新＞をクリックします。

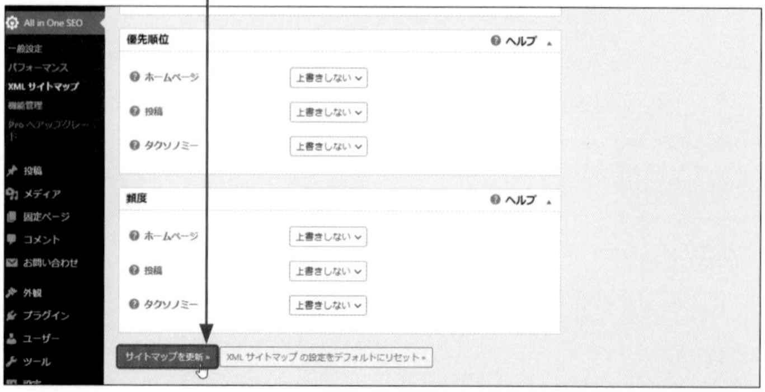

メモ メニューにXMLサイトマップがない場合

手順5でXMLサイトマップを選択できない場合は、手順4で＜Activate＞をクリックして＜Deactivate＞にしてください。

ヒント ページ優先度

重要なページは検索エンジンに知らせるために、手順7の画面下にある「追加ページ」にURLを入力し、優先度（0.0〜1.0）を高く設定します。

5 Google Search Consoleにサイトマップを送信する

Google Search Consoleを表示しています。

1 <サイトマップ>をクリックし、

2 「sitemap.xml」と入力し、

3 <送信>をクリックします。

4 <OK>をクリックします。

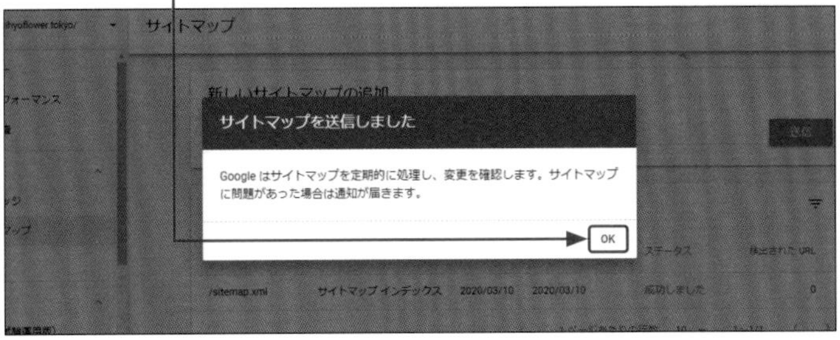

5 XMLサイトマップを送信しました。

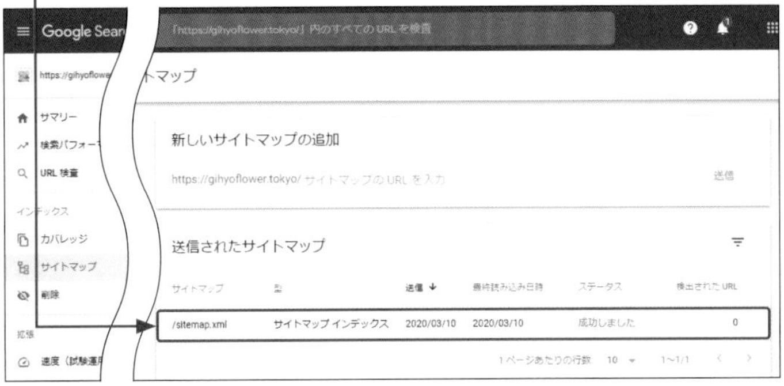

6 「成功しました。」と表示されます。

メモ XMLサイトマップの送信

サイトマップの送信が完了すると「成功しました」と表示されます。失敗した場合は、「All in One SEO」でXMLサイトマップが有効になっているかを確認し、再度XMLサイトマップを送信してください。

メモ XMLサイトマップの更新

ページを追加したり、削除したりなどサイトを編集するとXMLサイトマップの中身も変わるので、そのたびにXMLサイトマップを作り直さなければなりません。「All In One SEO」なら、自動的に更新してくれるので直し忘れることがなく、手間がかかりません。

Section 73 リンク切れがないか確認しよう

覚えておきたいキーワード
- Broken Link Checker
- URL を編集
- リンクの種類

リンク先の設定にミスがあったり、間違えて画像を削除したりすることがあるかもしれません。気づかずにそのままにしていると、訪問者が困るのはもちろんのこと、検索エンジンが巡回してきたときにも不利になります。そこで、リンクエラーをチェックできるプラグインがあるので紹介します。

1 Broken Link Checker を設定する

1 Sec.52の方法でBroken Link Checkerを検索してインストールします。

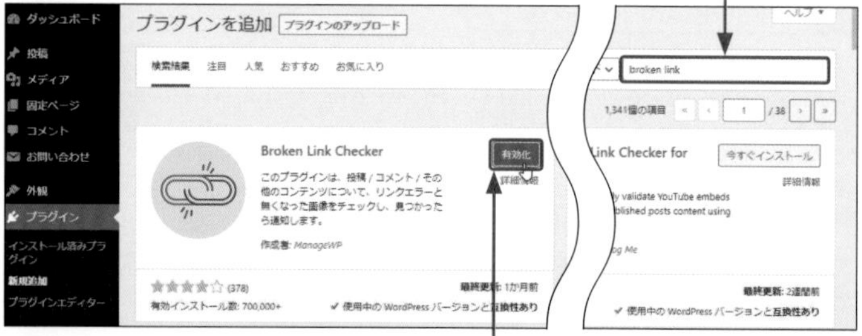

2 ＜有効化＞をクリックします。

3 「設定」をクリックし、

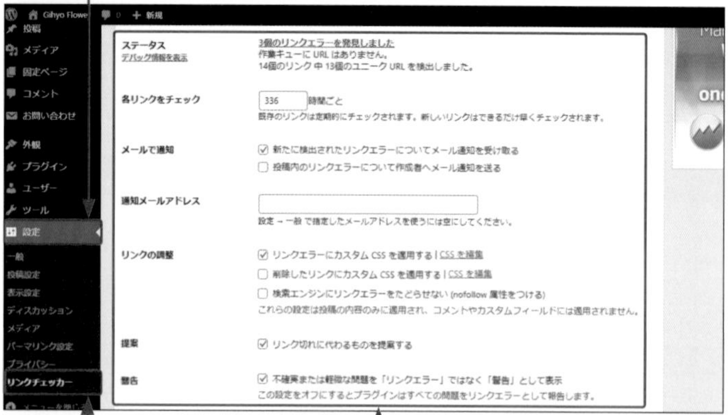

4 ＜リンクチェッカー＞をクリックします。

5 リンクのチェックに関する項目を必要に応じて設定します。

メモ Broken Link Checker

リンク切れがないかをチェックできるプラグインで、URLの入力ミスを確認できます。また、リンク先のアドレス変更でリンクが切れることもあるので、定期的にチェックができます。リンク切れをメールで通知することも可能です。

メモ 各リンクをチェック

サイドメニューの＜設定＞をクリックし、＜リンクチェッカー＞をクリックすると設定ができます。初期値では3日になっていますが、チェックしている時間はサーバーに負担がかかるので、240時間（10日）や336時間（14日）など長めに設定しておきましょう。

メモ リンクエラーの通知

リンクのエラーが見つかったときに通知を受け取るには、手順5で＜新たに検出されたリンクエラーについてメール通知を受け取る＞にチェックを付けます。

6 スクロールして<変更を保存>をクリックします。

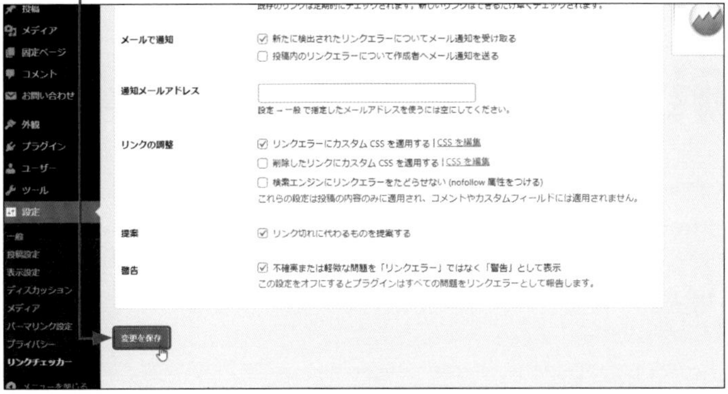

7 <一般>タブに「〇のリンクエラーを発見しました」と表示された場合はクリックします。

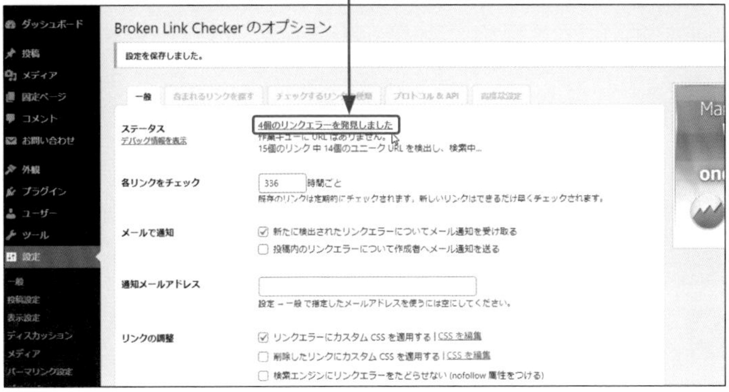

8 リンク先のミスや画像が設定されていないなどのエラーが表示されます。

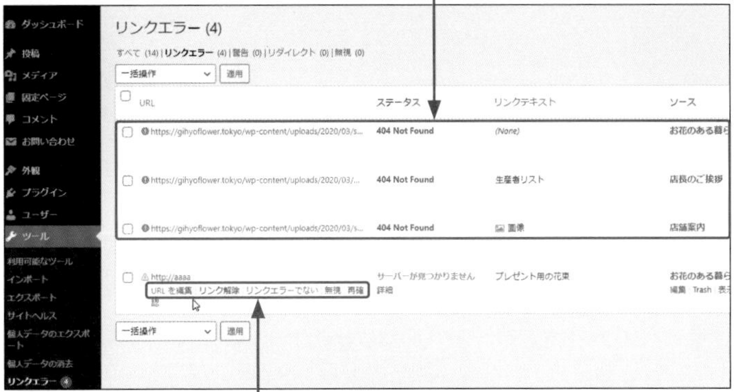

9 ポイントすると5つの対処法を選択できます。

ステップアップ 高度な設定

手順**5**の画面で「高度な設定」をクリックすると詳細設定ができます。<バックグラウンドで1時間ごとに実行する>は、操作が重くならないようにオフにしておきましょう。また、リンクを読み込む時間制限やサーバー負荷の制限、ログの保存なども可能です。

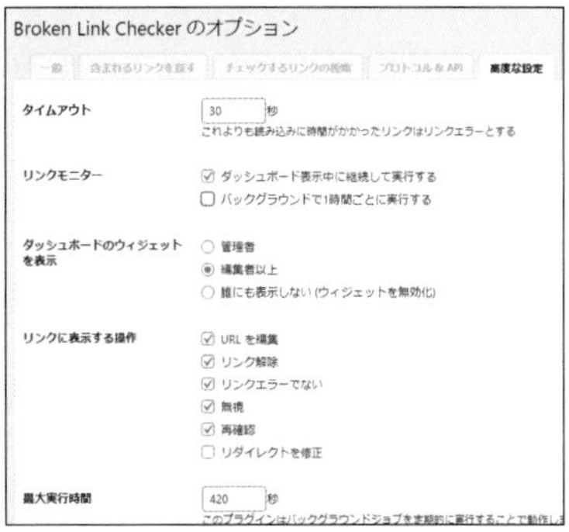

メモ リンクの種類

「チェックするリンクの種類」タブではチェックするリンクの種類です。チェックしたい項目があれば選択してください。既定のままでもかまいません。

メモ リンクの修正

URLの記述にミスがある場合は、手順**9**で<URLを編集>をクリックすると、リンクを編集できます。「リンク解除」をクリックすると、リンクが削除されます。このままのテキストでよい場合は「リンクエラーではない」をクリックします。

Section 74

サイト管理者を追加しよう

覚えておきたいキーワード
- ☑ ユーザーの追加
- ☑ 権限
- ☑ パスワード

企業や店舗のサイトの場合、複数人で記事を投稿することもあるでしょう。その場合は、WordPressにログインするアカウントを別途用意してください。管理者は重要な役割なので、基本的には1人にし、他の人には投稿者や編集者などの権限を割り当てましょう。パスワードも別のパスワードにします。

1 ユーザーを追加する

メモ ユーザー情報の入力

追加するユーザーの名前とメールアドレスを入力します。ユーザー名はログインに使うものです。半角英数字で入力します。

1 サイドメニューの<ユーザー>をクリックし、

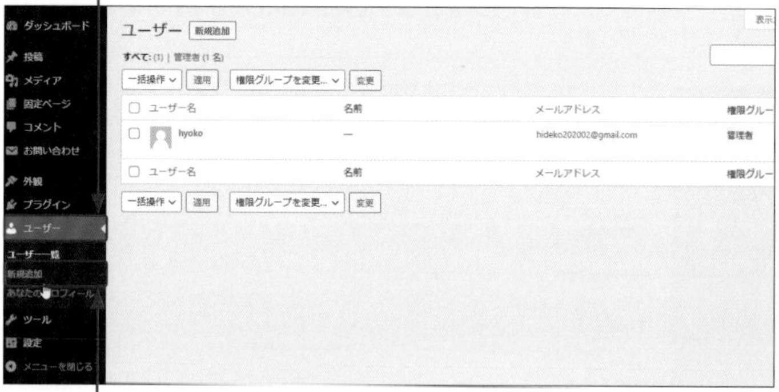

2 <新規追加>をクリックします。

3 ユーザー名やメールアドレスなどを入力します。

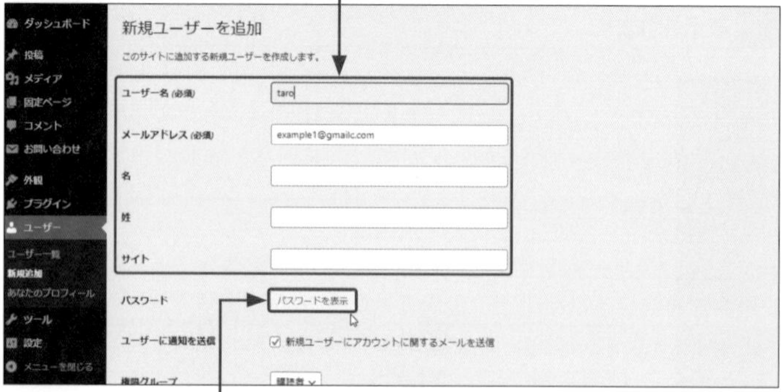

4 <パスワードを表示>をクリックします。

メモ 追加したユーザーに通知する

手順4の下にある<新規ユーザーにアカウントに関するメールを送信>にチェックを付けると、追加した人にメールが届き、ユーザー名やパスワードが送信されます。

5 パスワードを設定します。

6 <権限グループ>を設定し、

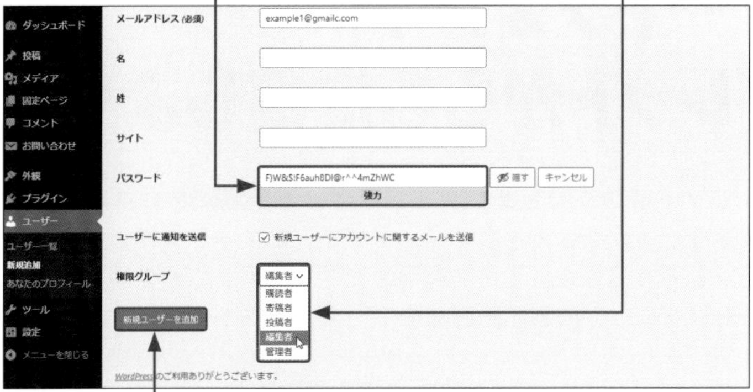

7 <新規ユーザーを追加>をクリックします。

> **メモ　権限グループ**
>
> WordPressでは、下記のような権限をユーザーに設定できます。
> 購読者…記事の閲覧とコメントができます。
> 寄稿者…記事の作成と編集はできますが、公開は不可です。
> 投稿者…記事の作成、編集、公開ができます。
> 編集者…記事の作成、編集、公開、削除、コメントの承認などができます。設定やユーザーの追加などはできません。
> 管理者…すべての操作ができます。

2 別のユーザー名でログインする

WordPressから一度ログアウトし、ログイン画面を表示しています。

1 先ほど設定したユーザー名とパスワードを入力して、ログインします。

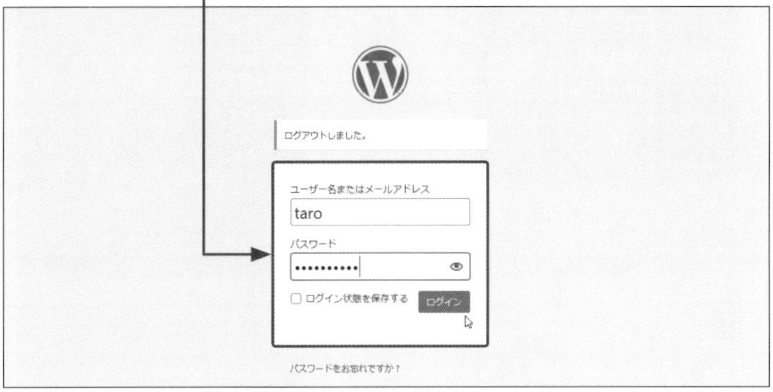

2 別のユーザーとしてログインできました。

> **メモ　追加したユーザーの確認**
>
> サイドメニューの<ユーザー>をクリックすると、追加したユーザーを確認できます。

Section 75 スマートフォンやタブレットからも投稿しよう

覚えておきたいキーワード
- WordPress アプリ
- スマホでの投稿
- スマホでコメント管理

WordPressのメリットはいくつもありますが、ネット環境があればいつでもどこでも投稿できるという点は大きなメリットです。スマホやタブレットのブラウザでログインして投稿できますが、専用のアプリも用意されています。アプリならスマホやタブレットの専用画面なので、楽に操作ができます。

1 アプリでログインする

メモ WordPressアプリ

Word Press用のアプリがあります。スマホやタブレットなら、どこにいても投稿することができ、撮影した写真をすぐに載せることが可能です。iPhoneの場合はApp Storeから、Androidの場合はPlayストアからインストールします。

1 WordPressアプリをApp Storeで検索し、

2 <入手>をタップしてインストールします。

3 起動します。

4 <ログイン>をタップします。

5 <または、サイトアドレスを入力してログインしてください>をタップし、

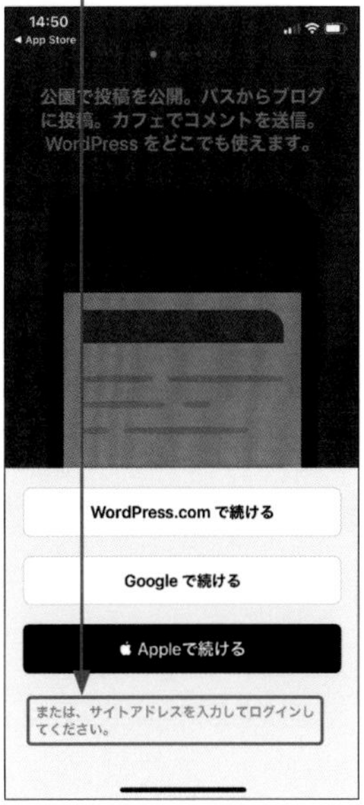

6 サイトのアドレスを入力し、

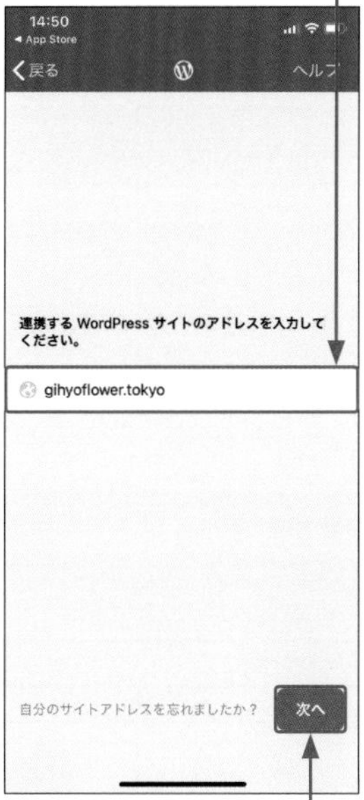

7 <次へ>をタップします。

8 ユーザー名とパスワードを入力し、

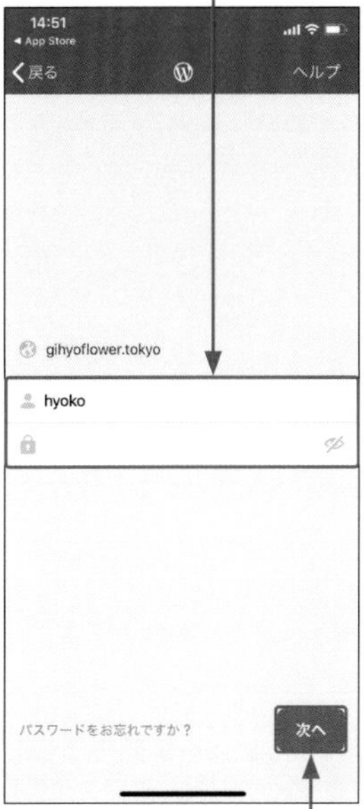

9 <次へ>タップします。

10 サイト名が正しいことを確認し、

11 <完了>タップします。

メモ WordPressアプリの使い方

いち早く届けたい情報の投稿や、コメントへの返信は早い方が良いのでアプリがおすすめです。ただし、WordPressアプリは、すべての機能が使えるわけではなく、固定ページの作成もパソコンから行った方が丁寧にできます。

メモ ログイン情報

ログイン時に入力するユーザー名とパスワードは、パソコンのログイン時と同じです。忘れた場合は、手順8の画面で<パスワードをお忘れですか?>をタップしてWeb版で再設定ができます。新しいパスワードは、次回以降使うことになるので忘れないようにしましょう。

2 記事を投稿する

メモ 固定ページの作成

固定ページを作成する場合は、手順1の画面上部にある<ページ>をタップして作成します。

メモ ブロックの追加

手順5の画面で、左下の「+」をタップすると、いろいろなブロックを追加でき、固定ページの編集ができます。

メモ 文字の書式設定

手順5の画面下部にあるボタンを使って、太字や斜体、リンクの設定などができます。

メモ 下書きとして保存

手順6で、右上の…をタップし、「下書きとして保存」(Androidの場合は「保存」)をタップして保存できます。または「プレビュー」を選択します。パソコンから開いて再編集できるので、スマホで途中まで入力し、パソコンで公開することが可能です。

1 サイトの管理画面が表示されます。

2 <ブログの投稿>をタップします。

3 「+」をタップします。

4 タイトルを入力し、

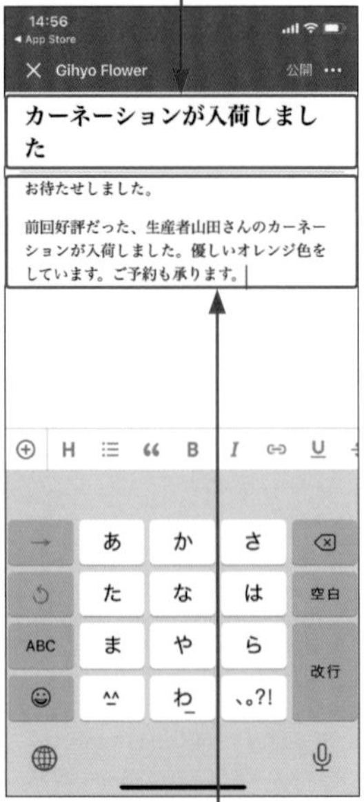

5 記事を入力します。

6 …をタップし、<プレビュー>をタップして確認できます。

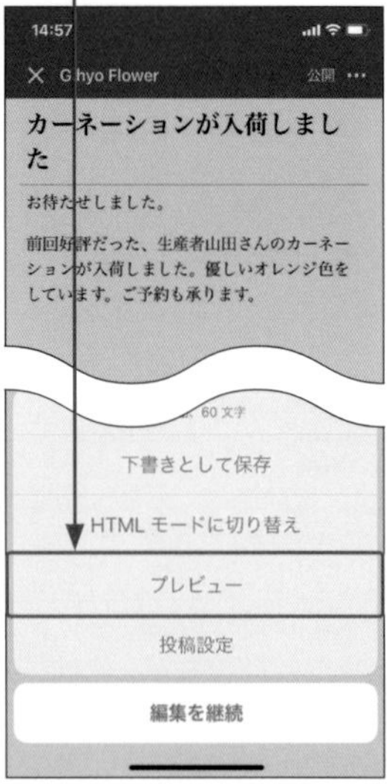

7 プレビュー画面の下部にある<公開>をタップするとネット上に公開されます。

3 コメントを管理する

1 トップ画面にある<コメント>をタップします。

2 コメント一覧が表示されます。返信したいコメントをタップします。

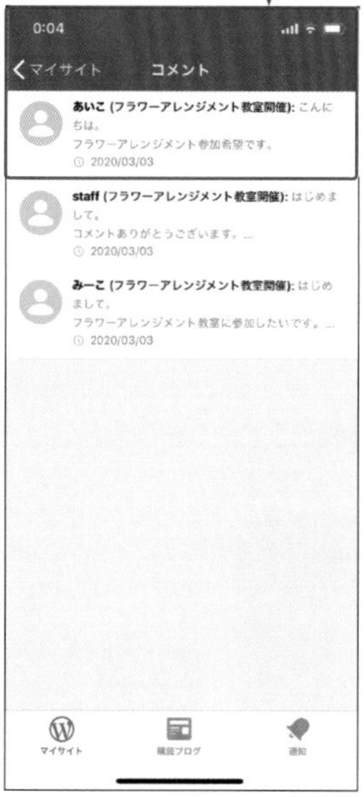

3 下部の<コメントする>をタップして入力し、

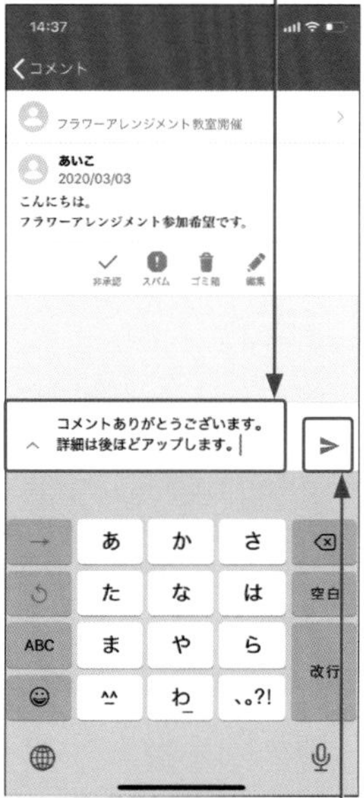

4 <送信>をタップします。

5 送信しました。

6 <をタップして前の画面に戻ります。

メモ サイトの基本情報の変更

トップ画面の<設定>をタップすると、サイトのタイトルやキャッチフレーズを変更することも可能です(執筆時点ではAndroidは不可)。基本的に設定はパソコンで行った方がよいですが、いざというときにはスマホやタブレットでも変更可能です。

メモ コメントの承認

コメントを承認制にしている場合は、手順3の画面で<承認>をタップします。

メモ サイトの表示

実際のサイトにアクセスして確認したい場合は、トップ画面下部にある<サイトを表示>をタップします。

Section 76 メディアライブラリで写真や動画を確認しよう

覚えておきたいキーワード
- メディアライブラリ
- 画像や動画の管理
- 画像の切り抜き

サイドメニューにある「メディア」では、アップロードした画像や動画を確認できます。ここからアップロードすることもできるので、掲載する画像が決まっているのなら、投稿時にその都度アップロードする必要がなくなります。また、画像のトリミングや回転させることも可能です。

1 メディアライブラリを確認する

メモ メディアライブラリ

アップロードした画像や動画はメディアライブラリに表示されます。アップロードしたものの、使用しなかった画像や動画も表示されます。

1 <メディア>をクリックします。

2 アップロードした画像や動画が表示されます。

3 ▤をクリックします。

4 ファイル名やアップロード先が表示されます。

5 画像をクリックします。

6 パーマリンクや画像のURLなどが表示されます。

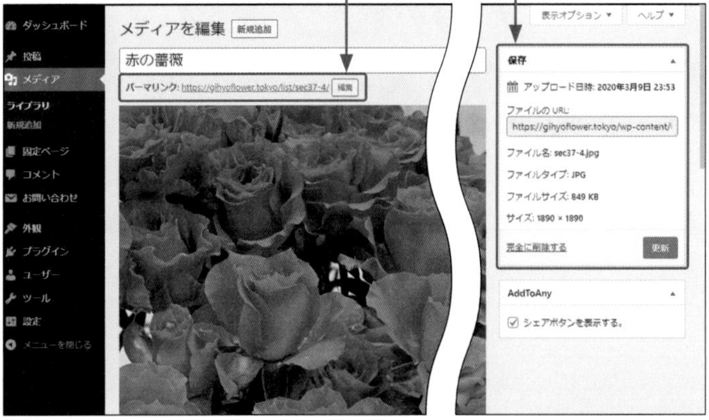

ステップアップ サイズ変更やトリミングも可能

手順6の画像の下部にある＜画像を編集＞をクリックすると、サイズ変更やトリミング、回転などの簡単な編集も可能です。

2 画像を追加する

1 ＜新規追加＞をクリックします。

2 ＜ファイルを選択＞をクリックし画像を追加できます。

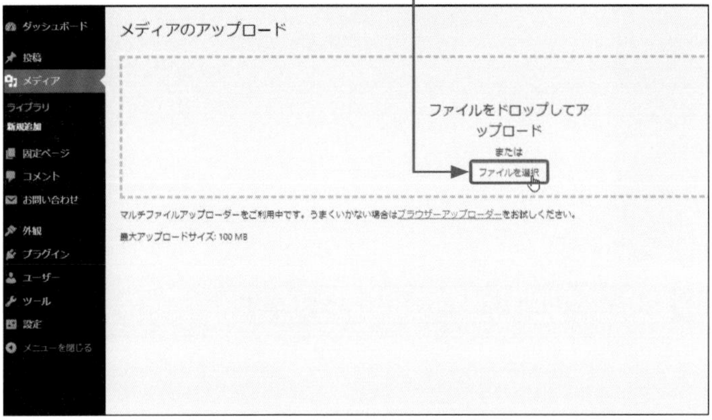

メモ 画像のアップロード

あらかじめサイトに使用したい画像をこの画面でアップロードしておけば、ページ作成の際にすぐに画像を追加できます。

注意 メディアライブラリでの画像の削除

メディアライブラリで画像を削除することができます。ただし、ゴミ箱に移動するのではなく完全に削除されるので注意が必要です。ロゴやヘッダー画像、サイドバーに設置した画像は、「アップロード先」欄に「未使用」となっていますが、削除しないようにしてください。

Section 77 ホームページのバックアップと復元について知ろう

覚えておきたいキーワード
- UpdraftPlus
- 自動バックアップ
- 復元

せっかく作成したサイトが、サーバーのトラブルや悪意のある攻撃で消失するといった事態を想定して、定期的にデータのバックアップを取っておきましょう。バックアップデータがあれば万が一のことが起きても復旧することができます。ここではプラグインを使ってバックアップを取ります。

1 バックアップを取る

メモ UpdraftPlus

WordPressのバックアップは、高度な知識が必要と言われていますが、プラグインのUpdraftPlusを使うと、簡単にバックアップを取ることができます。サイトのテーマのみ、プラグインのみなど、必要なデータを選択してバックアップすることもできます。

1 Sec.52の方法で<updraftplus>を検索し、インストールします。

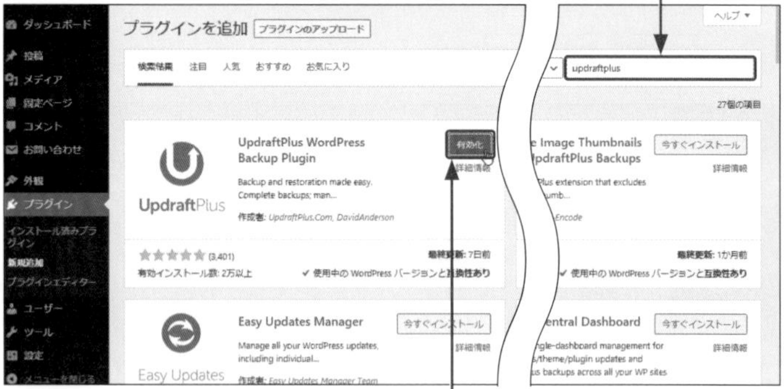

2 <有効化>をクリックします。

3 <設定>をクリックし、

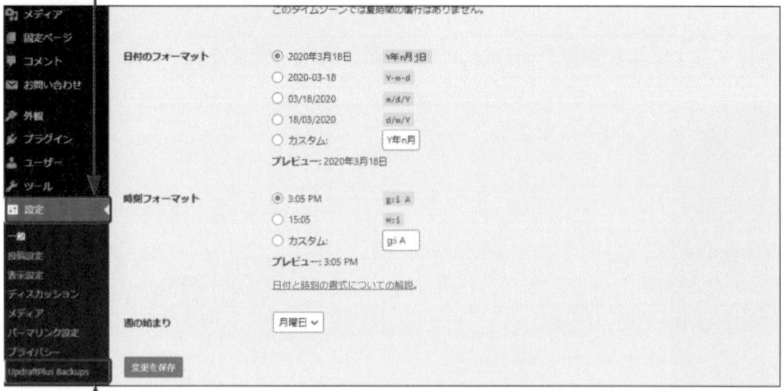

4 <UpdraftPlus Backups>をクリックします。

ヒント レンタルサーバーのバックアップを利用する

ロリポップ!などのレンタルサーバーでは、バックアップサービスが用意されていて、初心者でも簡単にバックアップを取ることができます。その場合も、万が一のことを考えてパソコンに保存しておきましょう。

5 ＜今すぐバックアップ＞をクリックします。

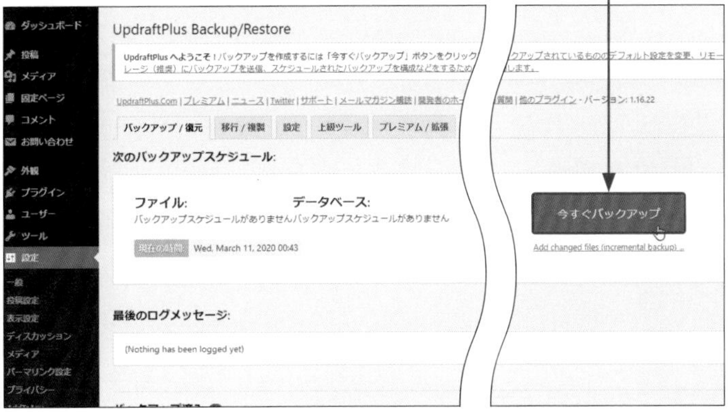

6 ＜今すぐバックアップ＞をクリックします。

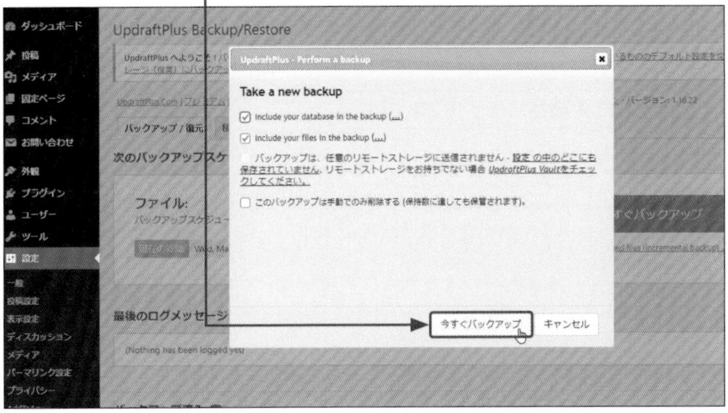

7 バックアップが始まります。

8 ＜閉じる＞をクリックします。

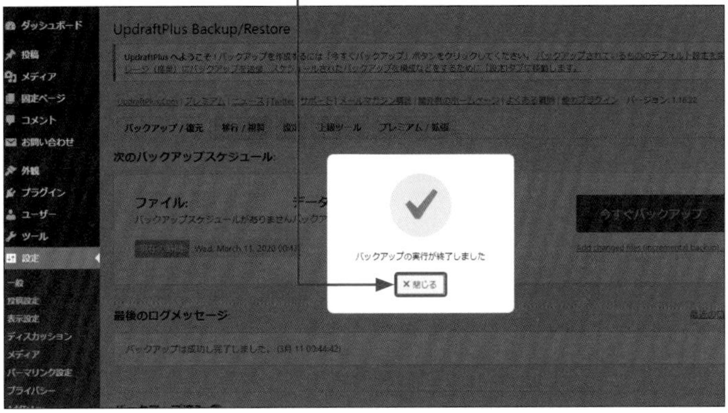

メモ 自動でバックアップを取るには

手順**5**の画面で、＜設定＞タブをクリックし、「ファイルのバックアップスケジュール＞を「月」ごとなどにして＜変更を保存＞をクリックします。保持数はバックアップファイルの数で、「2」にしておけば十分です。

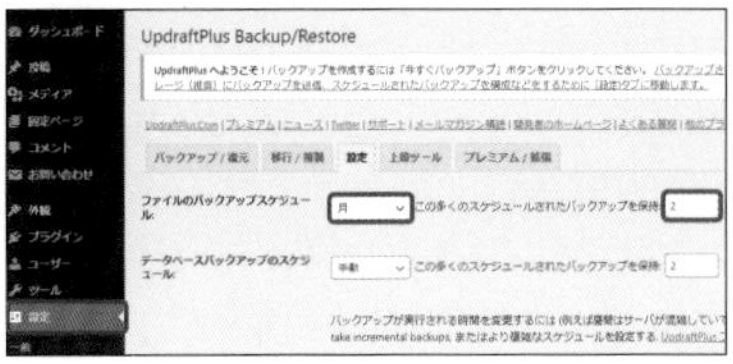

メモ バックアップの完了

バックアップが完了すると「バックアップは成功し完了しました」と表示され、画面下部にバックアップした日時が表示されます。

2 バックアップデータを復元する

1 <設定>をクリックし、

2 <UpdraftPlus Backups>を選択します。

3 画面を下にスクロールして<復元>をクリックします。

4 復元したい項目にチェックを付け、

5 <次へ>をクリックします。

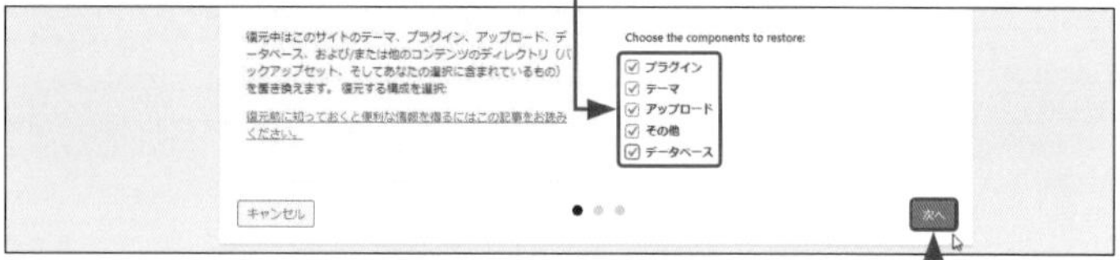

6 <復元>をクリックします。

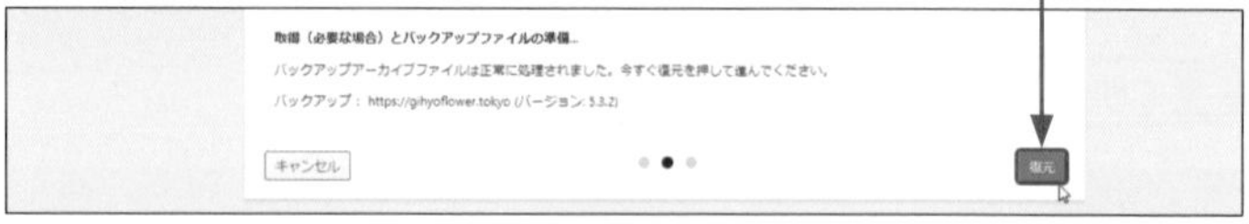

7 復元が完了すると「Restore successful!」と表示されます。

8 「UpdraftPlus設定に戻る」をクリックします。

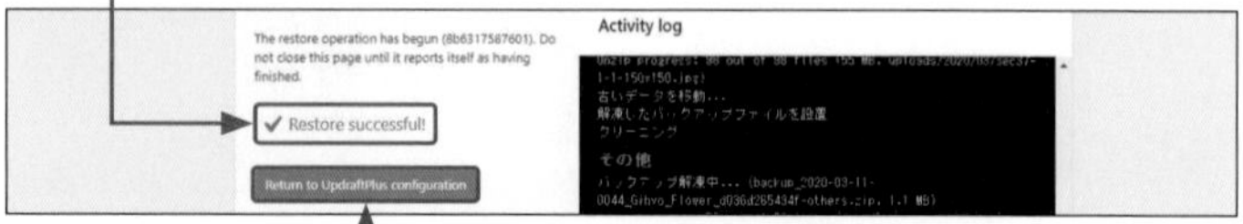

ヒント バックアップデータの保存先

バックアップしたデータはサーバー上に保存されます。万が一に備えてパソコンにダウンロードすることも可能です。その場合は手順2の画面で<データベース>をクリックし、<お使いのコンピュータにダウンロード>をクリックして保存します。アップロードする際は<バックアップファイルをアップロード>をクリックしてください。

メモ 画像や記事の復元

たとえば、画像や動画を復元したい場合は、手順4の「アップロード」にチェックを付けます。記事を復元する場合は「データベース」を選択してください。

メモ 復元までの時間

復元が完了するまでの時間はサイトの容量によって異なります。時間がかかる場合もありますが、終わるまで待ちましょう。

Chapter 08

第8章

WordPress 困ったときのFAQ

Section 78 WordPressのパスワードとユーザー名を忘れた！
79 WordPressの管理画面のURLがわからなくなった！
80 画像がアップロードできない！
81 以前のバージョンの投稿画面に戻すことはできる？
82 以前のバージョンで作ったページは編集できる？
83 プラグインの不具合が起きた！
84 テーマの一部だけカスタマイズすることは可能？
85 検索しても自分のホームページが出てこない！
86 突然ページにアクセスできなくなった！
87 ホームページをはじめから作り直したい

Section 78

WordPressのパスワードとユーザー名を忘れた!

覚えておきたいキーワード
- ログイン
- パスワードをリセット
- 新しいパスワード

WordPressサイトの投稿作成や編集は、必ず管理画面で行いますが、いざ投稿しようとしたらパスワードを忘れてしまったということがあるかもしれません。そのようなときは新しいパスワードでログインできるので安心してください。また、ユーザー名を忘れてもメールアドレスでログインできます。

1 新しいパスワードを作成する

メモ ユーザー名を忘れた場合

ユーザー名を忘れた場合はメールアドレスでログインしてください。ログイン後、サイドメニューの「ユーザー」をクリックするとユーザー名を確認できます。また、手順5のメールにも記載されています。

1 ログイン画面にアクセスし、

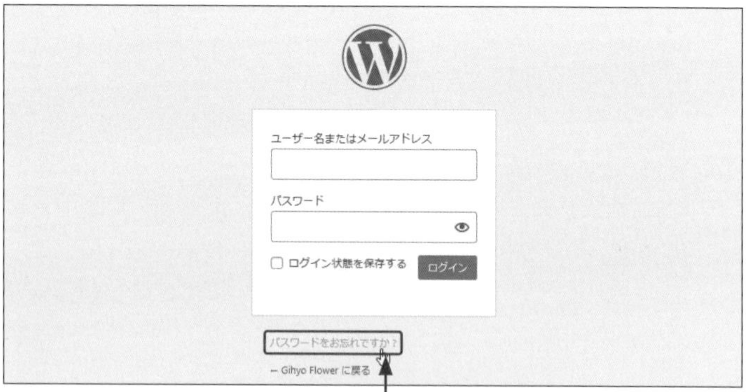

2 <パスワードをお忘れですか?>をクリックします。

3 ユーザー名またはメールアドレスを入力し、

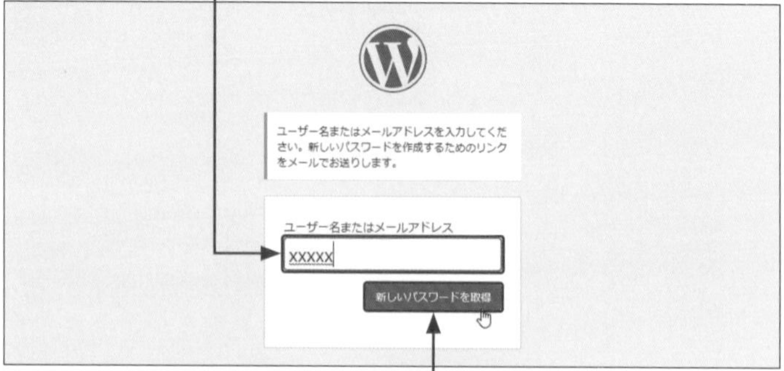

4 <新しいパスワードを取得>をクリックします。

5 届いたメールのリンクをクリックします。

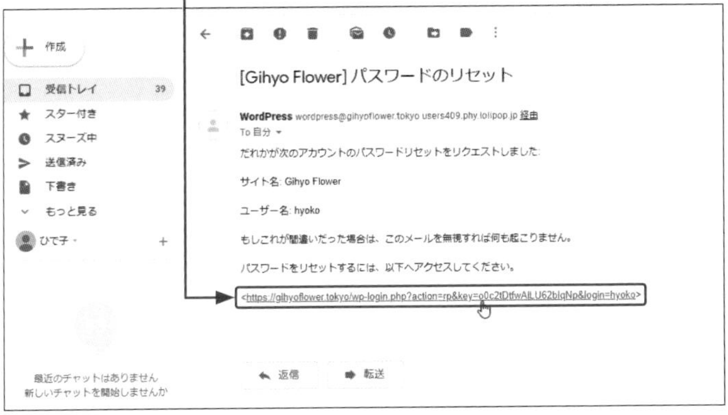
作成
受信トレイ 39
スター付き
スヌーズ中
送信済み
下書き
もっと見る
ひで子
最近のチャットはありません
新しいチャットを開始しませんか
[Gihyo Flower] パスワードのリセット
WordPress wordpress@gihyoflower.tokyo users409.phy.lolipop.jp 経由
To 自分
だれかが次のアカウントのパスワードリセットをリクエストしました:
サイト名: Gihyo Flower
ユーザー名: hyoko
もしこれが間違いだった場合は、このメールを無視すれば何も起こりません。
パスワードをリセットするには、以下へアクセスしてください。
<https://gihyoflower.tokyo/wp-login.php?action=rp&key=o0c2tDtfwAlLU62blqNp&login=hyoko>
返信
転送

6 パスワードを入力し、

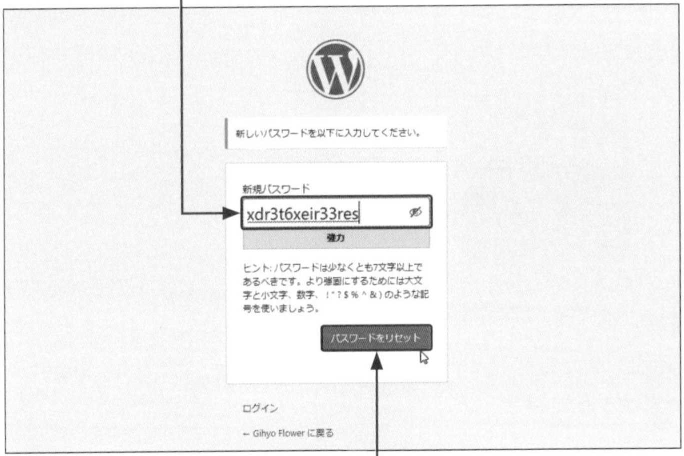
新しいパスワードを以下に入力してください。
新規パスワード
xdr3t6xeir33res
強力
ヒント: パスワードは少なくとも7文字以上であるべきです。より強固にするためには大文字と小文字、数字、! " ? $ % ^ &) のような記号を使いましょう。
パスワードをリセット
ログイン
← Gihyo Flower に戻る

7 <パスワードをリセット>をクリックします。

8 <ログイン>をクリックします。

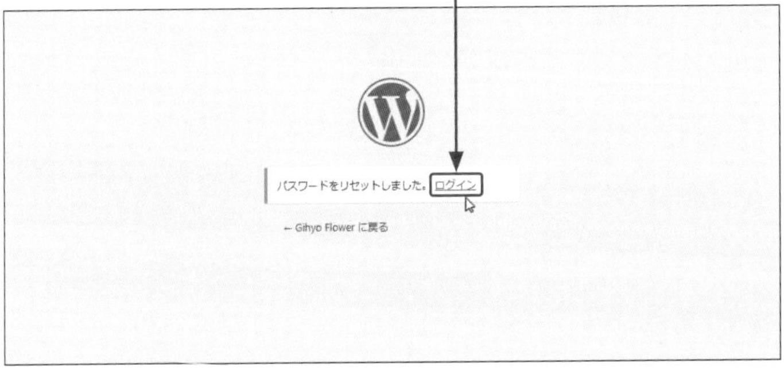
パスワードをリセットしました。ログイン
← Gihyo Flower に戻る

メモ　リンクを受け取るメールアドレス

WordPressに登録しているメールアドレスにメールが送られてきます。メール内に記載されているリンクをクリックすると、新規パスワード設定画面が表示されます。

注意　新しいパスワードを設定する

手順**6**に表示されているのは仮のパスワードなので、新しいパスワードを入力して、<パスワードをリセット>をクリックします。次回以降、そのパスワードでログインするので忘れないようにしてください。

Section 79

WordPressの管理画面のURLがわからなくなった!

覚えておきたいキーワード
- ☑ ログイン
- ☑ 管理画面の URL
- ☑ サイトの URL

WordPress を始めたばかりの人は、どこから入ればよいのかわからなくなることがあります。サイトのアドレスはわかるはずなので、末尾に「/wp-admin/」を入力すればログイン画面が表示されます。もし、サイトのアドレスを忘れた場合でも確認する方法があるので安心してください。

1 ログイン画面を表示する

メモ　ログイン画面のアドレス

通常、サイトのアドレスに「/wp-admin/」または「wp-login.php」を入力してアクセスすると、ログイン画面が表示されます。また、WordPressをインストールしたときに届いた「新しい WordPress サイト」というタイトルのメールにログイン先として記載されています。

1 サイトにアクセスします。

2 アドレスの末尾に「/wp-admin/」または「wp-login.php」を入力しアクセスします。

3 ログイン画面が表示されます。

メモ　サイトのアドレスを忘れた

サイトのアドレスがわからなくなった場合は、ブラウザの履歴を見るか、レンタルサーバーの管理画面や送られてきたメールなどで調べることができます。

Section 80 画像がアップロードできない!

覚えておきたいキーワード
- WordPress の更新
- ブラウザを変更
- セキュリティプラグインの無効化

画像がアップロードできないという事態が起きた場合は、何らかの原因があるはずです。特にWordPressを更新せずに使っていると、そのようなことが起きる場合があります。また、セキュリティ関連のプラグインや最近有効化したプラグインなどが原因かもしれません。無効化にして試してみましょう。

1 WordPressの更新とプラグインを停止する

1 ＜ダッシュボード＞の＜更新＞をクリックし、

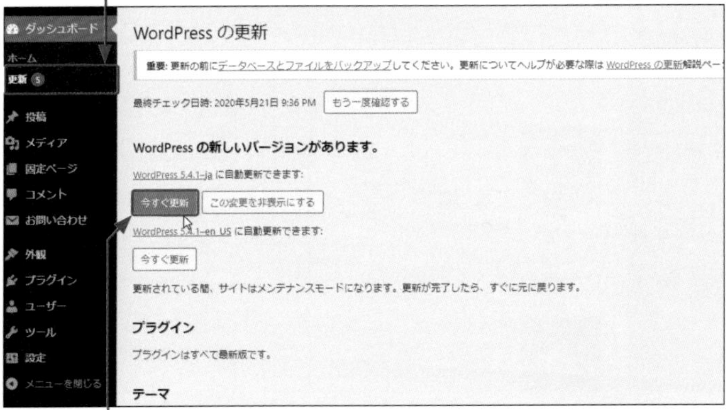

2 更新のメッセージがあれば、＜今すぐ更新＞をクリックします。

3 WordPressが最新バージョンになっているかを確認します。

4 セキュリティ関連のプラグインを一旦無効化して試します。

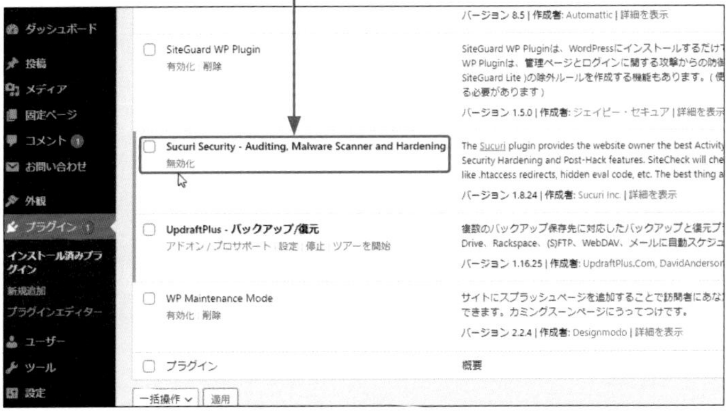

メモ 画像をアップロードできない原因

まずは、WordPressが最新バージョンになっているかを確認します。最新の状態でアップロードできない場合は、別のブラウザを使って試してください。また、セキュリティ関連のプラグインが原因かもしれないので、一旦無効化にしてから画像をアップロードしてみましょう。

Section 81 以前のバージョンの投稿画面に戻すことはできる?

覚えておきたいキーワード
- 旧バージョンの編集画面
- Classic Editor
- ブロックエディターへの切り替え

従来のWordPressを使っていた人の中には、ブロックエディターが使いにくいと思っている人もいるようです。「クラシック」ブロックを使う方法（Sec.29ステップアップ参照）もありますが、ページ全体を従来のように操作したい場合は「Classic Editor」プラグインを使用してください。

1 従来の編集画面を表示する

メモ Classic Editor

ブロックを使って作成するブロックエディターは、WordPress 5.0から新しく追加されたエディターです。従来のWordPressを使っていたり、ブロックエディターが使いづらいという人は、プラグインのClassic Editorを使用すると、従来の編集画面で作成することができます。

1 Sec.52を参考にしてClassic Editorをインストールし、

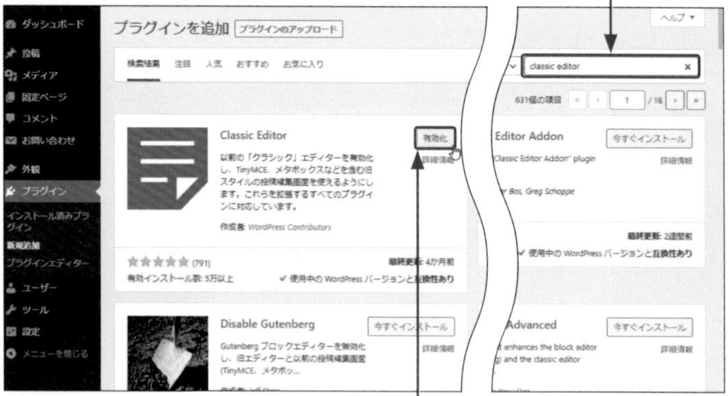

2 <有効化>をクリックします。

3 <投稿>をクリックし、

4 <新規追加>をクリックします。

5 従来の編集画面になります。

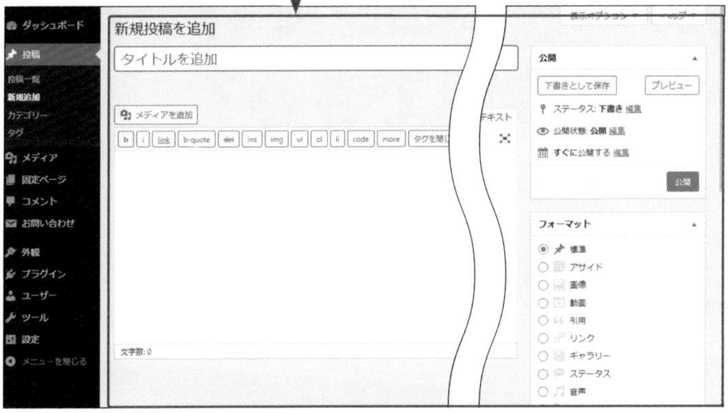

2 ブロックエディターに戻す

1 <プラグイン>をクリックし、

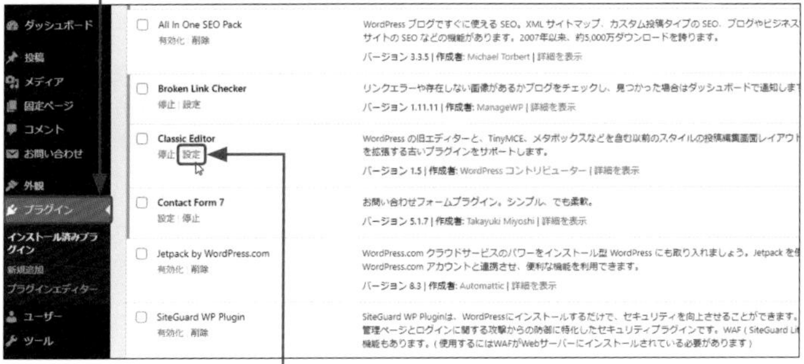

2 「Classic Editor」の<設定>をクリックします。

3 <ブロックエディター>をクリックし、

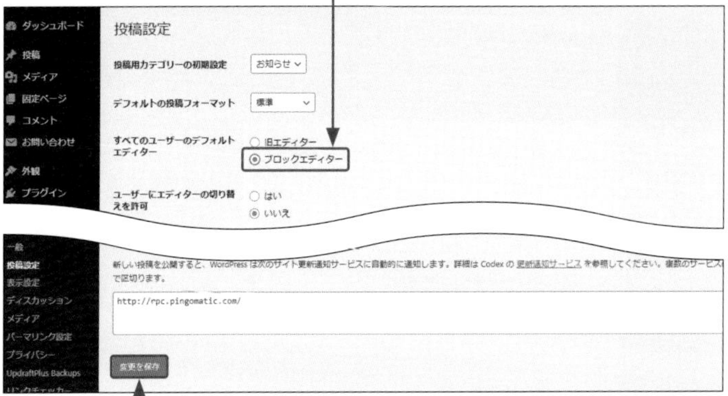

4 <変更を保存>をクリックします。

メモ ブロックエディターに切り替える

Classic Editor プラグインを無効化にすればブロックエディターに戻りますが、Classic Editorの設定画面で「旧エディター」と「ブロックエディター」を切り替えることもできます。

Section 82

以前のバージョンで作ったページは編集できる?

覚えておきたいキーワード
- 旧バージョンのサイト
- 新しいテーマを探す
- バックアップを取る

WordPressの古いバージョンで作成されたサイトはたくさんあります。本書では、WordPress 5.0以降を対象として解説していますが、それ以前のバージョンで作成したサイトでも編集することが可能です。なお、古いバージョンであっても、WordPress本体やプラグインの更新は忘れないようにしましょう。

1 旧バージョンのサイトを編集する場合

1 新しいテーマを探します。

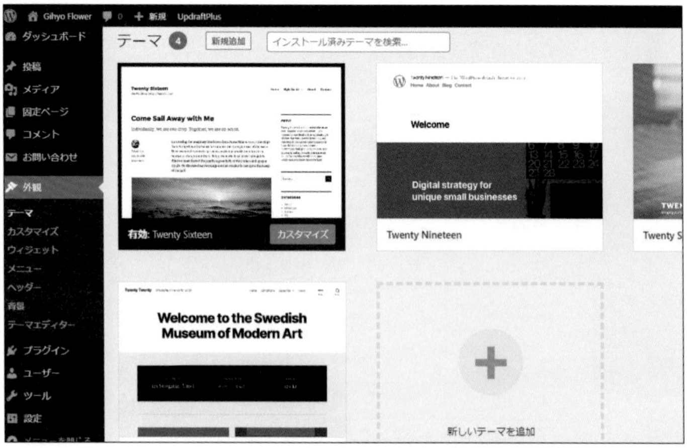

2 Sec.77の方法でバックアップを取ります。

メモ 旧バージョンで作成したサイト

基本的には旧バージョンで作成したサイトもWordPrees 5.0以降で編集可能です。万が一編集できないページがある場合は、使用しているテーマがWordPress5.0以降に対応していないのかもしれません。更新を待つか別のテーマに切り替えるなどで対応してください。ただし、長年放置していたサイトの場合は、WordPressを再インストールしなければならない場合もあります。

注意 サイト管理のポイント

WordPressは、常に改良されています。安定したサイト運営を続けるために、WordPress本体、テーマ、プラグインの更新を忘れないようにしましょう。また、プラグインまたはレンタルサーバーのバックアップ機能を使って、定期的にデータのバックアップを取ることも忘れないでください。

Section 83 プラグインの不具合が起きた！

覚えておきたいキーワード
- ☑ プラグインの更新
- ☑ プラグインの不具合
- ☑ プラグインの最終更新

WordPressを便利に使うために、プラグインの使用はかかせません。検索すれば必要なプラグインが見つかるかもしれませんが、更新が滞っているプラグインを使うと不具合が生じることもあります。いざというときに困らないように、定期的に更新しているプラグインを使用するようにしましょう。

1 プラグインを更新する

1 <プラグイン>をクリックし、

2 更新情報を確認したい<詳細を表示>をクリックします。

3 最終更新を確認できます。

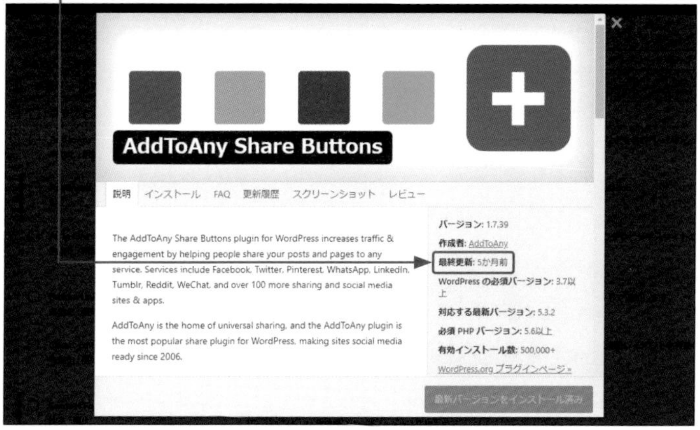

メモ プラグインの不具合

プラグインがWordPressのバージョンに対応していないことがあります。更新のメッセージが表示されている場合はすぐに更新しましょう。また、解説の手順で最終更新日を確認し、長期間更新されていないプラグインを使用している場合は不具合が生じる確率が高いので、代わりのプラグインを探してみましょう。

Section 84 テーマの一部だけカスタマイズすることは可能？

覚えておきたいキーワード
- 追加CSS
- テーマの編集
- テーマエディター

気に入ったテーマでも、「ここは少し変えたい」と思うときがあるかもしれません。そのような場合は自由にカスタマイズできます。ただし、慣れていない人が操作すると、レイアウトが崩れたりサイトが表示されなくなったりするので注意が必要です。ここでは、例としてフォントサイズを変更します。

1 追加CSSでフォントサイズを変更する

メモ 入力するタグ

手順1で入力するタグは下記のとおりです。

```
body {
  font-size: 20px;
}
```

1 Sec.68の手順4の画面を表示し、左のメモの通りにタグを入力します。

2 プレビューでフォントサイズが変更されたことを確認できます。

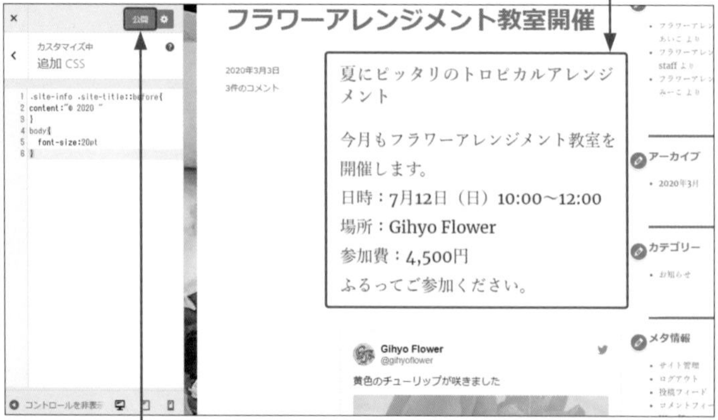

3 公開をクリックするとサイトに反映されます。

ヒント テーマの編集

オープンソースのWordPressなので、CSSを編集してデザインやレイアウトも自由に編集することができます。ですが、初心者には難しい操作になるので、編集せずにそのままテーマを使用した方が無難です。

ヒント 追加CSS

追加CSSはプレビューを見ながらCSSを追加できる機能です。詳しくはSec.68を参照してください。

2 編集前の状態に戻す

1 入力したコードをドラッグして、Delete キーを押します。

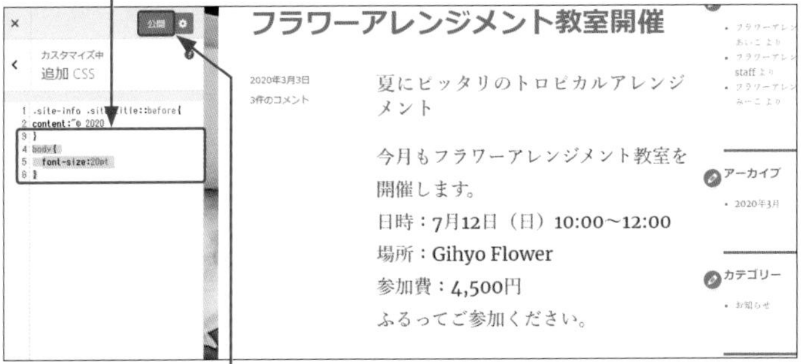

2 <公開>をクリックします。

3 テーマエディターから編集する

1 <外観>をクリックし、

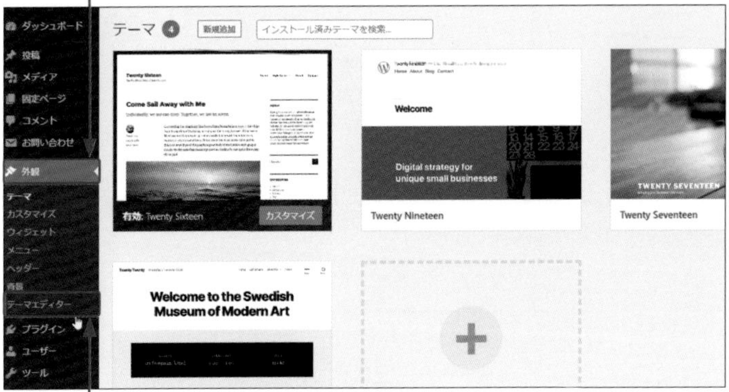

2 <テーマエディター>をクリックします。

3 CSSを編集できる画面が表示されます。

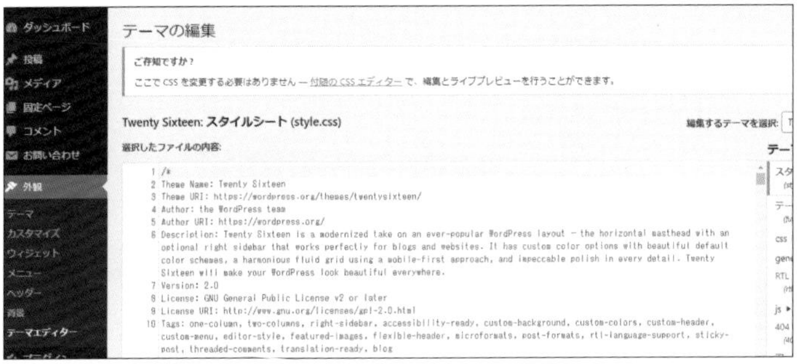

メモ テーマエディター

追加CSSは、簡易的にCSSを編集する機能ですが、本格的に編集する場合はテーマエディターを使います。ですが、テーマエディターは、テーマを更新すると上書きされて元の状態に戻ることがあります。また、プレビューが表示されないので、CSSの知識がある人以外は触らないようにしましょう。

ヒント コードのコピー

万が一、テーマエディターでの編集が必要になった場合は、必ず変更前のコードをコピーしておきましょう。1行目をクリックした後、キーボードの Shift キーを押しながら、スクロールして最終行をクリックします。すべてが選択された状態になるので、右クリックして<コピー>をクリックし、メモ帳ソフトなどに貼り付けます。

Section 85

検索しても自分のホームページが出てこない!

覚えておきたいキーワード
- Google Search Console
- 検索サイト
- XML サイトマップの送信

完成したサイトをたくさんの人に見てもらうには、検索サイトに掲載される必要があります。ですが、すぐには検索結果に表示されません。何もしないで待っていても時間がかかるので、「Google Search Console」(Sec.72参照)を利用しましょう。

1 Google Search Consoleを使用する

メモ Google Search Consoleを使用する

Sec.72で説明したように、検索サイトに表示したい場合はGoogle Search Consoleなどで対策を施しましょう。すでに利用している場合は、所有権の確認をした後、XMLサイトマップの送信が完了していることを確認してください。検索サイトに表示されるまで時間がかかるので、その期間はサイトの内容を充実させて待ちましょう。

1 Sec.72を参考にして「Google Search Console」に登録します。

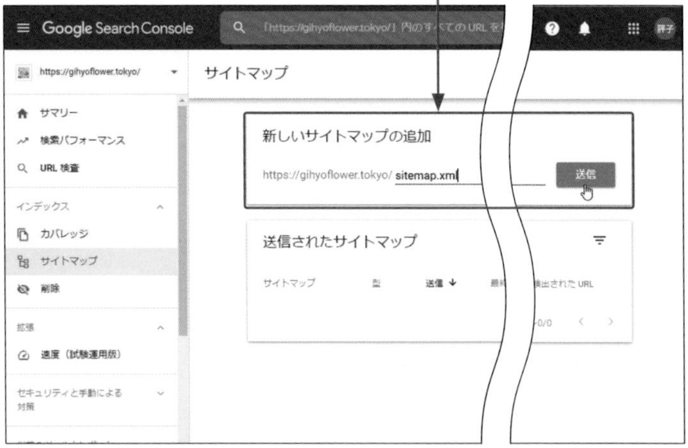

2 検索サイトに反映されるまではしばらく時間がかかります。

メモ 他サイトにリンクしてもらう

他サイトにリンクしてもらうことも効果があります。ただし、むやみなリンクはスパムリンクとみなされ、検索順位が下がることもあるので気を付けて下さい。

Section 86 突然ページにアクセスできなくなった!

覚えておきたいキーワード
- ☑ ネットの接続状況
- ☑ レンタルサーバーの不具合
- ☑ お支払い状況

サイトにアクセスしようとしたが、ページが表示されないことがまれにあります。原因はさまざまですが、よくあるのが、インターネットの接続が不安定だったり、レンタルサーバーに不具合が生じていたりするケースです。他にもチェックすべき点があるので確認してください。

1 レンタルサーバーのお知らせを確認する

1 ロリポップ!の管理画面にアクセスし、

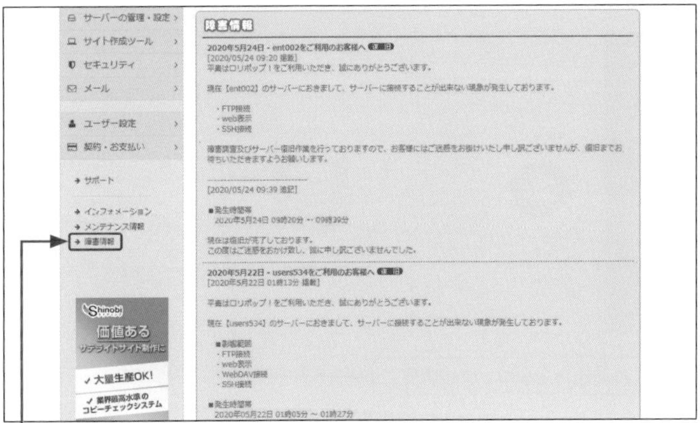

2 ＜障害情報＞をクリックして確認します。

3 ＜メンテナンス情報＞をクリックして確認します。

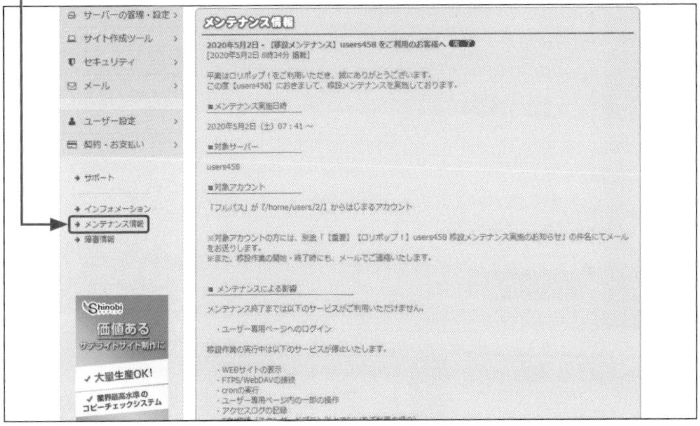

メモ サイトにアクセスできなくなったとき

まずは、他のサイトにアクセスしてみて、インターネットに繋がっているかを確認します。また、他のブラウザでアクセスできるか試してみてください。さらに、レンタルサーバーに不具合などが生じていて、メンテナンス中でないかを確認しましょう。

メモ サーバーのレンタル期限を確認する

試用期間や更新期間が過ぎても支払いがない場合はサイトが表示されず、WordPressの管理画面にも入れなくなります。ロリポップ!を使用している場合は、管理画面の「契約・お支払い」をクリックして、契約期間と入金状況を確認してください。

Section 87 ホームページをはじめから作り直したい

覚えておきたいキーワード
- Advanced WordPress Reset
- データベースの初期化
- リセットの注意

サイト作成は、うまくいかないこともあります。テーマを変更して編集しているうちに、イメージから遠ざかってしまうこともあるかもしれません。もし、一から作り直したくなった場合は、データベースを初期化することも可能です。プラグインを使うと簡単に初期化できるので紹介します。

1 「Advanced WordPress Reset」を使用する

メモ Advanced WordPress Reset

データベースを初期化して一からサイトを作成することができるプラグインです。レンタルサーバー上からも削除できますが、Advanced WordPress Resetなら簡単な操作でリセットできます。

1 Sec.52を参考にして「Advanced WordPress Reset」をインストールし、

2 <有効化>をクリックします。

3 <ツール>をクリックし、

4 <Advanced WP Reset>をクリックします。

5 「reset」と入力し、

6 <データベースをリセット>をクリックすると、データベースの消去が開始されます。

注意 リセットするにあたっての注意

リセットすると、データベースが新規インストールされるので、データベース内のデータはすべて失われます。データを失うと元に戻すことができなくなるので、投稿やページなどのデータは必ずバックアップを取っておきましょう。

付　録

付録 01　サンプルファイルのダウンロード

02　便利なテーマ・プラグインの紹介

付録 01 サンプルファイルのダウンロード

覚えておきたいキーワード

- サンプルファイル
- ダウンロード
- 展開

本書で解説に使用している画像は、サンプルファイルとしてダウンロードすることができます。本書を読みながらWordPressの基本操作の学習をする際に、実際の操作を確かめるためにお使いください。ファイルは、技術評論社のウェブサイトからダウンロードすることができます。

1 サンプルファイルをダウンロードする

ヒント　サポートページへのアクセス

本書のサポートページは、技術評論社のウェブサイト上にあります。技術評論社のウェブサイト（https://gihyo.jp/book/）で、書名で検索して書籍のホームページを表示し、＜サポートページ＞をクリックすることでも、サポートページにアクセスすることができます。

1 本書のサポートページ（https://gihyo.jp/book/2020/978-4-297-11430-5/support）にアクセスします。

2 本書のサポートページが表示されます。

3 ページ下部の、サンプルファイルの名前をクリックします。

4 ダウンロードが開始されます。ダウンロードが完了するまで少し待ちます。

5 エクスプローラーで、ダウンロードしたファイルを確認します。

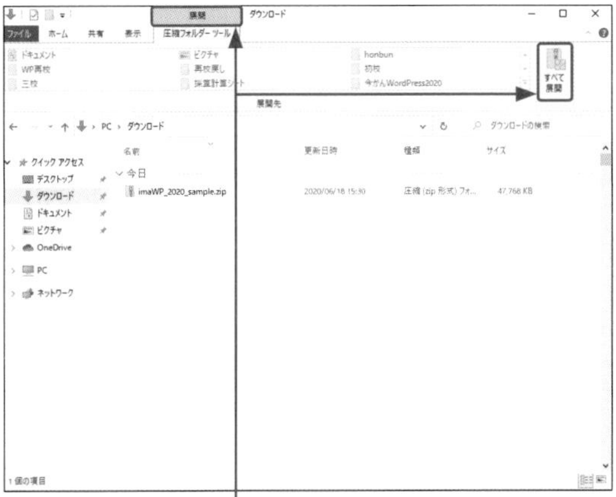

6 ＜展開＞タブをクリックし、＜すべて展開＞をクリックします。

7 展開されたフォルダに、サンプルファイルが収録されています。

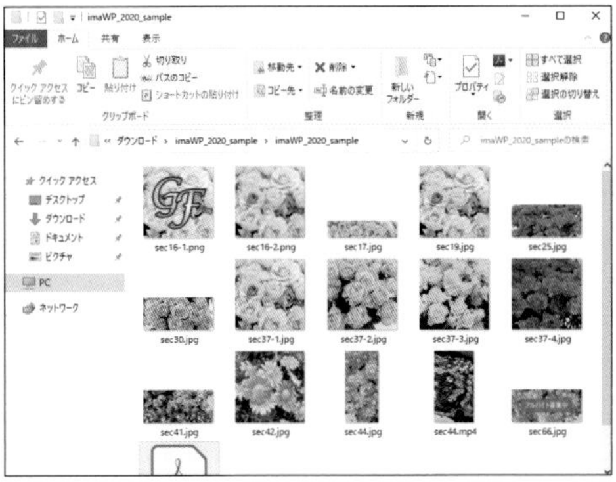

メモ ファイルのダウンロード

左の画面は、Chromeでダウンロードを行った画面です。他のブラウザではダウンロードの手順が異なる場合があります。画面の指示に従って、ダウンロードをしてください。

ヒント ファイルのダウンロード先

通常は、ダウンロードしたファイルは「ダウンロード」フォルダに収納されています。見つからない場合は、ダウンロード先のフォルダが他の場所になっていることがあります。他のフォルダも探してみましょう。

メモ 圧縮フォルダの展開

＜すべて展開＞をクリックすると、「展開先の選択とファイルの展開」ダイアログボックスが開きます。ここで、フォルダの展開先を指定し、＜展開＞をクリックすると、フォルダの展開が完了します。

付録02 便利なテーマ・プラグインの紹介

覚えておきたいキーワード
サンプルファイル
ダウンロード
展開

本書の最後に、便利なテーマやプラグインを紹介します。本書を通してWordPressの操作方法を理解し、もっと自分でオリジナルのサイトを作ってみたいと思った際に、参考にしてください。なお、テーマやプラグインなどはWordPressのバージョンアップなどの関係で、更新や配布を停止する場合もあります。

1 便利なテーマ配布サイト

Lightning（https://lightning.nagoya/ja/）

株式会社ベクトルが配布している、WordPressで使用できるテーマです。無料版でもビジネスサイト向けの多くの機能が搭載されており、カスタマイズの幅も広い便利なテーマとなっています。

Emanon（https://wp-emanon.jp/）

株式会社イノ・コードが配布している、WordPressで使用できるテーマです。Web集客に強みを持ったテーマとなっており、無料で使える「Free」と、有料版の「Pro」「Business」があります。

2 便利なプラグイン

Easy FancyBox

このプラグインを使用すると、画像をクリックしたときに拡大でポップアップ表示させることができます。画像のギャラリーなどで、画像をスタイリッシュに表示したいときに使うことができるでしょう。

WordPress Popular Posts

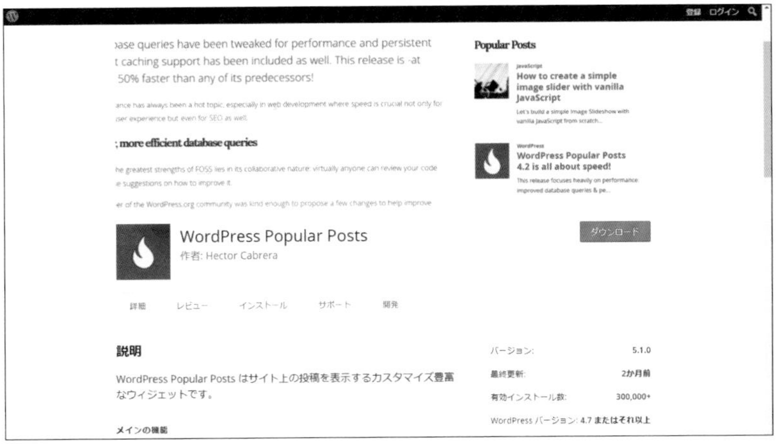

このプラグインを使用すると、サイドバーやサイト下部などに人気の記事の一覧を表示することができます。人気記事を表示することで、サイト閲覧者が色々なページに興味を持ってくれることが期待できます。

EWWW Image Optimizer

このプラグインを使用すると、画像のサイズなどを最適化してサイトの表示速度を改善できます。圧縮やメタデータの削除などに関しても、詳細な設定を行うことができます。

索引

Index

アルファベット

AddToAny Share Buttons……160
Advanced WordPress Reset……246
Akismet Anti-Spam……168
All in One SEO……164
Broken Link Checker……220
Classic Editor……238
Contact Form 7……152
CSS……200
Facebookの投稿の挿入……136
Facebookページの掲載……204
Facebookへの自動投稿……180
Google Search Console……214
Googleアカウント……208
Googleアナリティクス……208
Googleマップ……116
HTML……117
Instagramの投稿の挿入……137
Jetpack……178
SEO対策……164
SiteGuard WP Plugin……176
SNSの投稿の挿入……134
SNSへの自動投稿……178
SNSボタン……160
SSL化……30
Twitterの投稿の挿入……134
UpdraftPlus……230
URL……15
URLスラッグ……76
WHOIS公開情報……22
WordPress……14
WordPressアプリ……224
WordPressからのログアウト……34
WordPressのインストール……28
WordPressの管理画面……32
WordPressの更新……33
WordPressのバージョン……33
WordPressへのログイン……32
WP Maintenance Mode……172
WWWサーバー……17
XMLサイトマップ……218
YouTubeの動画の挿入……131,137

あ行

アイキャッチ画像……84
アクセス解析……212
以前のバージョン……238,240
一括操作……64
引用ブロック……141
ウィジェット……194
ウィジェットエリア……194
ウィジェットの一時停止……195
ウィジェットの順序入れ替え……195
埋め込みグループのブロック……134
オーバーレイ……123
お問い合わせフォーム……152
お問い合わせフォームの設置……154
お問い合わせフォームの編集……157

か行

改行……69
改ページ……110
カウントダウンの表示……173
箇条書き……100
カスタムHTMLブロック……116
カスタムリンク……191
画像ウィジェット……196
画像認証……176
画像のサイズ……75
画像の設定……72
画像の挿入……72
画像の代替テキスト……75
画像の配置位置……74
画像のリンク……75

画像ブロック……73
カテゴリー……86
カテゴリーの階層化……89
カテゴリーの削除……87
カテゴリーのスラッグ……86
カテゴリーの設定……88
カテゴリベース……45
カバーブロック……120
カバーブロックのサイズ変更……123
カラーパレット……57
カラム……124
カラム（ギャラリー）……109
カラムブロック……124
カレンダーウィジェット……194
完全に削除する……65
簡単インストール……28
管理画面のURL……236
キャッチフレーズ……42
キャプション……74
ギャラリーの画像の削除……109
ギャラリーのキャプション……107
ギャラリーの編集……108
ギャラリーのリンク……107
ギャラリーブロック……104
行の追加……114
行の分割（カラムブロック）……127
行や列の削除……114
クイックドラフト……41
クイック編集……71
区切りブロック……140
クラシックブロック……82
繰り返し再生……130
グローバルサイトタグ……211
権限グループ……223
子カテゴリー……89
固定ページ……39
固定ページの作成……66
固定ページの編集……71
コピーライト……200
ゴミ箱……65
子メニュー……193
コメントの削除……91
コメントの承認制……92
コメントの設定……90
コメントへの返信……91
コメントを受け付けない……90
コンテンツ下1……198
コンテンツ下2……198

さ行

サーバーのレンタル……24
サーバーのレンタル期限……245
サイトタイトル……42
サイトのアイコン……53
サイトのデザイン……46
サイトの表示……60
サイトのロゴ……50
サイトマップの作成……218
サイドメニュー……40
サイトを別のタブで表示……60
再利用ブロック……144
再利用ブロックでグループ化……145
再利用ブロックの削除……145
再利用ブロックの追加……145
再利用ブロックの編集……146
削除の取り消し……65
サブページ……37
サムネイル……72
サンプルページ……64
下書きへ切り替え……67,77
下書き保存……67,70
焦点ピッカー……122
所有権の確認……215
スニペット……167
スパム……91,168

スペーサーブロック……141
スマートフォンやタブレットから投稿……226
スマホやタブレットでの表示……55
スラッグ……76
セキュリティ強化……176
操作の取り消し……69

た行・な行

タイトルの改行……68
タイトルの入力……68
タグベース……45
ダッシュボード……40
ダッシュボードの画面構成……40
段落ブロック……68,102
地図……116
追加CSS……200,242
ツールバー……40
続きを読むブロック……138
テーマ……46
テーマエディター……243
テーマのアップロード……49
テーマのインストール……49
テーマの検索……49
テーマの更新……48
テーマの有効化……49
テーマヘッダー……211
テキストのメインカラー……56
デフォルトアバター……93
動画のファイル形式……129
動画ブロック……128
動画を消音にする……130
投稿……39
投稿の削除……96
投稿の作成……78
投稿の編集……94
独自SSL証明書導入……30
トップページ……36
トップページに固定……202
ドメインの価格……21
ドメインの取得……20
ドロップキャップ……103
ナビゲーションメニュー……188
ニックネーム……43
ネームサーバー……22

は行

パーマリンク……44,76
背景画像の位置……59
背景画像の削除……59
背景画像の設定……58
背景色……83
パスワードの再設定……32,234
パスワード保護……77
バックアップ……230
バックアップデータの復元……232
番号付きリスト……101
日付を指定して公開……77
表の書式設定……115
表のスタイル設定……115
表の文字入力……113
表の列幅……113
表ブロック……112
ファイルブロック……141
ファビコン……53
フッター……200
太字の設定……82
ブラウザ……17
プラグイン……148
プラグインの更新……184
プラグインの削除……183
プラグインの停止……182
プラグインの不具合……241
プラグインの有効化……151
ブロックエディターの画面構成……67

ブロック機能……62
ブロックの移動……142
ブロックの削除……143
ブロックの種類……63
ブロックの追加……67
ブロックの複写……143
ページ区切りブロック……110
ページタイトルの非表示……203
ページと一緒にスクロール……59
ページの公開……76
ページの削除……64
ヘッダー画像……54
ヘッダー画像のサイズ……54
ヘッダー画像の変更……55
別のユーザー名でログイン……223
ホームタイトル……165
ホームディスクリプション……165
保護されていない通信……21
ポスター画像……130
ボタン……132
ボタンの色……133
ボタンブロック……132
本書で使用するテーマ……47
本書で作るホームページ……36

ま行

マイナーアップデート……33
見出しに色を付ける……98
見出しの解除……81
見出しの入力……80
見出しのランク……99
見出しブロック……80,98
未分類カテゴリー……87
ムームードメイン……20
迷惑なコメント……91
メールアドレスの変更……42
メジャーアップデート……33
メディアと文章ブロック……118
メディアライブラリ……51,73,228
メディアを右に配置……119
メニュー……186
メニューに追加……189
メニューの階層化……192
メニューの削除……189
メニューの作成……188
メニューの順序変更……190
メンテナンスのお知らせ……172
メンテナンスモードの解除……175
メンテナンスモードの有効化……174
文字の色の設定……56,83

や行・ら行

ユーザー(アクセス解析)……213
ユーザー専用ページ(サーバー)……27
ユーザーの追加……222
ユニバーサルボタン……162
余白……141
ライブプレビュー……49
リアルタイム(アクセス解析)……212
リストブロック……100
リセット……246
リンク切れのチェック……220
リンクの修正……221
リンクの設定……69
列の追加……114
レンタルサーバー……24
レンタルサーバーのバックアップサービス……230
ログインアラート……177
ログイン画面……176
ログイン履歴……177
ロゴのサイズ……51
ロックの設定……176
ロリポップ!……24

お問い合わせについて

本書に関するご質問については、本書に記載されている内容に関するもののみとさせていただきます。本書の内容と関係のないご質問につきましては、一切お答えできませんので、あらかじめご了承ください。また、電話でのご質問は受け付けておりませんので、必ずFAXか書面にて下記までお送りください。
なお、ご質問の際には、必ず以下の項目を明記していただきますよう、お願いいたします。

1　お名前
2　返信先の住所またはFAX番号
3　書名（今すぐ使えるかんたん WordPress [WordPress 5.x対応版]）
4　本書の該当ページ
5　ご使用のOSとソフトウェアのバージョン
6　ご質問内容

お送りいただいたご質問には、できる限り迅速にお答えできるよう努力いたしておりますが、場合によってはお答えするまでに時間がかかることがあります。また、回答の期日をご指定なさっても、ご希望にお応えできるとは限りません。あらかじめご了承くださいますよう、お願いいたします。

問い合わせ先

〒162-0846
東京都新宿区市谷左内町21-13
株式会社技術評論社　書籍編集部
「今すぐ使えるかんたん WordPress [WordPress 5.x対応版]」質問係
FAX番号　03-3513-6167
URL：https://book.gihyo.jp/116

今《いま》すぐ使《つか》えるかんたん WordPress《ワードプレス》
[WordPress《ワードプレス》 5.x《ごてんえっくす》対応版《たいおうばん》]

2020年7月31日　初版　第1刷発行

著　者●桑名由美《くわなゆみ》
発行者●片岡　巌
発行所●株式会社 技術評論社
東京都新宿区市谷左内町21-13
電話　03-3513-6150　販売促進部
03-3513-6160　書籍編集部
編集●伊藤　鮎
装丁●田邉　恵里香
本文デザイン●リンクアップ
本文イラスト●イラスト工房（株式会社アット）
DTP●はんぺんデザイン
製本／印刷●大日本印刷株式会社

定価はカバーに表示してあります。

ISBN978-4-297-11430-5 C3055
Printed in Japan

■お問い合わせの例

FAX

1　お名前
技術　太郎
2　返信先の住所またはFAX番号
03-XXXX-XXXX
3　書名
今すぐ使えるかんたんWordPress
[WordPress 5.x対応版]
4　本書の該当ページ
218ページ
5　ご使用のOSとソフトウェアのバージョン
WordPress　5.4.1
6　ご質問内容
手順②が表示されない

※ご質問の際に記載いただきました個人情報は、回答後速やかに破棄させていただきます。